JN152564

日本陸軍のアジア空襲

爆撃・毒ガス・ペスト

Takeuchi Yasuto
竹内康人

社会評論社

日本陸軍のアジア空襲　爆撃・毒ガス・ペスト＊目次

はじめに……9

第一章　満洲侵略と浜松からの派兵　15

1　浜松から飛行第七大隊第三中隊、満洲へ・16
2　飛行第十二大隊の編成と抗日軍への攻撃・19
3　熱河侵略と飛行第十二大隊・24
4　飛行第十二戦隊、アジアへ・27

第二章　満洲侵略と平壌の陸軍飛行第六連隊　33

1　平壌から独立飛行第八中隊、満洲へ・34
2　昂昂渓の戦闘と独立飛行第八中隊・38
3　飛行第六連隊第一中隊の東辺道攻撃・44
4　航空部隊による軍事演習・54

第三章　陸軍航空爆撃隊、浜松からアジア各地へ　57

1　飛行第十二戦隊・飛行第十六戦隊・60
2　飛行第六〇戦隊・66
3　飛行第九八戦隊・73
4　飛行第十四戦隊・77
5　飛行第三一戦隊・79

6 飛行第七戦隊・浜松教導飛行師団・83
7 飛行第六一戦隊・飛行第六二戦隊・85
8 シンガポール・ビルマ爆撃・89

第四章 陸軍航空爆撃隊による中国爆撃 111

1 河北省 天津・景県、山西省・111
2 陝西省 西安・延安・宝鶏・潼関・安康・漢中・116
3 甘粛省 蘭州、四川省 重慶・梁山・成都・120
4 河南省 信陽、湖南省 平江・衡陽・129
5 浙江省 金華・衢県、福建省 建甌・130
6 雲南省 昆明・保山・132
7 重慶爆撃被害の証言・136

第五章 浜松陸軍飛行学校と航空毒ガス戦 147

1 陸軍飛行第七連隊の設立と毒ガス戦研究・147
2 浜松陸軍飛行学校の毒ガス戦研究・150
3 飛行第七連隊と浜松陸軍飛行学校の拡張・153
4 満洲でのイペリット雨下訓練・157
5 中国戦線での航空毒ガス戦・163
6 三方原教導飛行団の設立・170
7 敗戦と戦争犯罪の隠蔽・175

第六章　下志津陸軍飛行学校の毒ガス戦研究演習　181
1　航空化学戦の研究経過・一九三六年度・182
2　航空化学戦の研究計画・一九三七年度・185
3　下志津での毒ガス防護研究演習・186
4　三方原爆撃場でのガス爆撃・防護研究・188
5　ハイラルでの毒ガス雨下演習・195
6　チチハル飛行場と毒ガス集積・198
第七章　防疫給水部隊と細菌戦・ペストノミ　215
1　関東軍防疫給水部・七三一部隊跡・218
2　関東軍軍馬防疫廠・一〇〇部隊跡・227
3　航空機による細菌戦・ペストノミ撒布・232
4　南方での細菌戦部隊の展開・240
おわりに……257
あとがき……259
写真・地図出典……262

凡例

・年号は西暦を用いた。
・旧字体を新字体に直した箇所がある。
・日本が植民地・占領地につけた地名を、そのまま使用した箇所がある。
・飛行部隊の記録にある爆撃先などの地名を、そのまま記した箇所がある。
・満洲については「　」を略した。
・ノモンハン事件、満洲事変、第二次大戦など、事件・事変・大戦の呼称については、戦争と記した。
・戦隊名については、一〇台は十二、十六戦隊と表記し、一一〇以降は十を使用せず、三二、六〇、六一、九〇戦隊と表記した。
・焼夷弾については、燃焼弾と記した。瓦斯については、冊子名や引用以外は、ガスと記した。
・本書の編集にあたり、初出論文に加筆した。章建てを改めた箇所がある。初出については各章末に記した。
・参考文献は各章末に一括して記載した。
・文中、証言者を除き敬称は略した。
・写真の出典は、写真説明の最後に＊付きの番号で示した。
・掲載写真については、出典を記すとともに現物所蔵者の承諾をとり直したが、連絡先不明のものがある。お心あたりの方のご教示を願う。

はじめに

陸軍航空部隊の設立と飛行第七連隊

この本は、日本陸軍の航空部隊が中国、マレー、シンガポール、フィリピン、ビルマ、インドなどアジア各地に派兵され、爆撃・空襲した歴史をまとめるとともに、航空部隊による毒ガスや細菌兵器の研究とその使用について記したものである。はじめに、日本陸軍による飛行部隊の設立とアジア各地への派兵の状況をみておこう。

陸軍は一九一一年四月、埼玉県の所沢に飛行場を開設し、飛行機の操縦や偵察を訓練した。日本は一九一四年からの第一次世界戦争に参戦し、中国の青島のドイツ軍を攻撃したが、陸海軍機も動員した。所沢からは青島派遣航空隊が編成され、要塞や市街を攻撃した。一九一八年には所沢からシベリアへと派兵された。

一九一九年、陸軍は航空部を設置し、所沢に陸軍航空学校を置いた。一九二〇年には所沢から岐阜県の各務原に第一大隊が移駐し、三重県の明野と千葉県の下志津に航空学校の分校が置かれた。のち、航空学校は飛行学校へと改称された。

陸軍の航空部隊は各務原（岐阜）に航空第一大隊・第二大隊、八日市（滋賀）に第三大隊、大刀洗（福岡）に第四大隊、立川（東京）に第五大隊、平壌（朝鮮）に第六大隊などが置かれた。その後、航空大隊は飛行大隊から飛行連隊へと名称を変え、静岡県の浜松には飛行第七連隊が、台湾の屏東には飛行第八連隊が置かれた。

浜松の飛行第七連隊は一九二五年に立川で編成された。この部隊は軽爆撃と重爆撃を任務とするものであった。浜松での陸軍の航空基地建設を大倉土木が担った。飛行場の建設工事には朝鮮人を含め、多くの労働者が従事した。翌年、立川から浜松へと飛行第七連隊が移駐した。その後も浜松では基地関連工事がすすめられ、大軽油庫、飛行機庫、兵舎、兵器庫、地上射撃場などがつぎつぎに建設されていった。

一九三〇年一月段階での陸軍航空部隊の配置は、飛行第一連隊（各務原・戦闘四中隊）、飛行第二連隊（各務原・偵察二中隊）、飛行第三連隊（八日市・戦闘三中隊）、飛行第四連隊（大刀洗・戦闘二中隊・偵察二中隊）、飛行第五連隊（立川・偵察四中隊）、飛行第六連隊（平壌・戦闘一中隊・偵察二中隊）、飛行第七連隊（浜松・軽爆二中隊・重爆二中隊）、飛行第八連隊（屏東・戦闘一中隊・偵察一中隊）となった。当時の中隊の編成規模は戦闘中隊が一二機、偵察・軽爆中隊はそれぞれ九機、重爆中隊は六機であった。

満洲侵略戦争では、朝鮮の飛行第六連隊から飛行中隊が満洲へと派兵され、抗日軍を空から攻撃した。浜松からは飛行第七大隊第三中隊（軽爆）などが派兵され、満洲各地を爆撃した。飛行第七大隊第三中隊は満洲にとどまり、一九三二年に増強されて飛行第十二大隊となった。

中国への侵略がすすむなかで、一九三三年八月、浜松陸軍飛行学校が設立された。一九三五年には、ドイツやイタリアの空軍の活動の影響を受けて、飛行部隊は三九中隊から五二中隊へと増強された。爆撃部隊は一九三五年一二月、つぎのようになった。

飛行第七連隊・浜松・軽爆二中隊・重爆二中隊、飛行第六連隊・平壌・軽爆二中隊・戦闘一中隊、飛行第八連隊・屏東・軽爆一中隊・戦闘二中隊、飛行第九連隊・会寧・軽爆二中隊・戦闘二中隊、飛行第一〇連隊・チチハル・重爆二中隊・偵察二中隊、飛行第十二連隊・公主嶺・重爆四中隊、飛行第十四連隊・嘉義・重爆二中隊、飛行第十六連隊・牡丹江・軽爆二中隊・戦闘二中隊。

一九三七年七月、中国への全面的な侵略戦争がはじまると陸軍の爆撃隊は中国大陸へと派兵された。戦争の拡大により、陸軍軍備充実計画では、一九四二年までに一四二の飛行中隊の整備、機種別比率を爆撃五割、戦闘三割、偵察二割とし、空地分離の実施、航空将校・生徒と将校候補者の教育の刷新などが示された。この計画により、一九三八年八月、陸軍の航空部隊は、空中部隊（飛行戦隊）と地上部隊（飛行場大隊・航空分廠）に分離された。この分離は飛行戦隊の移動を容易にするためになされた。

中国へと派兵された爆撃部隊は、飛行第五大隊（軽爆）が第三一戦隊、飛行第六大隊（重爆）が第六〇戦隊、飛行第九大隊（軽爆）が第九〇戦隊、独立飛行第三中隊（重爆）と独立飛行第十五中隊（重爆）が第九八戦隊、独立飛行第十一中隊（軽爆）が第四五戦隊になった。満洲・朝鮮の爆撃隊は、第九戦隊（平壌・軽爆二中隊）、第十二戦隊（公主嶺・重爆三中隊）、第六一戦隊（チチハル・重爆三中隊）、第六五戦隊（宣徳・軽爆二中隊）などに改編された。

一九四一年一二月、東南アジア・太平洋地域での侵略戦争がはじまると、陸軍の航空爆撃隊はマレー・ペナン・シンガポール・ビルマ・フィリピンなどで爆撃を繰り返した。この侵攻にむけて、さらに多くの部隊が編成された。

一九四一年以後に編成された爆撃部隊（編成地・爆撃種別）をみれば、飛行第二〇八戦隊（牡丹江・軽爆）、飛行第六二戦隊（帯広・重爆）、飛行第二六戦隊（衙門屯・軽爆）、飛行第三四戦隊（プノンペン・軽爆）、飛行第七四戦隊（公主嶺・重爆）、飛行第九五戦隊（拉林・重爆）、独立飛行第三一中隊（水戸・重爆）、第二独立飛行隊（浜松・重爆）、第三独立飛行隊（鉾田・重爆）、飛行第一〇七戦隊（浜松・重爆）、飛行第一一〇戦隊（浜松・重爆）などがあった。また、爆撃と戦闘を兼ねた襲撃機による部隊も編成され、爆撃をおこなった。軽爆部隊が襲撃部隊へと編成替えされたものもあった。

このように、侵略戦争の拡大とともに、爆撃・襲撃部隊が増強されたのである。編成された部隊は中国、東南アジアへと派兵されていった。浜松は実戦とそのための訓練・研究の拠点となり、浜松からの派兵もなされた。派兵された部隊は現地で強化された。

さらに、日本軍は細菌や毒ガスを兵器として開発し、実戦に用いた。兵器開発やその使用方法の研究が日本や満洲でおこなわれ、実戦で使用されたのである。

各章の構成

最初に、満洲への侵略戦争で浜松から派兵された飛行第七大隊第三中隊（のちの飛行第十二大隊）と平壌の飛行第六連隊の動きをみる。続いて、中国での全面戦争にともなう浜松を起点とする爆撃部隊による中国と東南アジアでの爆撃の状況をみる。そして、航空機を使用しての毒ガス兵器と細菌兵器の使用についてみていく。

各章の主な内容は以下である。

第一章は、満洲侵略戦争に際し、浜松の陸軍飛行第七連隊から派兵された飛行第七大隊第三中隊（飛行第十二大隊）の動向について記した。飛行第七大隊第三中隊は満洲各地の抗日部隊を爆撃し、熱河への侵略にも動員された。現地で飛行第十二大隊となり、その後、飛行第十二連隊となった。中国への全面戦争がはじめられると中国各地を爆撃し、さらに南方へと動員された。

第二章は、満洲侵略戦争での陸軍飛行第六連隊の動向をまとめたものである。満洲侵略にともない、平壌の飛行第六連隊から独立飛行第八中隊・第九中隊・第十中隊が編成され、派兵された。独立飛行第八中隊はチチハル攻略戦をはじめ、満洲各地の戦闘に加わった。また、満洲・朝鮮国境で抗日軍の活動が盛んになると、飛行第六連隊は抗日軍が活動していた東辺道各地を攻撃した。

第三章は、浜松の陸軍航空基地から派兵された爆撃隊が派兵先で強化され、中国をはじめアジア各地を爆撃した経過をまとめたものである。順に、飛行第十二戦隊・飛行第十六戦隊、飛行第六〇戦隊、飛行第九八戦隊、飛行第十四戦隊、飛行第三一戦隊、飛行第七戦隊、浜松教導飛行師団、飛行第六一戦隊、飛行第六二戦隊について記した。また、シンガポール、ビルマなどでの爆撃の状況についてまとめた。

第四章は、陸軍航空爆撃隊による中国都市への爆撃の状況と被害の実態を記したものである。順に、河北省の天津・景県、山西省、陝西省の西安・延安・宝鶏・潼関・安康・漢中、甘粛省の蘭州、四川省の重慶・梁山・成都、河南省の信陽、湖南省の平江・衡陽、浙江省の金華・衢県、福建省の建甌、雲南省の昆明・保山について記した。日本と中国の資料を照合し、爆撃と被害の実態を示した。

第五章は、静岡県の浜松陸軍飛行学校が関わった毒ガス兵器の開発・研究・訓練と日本軍による中国での飛行機による毒ガスの使用について記した。また、浜松での軍事基地の拡張の実態を基地拡張工事の図面などを利用して記した。さらに浜松の三方原飛行場に置かれた航空毒ガス戦部隊である三方原教導飛行団と敗戦にともなう毒ガス兵器の隠蔽について記した。

第六章は、千葉県の下志津陸軍飛行学校による一九三六年から一九三七年にかけての毒ガス戦の研究・演習について、下志津での毒ガス防護研究演習、浜松の三方原爆撃場でのガス爆撃・防護研究を中心に記した。また、満洲のハイラルでの毒ガス雨下演習やチチハルへの毒ガス集積、遺棄毒ガスが発見されたチチハル飛行場跡地の状況について記した。

第七章は、関東軍防疫給水部（七三一部隊）による細菌戦について、七三一部隊跡、関東軍軍馬防疫廠（一〇〇部隊）跡、航空機によるペストノミの撒布などの細菌戦の実行、南方での防疫給水部隊の動向について記した。ここでは、七三一部隊で開発された細菌兵器が飛行機によるペストノミの撒布のかたちで使用されたこと、南方軍防疫給水部がペストノミを生産したこと、ペスト防疫の名で村落を焼却したことなどを記した。

では、満洲への陸軍の爆撃部隊の派兵と派兵後の爆撃の経過からみていこう。

第一章…満洲侵略と浜松からの派兵

一九三一年九月一八日、日本軍（関東軍）による柳条湖での謀略事件により、満洲（中国東北部）での侵略戦争がはじまった。

この事件を受け、一九三一年一一月、浜松の陸軍航空基地（飛行第七連隊）では、飛行第七大隊第三中隊（軽爆撃）が編成され、満洲へと派兵された。この飛行第七大隊第三中隊に浜松からの重爆撃部隊を加え、一九三二年六月に編成された部隊が飛行第十二大隊である。

飛行第十二大隊が作成した写真集に『満洲事変記念写真帖』、『満洲事変出征記念写真帖』などがある。前者の『満洲事変記念写真帖』（以下、『写真帖』と略記）には、満洲各地での空爆の際の状況が、註をつけ、こまかく記されている。

ここではこの『写真帖』と『満洲方面陸軍航空作戦』（防衛庁防衛研修所戦史室）などから、一九三一年一一月から三三年五月までの飛行第七大隊第三中隊、飛行第十二大隊による中国東北での爆撃の経過をとらえ、中国側の史料から被害の実態をみていきたい。それにより浜松で編成された爆撃部隊が満洲侵略でどのような役割を果たしたのかを明らかにしたい。

1　浜松から飛行第七大隊第三中隊、満洲へ

満洲侵略によって日本が奉天（現、瀋陽）を占領すると、中国側は錦州を拠点に抵抗した。東北部各地で反満抗日運動がはじまった。

一九三一年一〇月八日、日本軍（関東軍）は錦州への爆撃をおこなった。この爆撃を担ったのは平壌の飛行第六連隊で編成され、派兵されていた独立飛行第八中隊（偵察）、同第十中隊（戦闘）であった。空爆は機体に二五kg爆弾を四発ずつ真田紐で吊るし、目測で投下するというやり方でおこなわれた（『満洲方面陸軍航空作戦』による。以下、日本側の動きについては主に同書からまとめ、中国側史料で補足する）。中国側の一〇月九日の調査では、死亡二三人、重傷二六人、軽傷三人とある（『苦難与闘争一四年 上』一七九頁）。それは無差別な爆撃であった。

関東軍は空爆によって張学良らの満洲政権を威嚇し、侵略をすすめようとした。しかしこの空爆は国際的な批判を受けた。一方、日本国内では桜会によるクーデター計画の発覚（一〇月事件）にみられるように軍部政権樹立にむけてファシズムの動きが強まっていた。

一一月一六日、偵察・戦闘・軽爆の各一中隊の派兵命令（臨参命第四号）が出された。軽爆中隊は浜松の第七連隊で編成され、部隊名は飛行第七大隊第三中隊とされた。浜松から八七式軽爆機九機が大刀洗、蔚山を経て奉天にむかった。途中三機が故障した。派兵された将兵の人員は一一六人だった。

この飛行第七大隊第三中隊は派兵されるとすぐに満洲で空爆をおこなった。それは一一月末、湯崗子西方（鞍山市西南）の抗日軍や一一月二四日の太子河を渡河する部隊への空爆である。『苦難与闘争一四年 上』では一一月二七日、北寧鉄道（白旗堡と銭陽河の間）と大虎山で日本軍機による空爆があったとする（一八二頁）。

この飛行第七大隊第三中隊に加え、重爆中隊の増派命令が出され、一二月二八日には寒地訓練の名目で周水子に飛来していた浜松の八七式重爆機の四機が飛行第六大隊第一中隊として関東軍の隷下に入った。浜松から派兵された軽爆・重爆部隊を加え、一二月末から「匪賊討伐」を口実に錦州への攻撃がはじまった。日本は抗日部隊を「兵匪」と呼び、殺戮

飛行第７大隊第３中隊（飛行第12大隊）の爆撃

▲…「重爆大隊満洲出動」（1931 年 12 月・浜松）＊1

▲…「満洲事変軽爆出動」（1931 年 11 月・浜松）＊1

した。

錦州防衛のために中国側は盤山や大虎山などに軍の拠点をおいた。飛行第七大隊第三中隊は一二月二五日、大石橋飛行場にすすみ、北寧鉄道営口支線の装甲列車を爆撃した。また、二九日には盤山市街の部隊を爆撃し、溝帮子も爆撃した。日本軍はその後、盤山を二九日、溝帮子・大虎山を三〇日に占領した。

飛行第六大隊第一中隊（重爆）は三〇日に一機が北寧鉄道営口支線の東側を威嚇飛行、他機は奉天西飛行場にすすみ、通遼を爆撃した。このような空爆による支援のもとで一九三二年一月三日、日本は錦州を占領した。『苦難与闘争一四年上』によれば、一月一日に一〇機による錦州への空爆があった（一八九頁）。

飛行第十二大隊の『写真帖』や飛行第七大隊第三中隊『満洲事変記念写真帖』には、一九三一年一二月末の盤山、溝帮子への空爆跡を示す写真や三二年一月の大石橋飛行場での格納や整備を示すものがある。また、三二年一月一五日の遼陽西方の大沙嶺、一月二四日の大虎山北方の郭大発屯の抗日部隊への空爆を示すものもある。

▲…錦州侵攻、盤山爆撃跡、50 kg爆弾の跡（1931年12月末）＊2

▲…溝帮子・中国軍兵舎 50 kg爆弾跡（1931年12月末）＊2

▲…大虎山・郭大発屯爆撃、高度800mから12.5 kg弾投下（1932年1月24日）＊2

重爆部隊は一九三二年一月八日、浜松へと帰った。軽爆部隊は中国東北部にとどまり、第二〇師団に協力した。飛行第七大隊第三中隊は本渓湖や鳳凰城の東側山地にあった抗日部隊の根拠地を爆撃した。一月三〇日には奉天西飛行場から出撃し、錦州の大凌河付近の抗日軍を攻撃した（飛行第七大隊第三中隊『満洲事変記念写真帖』）。『日軍暴行録 遼寧分巻』には一月二五日、大虎山北方の梨樹営子（阜新・国華）を一四機が爆撃したとある（四八頁）。

日本は「上海事変」をおこし、ハルビンへの攻撃を軍用機の支援の下でおこなった。飛行第七大隊第三中隊は二月五日のハルビン占領につづき、六日にハルビン飛行場にすすんだ。部隊は他の中隊と共に、退却中の抗日部隊を攻撃し、七〜八日には車両と騎兵の密集部隊などを攻撃し、一〇日、奉天に戻った。

2　飛行第十二大隊の編成と抗日軍への攻撃

このハルビン占領のように関東軍は満洲の主要都市を制圧した。三月には「満洲国」の建国を宣言した。しかし各地で反満抗日の運動が形成された。九・一八以後の抗日の動きについてみておこう。

中国東北では抗日救国の運動がはじまり、一九三一年一〇月には遼寧東部で東北民衆自衛軍（鄧鉄梅ら）が結成され、遼西抗日救国軍（王顕庭ら）、遼南救国軍（李純華ら）なども結成された。三二年三月には遼寧で、遼寧民衆自衛軍（唐聚伍ら）が結成され、東部・東辺道で抗日の動きを強めた。他に五六路軍（劉景文ら）や抗日遊撃隊なども活動した。吉林では一九三二年一月末、吉林自衛軍（李杜・丁超ら）、二月には吉林東部で中国国民救国軍（王徳林ら）が結成された。黒竜江では四月、黒竜江抗日救国軍（馬占山ら）が設立され、ホロンバイル・ハイラルでは三二年九月に東北民衆救国軍（蘇炳文・張殿九・謝珂ら）が結成された。

ハルビン方面の抗日軍を攻撃

このように各地で抗日義勇軍が起ちあがったが、浜松から派兵された部隊はこれらの抗日軍を弾圧するために使われた。

▲…阿城北方の正紅旗爆撃（1932 年 5 月 13 日）＊ 2

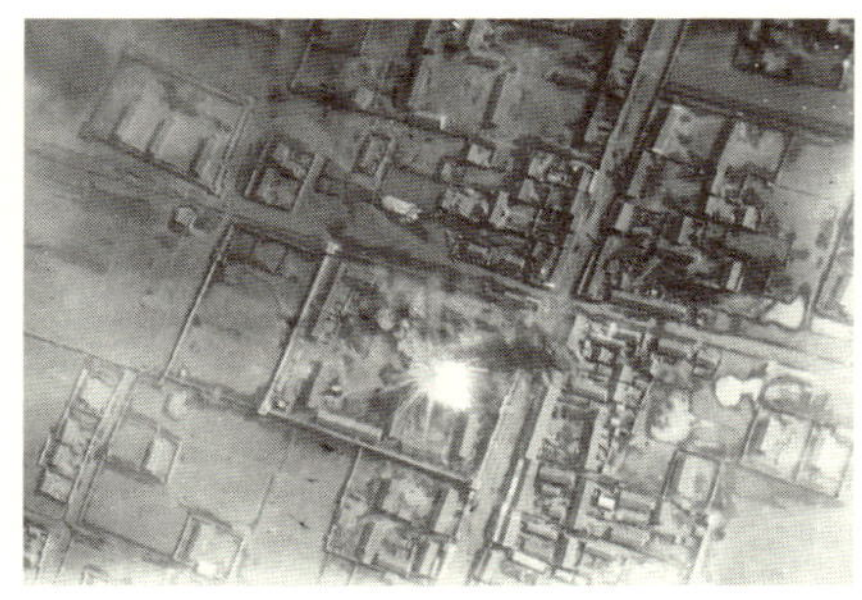

▲…方正の司令部など爆撃、高度 1000m から燃焼弾投下（1932 年 4 月 1 日）＊ 2

▲…新京の飛行第 12 大隊仮兵営、鉄条網には高圧電流（1932 年 12 月）＊ 2

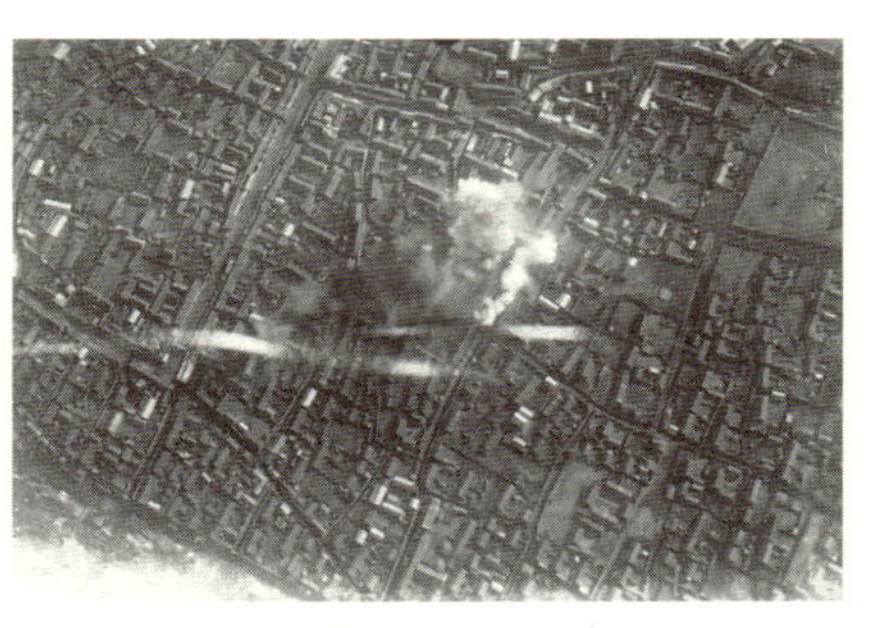

▲…依蘭の無線電信所爆撃、高度 1000m から 50 kg弾 8 発投下（1932 年 4 月 7 日）＊ 2

飛行第七大隊第三中隊は一時、ハルビンから奉天へ帰ったが、すぐにハルビン以西の吉林自衛軍を攻撃するためにハルビンへと展開した。二月一九日、ハルビン北西の巴彦の抗日司令部を爆撃、二〇日には枷板站の部隊を爆撃、三月にはハルビン北方の火燎岡、東沈家窩棚の抗日軍を爆撃するなど、攻撃をくりかえした。

三月一七日には王徳林らの救国軍部隊を弾圧するために寧安に展開し、一八日、一九日と五虎林・哈家屯を爆撃、四月七日には方正に展開し、司令部などを偵察部隊と共に攻撃し、五〇kg爆弾九六発や重爆弾・燃焼弾（「焼夷」弾）など計一四四発を投下した。『写真帖』には方正市街地の司令部や依蘭市街の無線電信所の爆撃写真などがある。方正と依蘭への攻撃では燃焼弾が使われたことが記されている。

五月二八日には抗日軍との戦闘を支援するために再びハルビンへと展開、東支鉄道沿線、松花江、呼海鉄道沿線などの抗日部隊を爆撃した。さらに泰安鎮へと展開し、呼蘭方面を爆撃し、呼海鉄道以東も攻撃した。

『写真帖』には五月三〇日阿城北方の正紅旗、

六月六日五常鎮、六月一六日での攻撃や三門宗家付近の写真がある。

飛行第十二大隊の編成

黒竜江で抗日軍との戦闘がはじまったころ、日本国内では五・一五事件がおこされるなどファシズムの動きが強まった。日本は中国東北での抗日軍との戦闘能力をいっそう強化するために、一九三二年六月に浜松から重爆部隊を派兵し、すでに展開している軽爆部隊と合体させて飛行第十二大隊を編成した。

飛行第十二大隊は第一中隊（重爆一中隊）、第二中隊（軽爆一中隊）の編成であり、当時軽爆機は八八式六機、重爆機は八七式四機であった。大隊の拠点は「新京」（現・長春）におかれた。一九三二年一二月の飛行第十二大隊仮営門の写真には、高圧電流を流す鉄条網も写されている。

重爆中隊の浜松から満洲への移動は六月二〇日であり、七月八日以後、第十二大隊第一中隊として黒竜江での抗日部隊への攻撃に加わった。

日本軍の爆撃部隊名は不明だが、このころ各地で空爆が行われた。

五月下旬には、遼寧の寛甸での攻防戦で爆撃がおこなわれ、中国側の部隊の一団が壊滅し、城内の住民も被害をうけた（『偽満洲国史』四九三頁）。六月二三日、日本軍は朝陽・二車戸溝を飛行機の偵察と爆撃の支援の下で攻撃するが、抵抗を受けて退却した。のちに日本は報復攻撃をおこない、村民男性五七人を殺害した（『日偽暴行』二一六頁）。七月二三日には日本軍機が承徳を爆撃した（『中国抗日戦争大事紀』二九頁）。八月一九日には、五機が盤山の上空から投弾・掃射をおこない五〇人ほどが死亡し、負傷者は一〇〇人ほどになった（『日軍暴行録 遼寧分巻』一四八頁）。

このような日本軍の攻撃、弾圧に抗し、八月二八日、抗日義勇軍二一路軍・二四路軍は奉天を攻撃した。そのため、九月に入ると満洲南部の抗日軍への攻撃が強化された。飛行第十二大隊第二中隊は奉天にすすみ、一五日頃まで遼東、東辺道の抗日軍攻撃に加わった。また、山城鎮飛行場や鳳凰城飛行場にすすみ、地上部隊を支援した。『写真帖』には八月、錦州近くの大蘆花廟山岳、老爺嶺山地や九月一一日の東辺道・前七台への爆撃写真がある。

九月二七日には抗日義勇軍が錦州を攻撃したことへの報復攻撃として大雷溝への爆撃を含めた攻撃がおこなわれた。爆

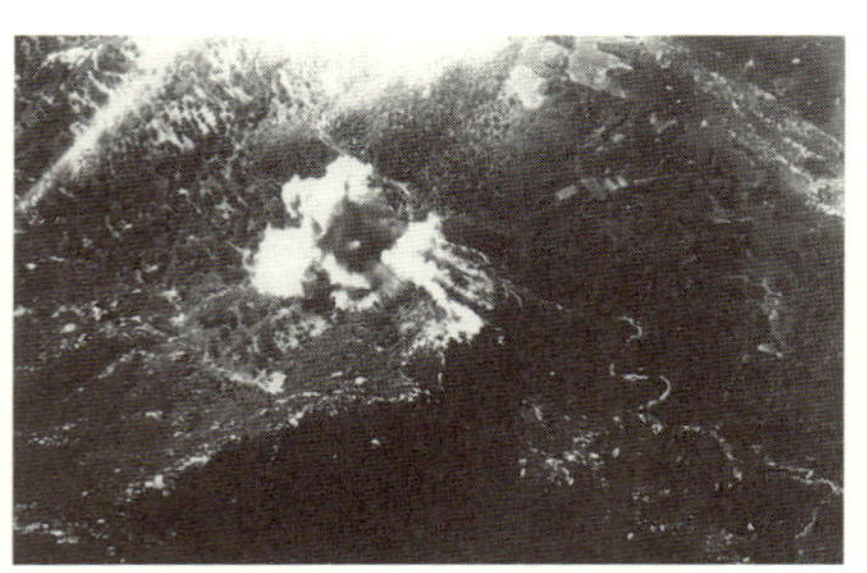

▲…老爺嶺の抗日軍爆撃（1932年8月）＊2

▲…錦州付近の抗日軍爆撃（八八式軽爆撃機・1932年8月）＊2

▲…東辺道・前七台の抗日軍爆撃、高度1000mから12.5㎏弾10発（1932年9月11日）＊2

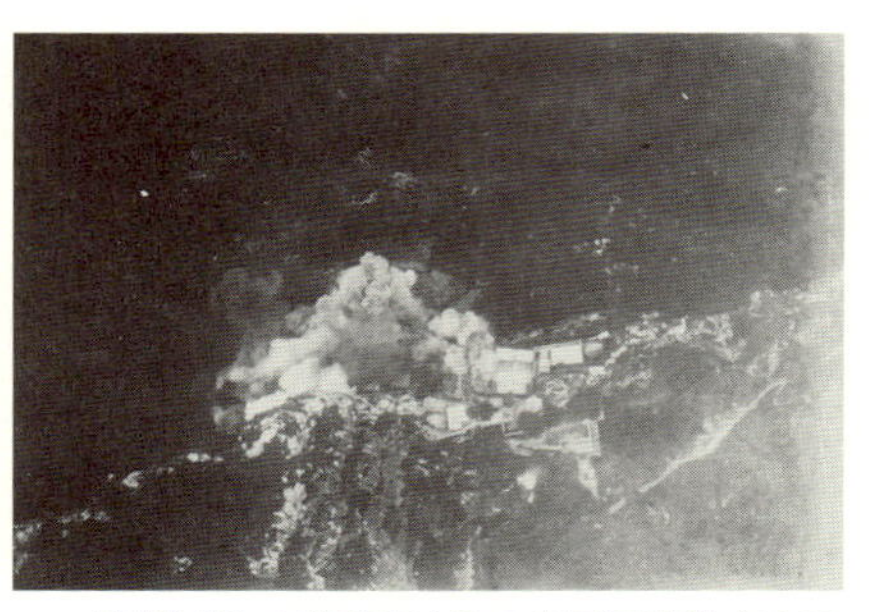

▲…錦州付近、大蘆花廟山岳の抗日軍爆撃（1932年8月）＊2

撃によって、四肢がちぎれ、血肉が飛散する惨状となった。日本軍は民衆を広場に集めて抗日軍の居場所を問いつめ、空き家に火を放った（『日軍暴行録 遼寧分巻』六五頁）。

一〇月九日、日本軍は北票の三宝営子へと飛行機による爆撃支援のもとで侵攻した。李海峰らの抗日義勇軍が日本の特務を捕えたことが口実とされた。攻撃によって義勇軍は三宝営子を離脱、日本軍は三宝営子を義勇軍拠点とみなして放火し、住民を銃撃した。死者は百数十人、焼失家屋は百戸余りという（『日偽暴行』二一一頁）。

この二件の攻撃に第十二大隊が参加していたかは不明である。写真帖に残されている第十二大隊が空爆した抗日部隊の拠点においても、爆撃後、日本軍が制圧し村を焼き人々を殺すという行為がおこなわれたとみられる。

このような一連の抗日部隊への作戦のなかで、飛行隊は九月には皇姑屯で民衆を空爆し、一一月には東辺道で「帰順者」を爆撃した。防衛庁の戦史叢書にはこの二例の「誤爆」が記されているが、民衆の空爆被害は常にあったとみられる。

▲…訥河県電信局爆撃、高度 800m から 50 kg弾6発（1932 年 11 月 6 日）＊2

▲…ホロンバイル方面へ出撃（八七式重爆撃機・1932 年 10 月）＊2

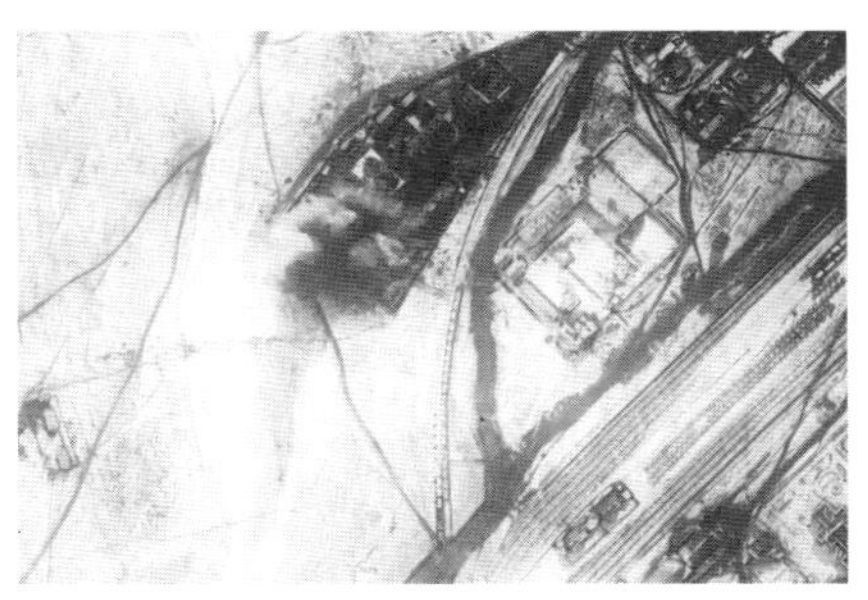

▲…ハイラル製粉工場爆撃（1932 年 12 月 3 日）＊3

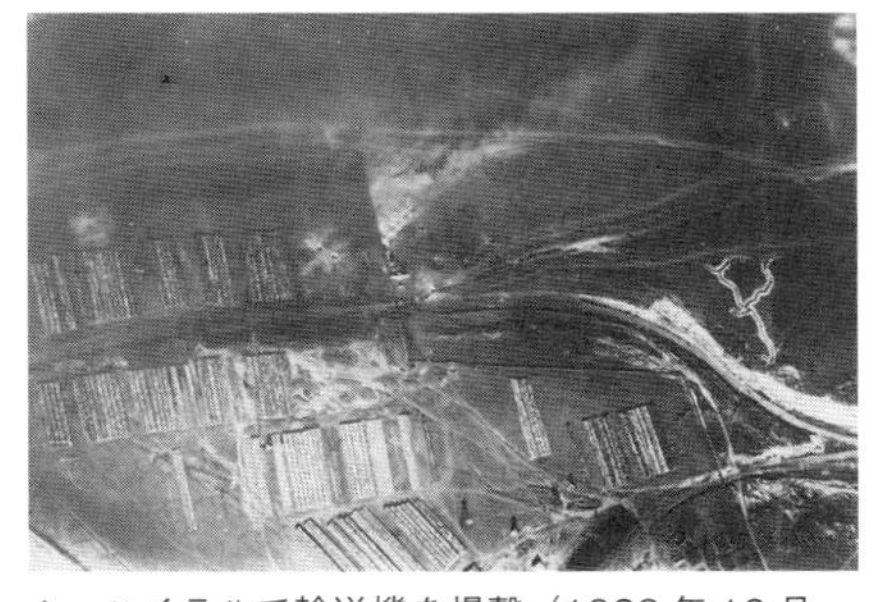

▲…ハイラルで輸送機を爆撃（1932 年 10 月 15 日）＊2

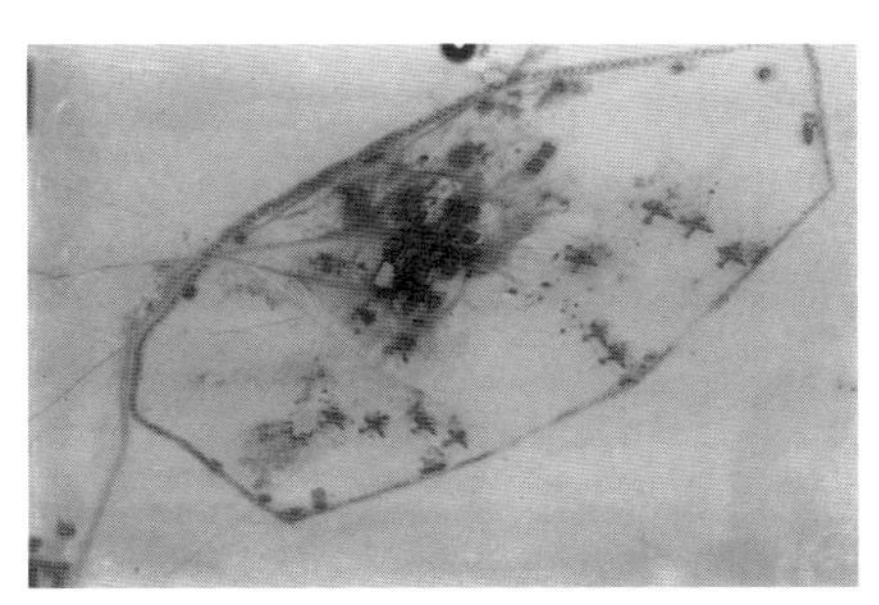

▲…牡丹江飛行場へ、吉林省東境の抗日軍を攻撃（1933 年 1 月）＊2

チチハル・ハイラル方面へ

第十二大隊は三二年一〇月、内モンゴルのホロンバイル方面の民衆救国軍への攻撃に加わった。

一〇月八日、日本軍機が救国軍や東清鉄道西側を爆撃した（『日軍暴行録 黒竜江分巻』七三頁）。一一日からは爆撃がくりかえされるようになり、一五日には日軍機三機がハイラル駅・鉄道を空爆した。この日、第十二大隊第一中隊の重爆機はチチハルからハイラルまで飛行し、中国側に接収されていた輸送機を空爆、一六日にはハイラル・扎蘭の東清鉄道沿線を爆撃した（『日軍暴行録 黒竜江分巻』七三頁では毒ガスも使用とする）。一七日には六機の重爆撃機とともに中国陣地を攻撃した。二六日には日本軍機がハイラルの東北民衆救国軍総司令部を爆撃した。

一〇月二七日、第十二大隊の全隊がチチハルにすすんだ。一一月六日には訥河県城内の電信局、一一月一〇日にはチチハル西方の嫩江右岸の抗日軍などを空爆した（『写真帖』）。一一月末からの扎蘭付近の攻撃では一〇〇kg・二〇〇kgの爆弾を用いて鉄道を爆破した。一二月一日～三日にかけては、重爆隊が博克図で列車を爆撃、軽爆隊は景星付近の抗日軍を爆撃、三日には馬占山が潜伏中と伝えられたハイラルの製粉工場を爆撃した。

一二月末には吉林東境の抗日軍への攻撃が計画され、一九三三年一月一日、第十二大隊第二中隊は偵察隊とともに牡丹江飛行場にすすんだ。飛行隊は戦闘や警備に協力し、二四日に「新京」へと戻った。

日本軍の攻撃によって、南方・北方・東方など各地の反満抗日義勇軍の主力は、三三年一月までに後退を余儀なくされた。しかし抵抗者たちは抗日遊撃隊となり、「満洲国」統治と対抗した。

3　熱河侵略と飛行第十二大隊

熱河省から河北省へ

一九三三年に入り、日本軍は熱河省の占領をねらって侵略をすすめた。一月三日には飛行機の支援下で山海関を占領、六日には飛行機の支援下、石河陣地を攻撃し、秦皇島近くの村々を爆撃した（『中国抗日戦争大事紀』三五・三六頁）。

通遼方面の抗日軍への攻撃もすすめられ、一月二二日、開魯城内の鄧文の宿舎をねらって空爆がおこなわれた。『写真帖』には、二五日に開魯付近の抗日軍を攻撃するために集結した重・軽爆機の写真がある。『九・一八事変図片集』の「狂轟濫爆」の項には、開魯で被爆した民家・食料店の写真が三葉収められている。空爆によって民衆が被害を受けていたことがわかる。『中国抗日戦争大事紀』の一月二三日の項には日軍機が連日、開魯を爆撃とある（三七頁）。二三日には投弾

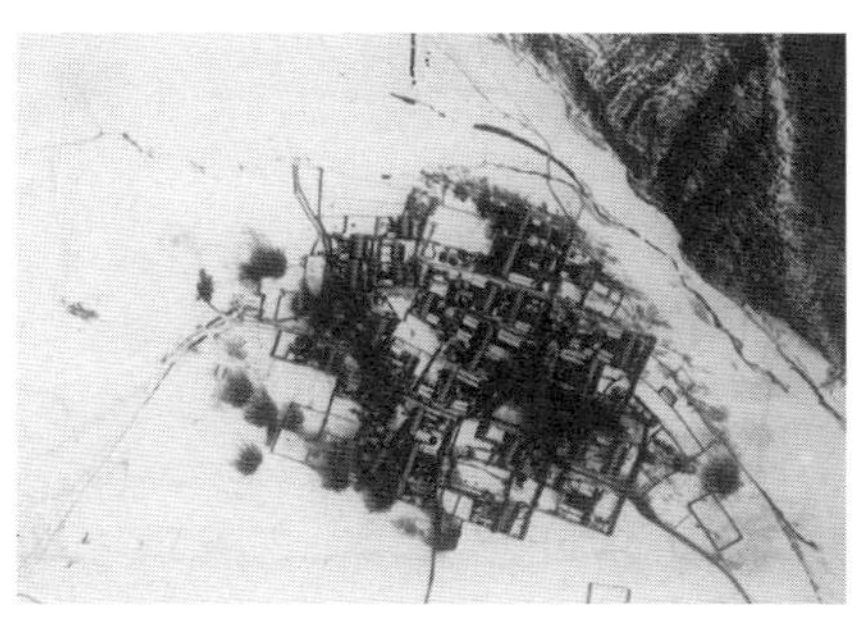

▲…界嶺口・対杖子付近の中国軍爆撃（1933年３月５日）＊２

▲…開魯の抗日軍・鄧文宿舎を爆撃、高度1000mで50㎏弾10発（1933年１月22日）＊２

▲…建昌営爆撃、高度1500mで50㎏弾９、15㎏弾12発投下（1933年３月23日）＊２

▲…熱河作戦・錦州飛行場（1933年２月28日）＊２

数十としている。二月二四日、開魯は日本軍によって占領された。

日本軍は熱河省を占領すると長城をこえて河北省へと侵入した。この作戦には飛行第十二大隊全隊が動員された。第十二大隊は二月二〇日、錦州飛行場へと集結した。主な攻撃は二五日の朝陽西方の大営子・大平房付近の歩騎兵、二六日の約一五〇〇の兵、三月二日、四日の承徳方面に退却する兵への爆撃がある。四日の投弾量は一六七五㎏におよんだ。三月五日には長城近くの界嶺口まで兵を追い、対杖子付近を爆撃した。

三月一〇日からは長城線での戦闘となった。第十二大隊は三月一三日以降、抬頭営、建昌営などを空爆した。三月中旬の羅文峪での戦闘でも飛行機が使われた。三月下旬には主力を緩中飛行場へとすすめ、冷口付近や灤東地区を爆撃した。『写真帖』には三月五日対杖子、三月一二日古北口、三月一六日喜峰口西方望楼、三月二三日建昌営、三月三〇日冷口付近八道河などへの爆撃写真がある。

▲…密雲市街爆撃、高度2000mから15kg爆弾54発を投下（1933年4月18日）＊2

▲…綏中飛行場へ（1933年4月）＊2

▲…長城を超え建昌営飛行場へ（1933年5月）＊2

▲…抬頭営爆撃、高度1500mから50kg弾投下（1933年4月13日）＊2

密雲市街爆撃

四月には古北口、南大門、興隆などへの攻撃に加わった。四月一一日灤橋梁（永平西方）、四月一三日抬頭営市街、四月一八日密雲市街、二三日からは南天門付近の陣地を爆撃した。

『写真帖』によれば、密雲への爆撃は高度二〇〇〇メートルから市街地に一五kg爆弾五四発を連続投下するというものであり、無差別爆撃となるものだった。

五月九日、第十二大隊第二中隊の軽爆隊は承徳飛行場にすすみ、第八師団を支援した。また、第十二大隊主力は建昌営飛行場にすすみ、第六師団を支援し、重爆隊は綏中飛行場から戦闘を支援した。

第八師団は五月一一日、新開嶺付近の兵を攻撃し、三日間の戦闘で石匣鎮を占領した。その攻撃に重爆隊も参加し、投下爆弾は四四〇発におよんだ。一方、第六師団は五月一二日、灤河を渡った。第十二大隊は対岸陣地を空爆し、その渡河を支援した。『写真帖』には、五月一一日の新開嶺、一三日の三家唐付近（永平西方）、遵化城壁などへの爆撃写真がある。新開嶺では二五〇kg爆弾も使われた。

▲…新開嶺爆撃、高度 1500m から 250 kg爆弾投下（1933 年 5 月）＊2

▲…長城を越え玉田飛行場へ（1933 年 5 月 25 日）＊2

『中国抗日戦争大事紀』には、五月一九日、日本軍が密雲を占領、二〇日には第八師団が密雲、第六師団が玉田一帯に集結、同日、日軍機一一機が北平（北京）上空を威嚇飛行とある（四六頁）。『写真帖』からは、第十二大隊が五月二五日、前進して玉田飛行場にすすんでいたことがわかる。

北京上空での威嚇の下で、三一日に塘沽での停戦協定が成立した。六月五日、日本軍は密雲、石匣鎮、建昌営、玉田に兵力を残して撤退した（『中国抗日戦争大事紀』四九頁）。停戦により、第十二大隊は「新京」へと撤退した。

「満洲事変」から熱河作戦が終わるまでの日本の空中勤務者の戦死者は二五人、そのなかには「新京」での着陸時の残弾爆発事故による死者が六人いた（一九三三年一二月二三日）。他方、多くの中国民衆が空爆によって生命・家族・財産を失った。

4 飛行第十二戦隊、アジアへ

一九三四年の春、飛行第十二大隊は九三式重爆撃機、九三式双発軽爆撃機、九三式単発軽爆撃機へと機種を変えた。一一月には飛行第十二大隊から飛行第十二連隊となった。第十二連隊は第十二大隊を第一大隊とし（重爆一中隊・軽爆一中隊）、さらに浜松から派兵された重爆二中隊を第二大隊とした。浜松を二つの中隊が出発したのは一二月一七日のことだった。拠点は公主嶺飛行場になった。

公主嶺飛行場

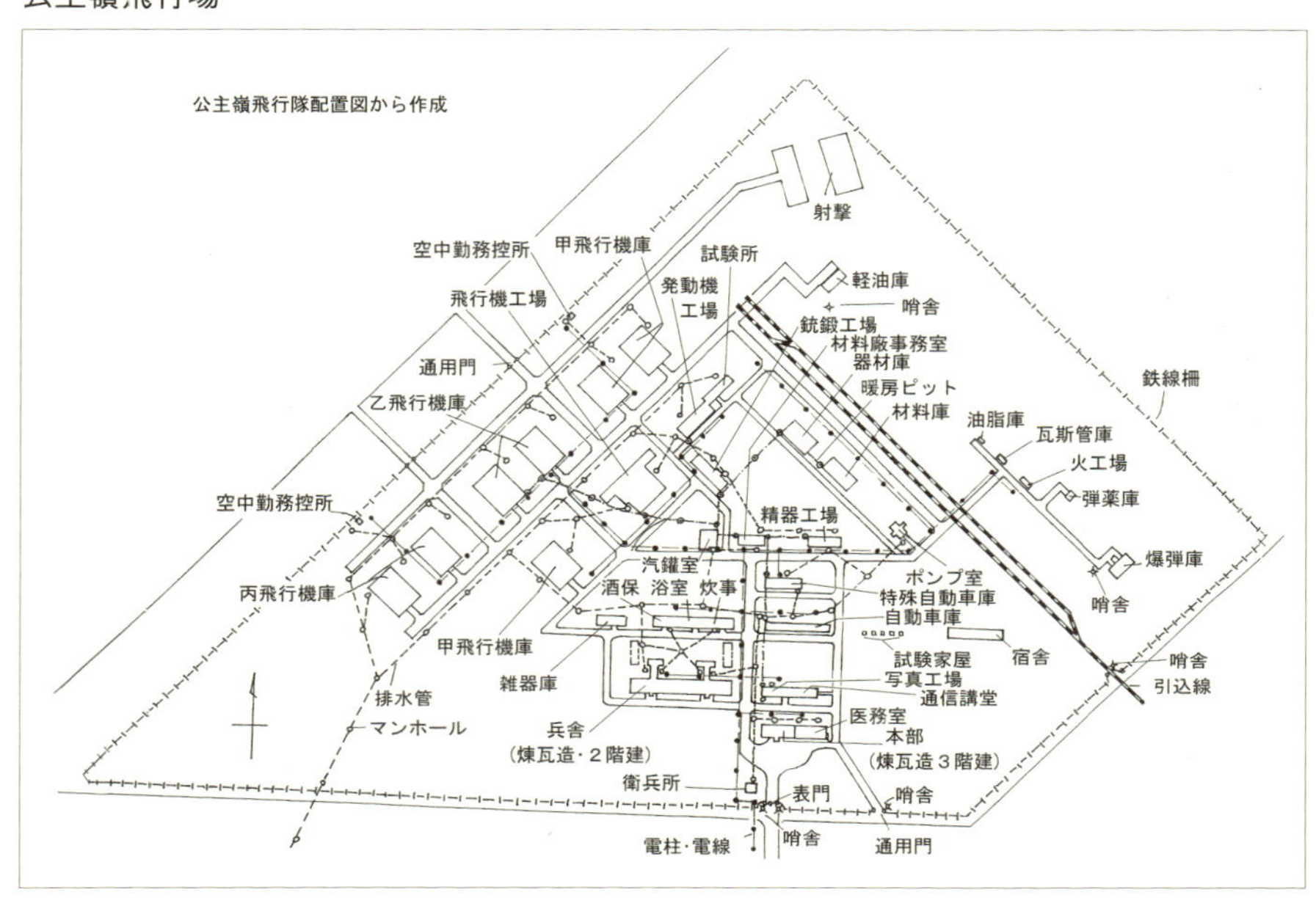

一九三七年七月、中国への全面的な侵略戦争がはじまると、中国大陸へと陸軍の爆撃隊がつぎつぎに派兵された。飛行第十二連隊は独断で天津へと飛来し、各地を爆撃した。第十二連隊は第十二戦隊となり、一九三九年のノモンハン戦争にも動員された。重慶や蘭州への戦略爆撃もおこなった。アジア太平洋地域へと戦線が拡大すると、一九四一年一二月のマレー作戦をはじめ、シンガポール、ビルマ、スマトラ、ジャワなどの作戦に動員された。またインドのチッタゴン・カルカッタなども爆撃、さらに四四年フィリピンに移り、ケンダリー、モロタイなどを攻撃した。

第十二連隊から分離・編成された飛行第十六連隊（戦隊）は、第二次ノモンハン戦争、アジア太平洋戦争でのフィリピン攻撃に動員され、一九四二年六月以降、中国各地を爆撃し、五月には沖縄戦に投入された。第十二戦隊から編成された飛行第五八戦隊は、中国、スマトラ、ビルマなどに動員された。

飛行第十二戦隊は、モンゴル、中国、マレーシア、シンガポール、フィリピンと各地で空爆をおこなうことになるのである。重慶、蘭州、シンガポールなどでの空爆は無差別爆撃であり、大量殺戮につながるものであった。これらの空爆によって死傷した人々や破壊された建物は計り知れない。

1-1　飛行第12大隊による満洲・熱河爆撃（1931～33年）

年	月日	爆撃先	爆撃目標等	爆弾種、数	拠点
1931	11	満州侵略戦争により浜松から飛行第7大隊第3中隊（軽爆）を編成、大刀洗・蔚山を経て奉天へ			浜松・奉天
1931	11.24	湯崗子	太子河渡河中の抗日部隊		
1931	11.27	北寧鉄道・大虎山	抗日部隊		
1931	12	浜松から重爆中隊・飛行第6大隊第1中隊を派兵			周水子
1931	12	遼陽・大石橋間	湯崗子ほか（～1月）		
1931	12.25		装甲列車		大石橋
1931	12.29	盤山	市内抗日部隊		
1931	12.30	通遼	（重爆機による、1.8浜松へ帰還）		奉天西
1931	12	溝幇子	抗日軍・兵舎・駅東南		
1931	1.24	大虎山	抗日軍	87軽3機、12.5 kg 18発	
1932	2.6	ハルビン	陣地・抗日部隊、2.10奉天へ		ハルビン
1932	2.19	巴彦	抗日司令部		ハルビン
1932	2.20	枷板站	抗日部隊		ハルビン
1932	3.18	五虎林・哈家屯	抗日部隊（中国国民救国軍～3.19）		寧安
1932	4.1	方正	市街・東門抗日部隊・司令部	東門50 kg 2発、市街50 kg 4発、燃焼弾3発	
1932	4.7	三姓（依蘭）	司令部・無線電信所	50 kg 8発、燃焼弾5発	方正
1932	5.28	ハルビンへ			ハルビン
1932	5.30	ハルビン・阿城	北方の正紅旗の抗日軍		
1932	6.7	ハルビン	五常鎮		
1932	6.5	浜松から重爆1中隊を派兵、軽爆中隊とあわせて飛行第12大隊を編成へ			新京
1932	6.16	黒竜江	間三門宗家の抗日軍		
1932	8	錦州付近	大蘆花廟山岳の抗日軍		錦州
1932	8	錦州付近	老爺嶺山地の抗日軍		錦州
1932	9	東辺道	軽爆隊、太刀会等の抗日軍（遼寧民衆自衛軍）攻撃		奉天・山城鎮・鳳凰城
1932	9.11	東辺道	前七台集落の抗日軍		
1932	9	皇姑屯	民家の誤爆		
1932	10.15	ハイラル	蘇炳文部隊（東北民衆救国軍）の輸送機		
1932	11.6	納河県	電信局	50 kg 6発	
1932	11.10	嫩江	右岸の城壁の抗日軍		
1932	11.12	拝水･明水	チチハル東方抗日部隊		
1932	11.28	興安嶺～ハイラル	鉄道（～12.3）		チチハル
1932	12.1	博克図・景県	列車・抗日部隊（～12.3）		チチハル
1932	12.3	ハイラル	製粉工場		チチハル
1933	1.1	牡丹江へ	第10師団の支援、1.24新京へ		牡丹江
1933	1.22	開魯	鄧文宿舎	50 kg 10発	通遼
1933	2.20	熱河作戦により錦州へ			錦州
1933	2.25	大営子・太平房	中国軍		

1933	3.2	承徳西	中国軍		
1933	3.4	承徳西	中国軍		
1933	3.5	対杖子	付近の中国軍	12.5 kg 17 発	
1933	3.12	古北口	南方の中国軍	15kg 12 発、50 kg 2 発	
1933	3.16	喜望口	西方の望楼の中国軍	100 kg	
1933	3.23	建昌営	爆撃	15 kg 12 発、50 kg 9 発	
1933	3.30	冷口	八道河付近の中国軍		
1933	4	関内へ、長城を越えて空爆へ			
1933	4.8	喜望口	南方・撤河橋陣地	15 kg 36 発	
1933	4.11	永平	西方の灤河橋梁	50 kg	
1933	4.13	抬頭営	市街の中国軍	50 kg	
1933	4.18	密雲	市街地	15 kg 54 発	
1933	4.23	南天門付近			
1933	4.37	軽爆を承徳へ、 重爆は綏中・戦闘支援、5.9 建昌へ			承徳・綏中
1933	5.11	新開嶺	中国軍	50 kg 3 発、250 kg	
1933	5.12	三樂河対岸	陣地		
1933	5.13	永平	西方・三家唐付近の中国軍	15 kg 14 発	建昌
1933	5.15	遵化	中国軍	100 kg	
1933	5	豊潤	中国軍陣地		
1933	5.25	この頃、玉田飛行場に展開			玉田
1933	12	飛行第 12 連隊を編成、飛行 12 大隊を第 1 大隊とし、12.17 浜松から派兵された重爆 2 中隊を第 2 大隊。のち軽爆隊は飛行第 16 連隊となり、牡丹江へ。			公主嶺

註　飛行第 12 大隊『満洲事変記念写真帖』、『満洲方面陸軍航空作戦』などから作成

ここでみてきたように浜松から中国東北へと派兵された爆撃部隊は一九三二年三月には方正などの市街地へ燃焼弾攻撃をおこない、各地の抗日義勇軍に対して空からの殺戮攻撃をおこなった。一九三三年の開魯・建昌営・抬頭営・密雲などへの攻撃は無差別爆撃の先駆けであった。

人間は大量殺戮を効率的におこなうようになり、航空機による爆撃の導入は、殺戮への自覚を薄くするものだった。

郭沫若は詩「最も怯懦な者こそ最も残忍だ」でつぎのように批判する。残忍な爆撃が錦州にはじまり、上海・南京・広州・武漢・重慶と続き、爆弾が役下されるのはいずれも中国の土地であり、死ぬのはすべて中国人民である。千人針や護身符を身につけ、自身は危険のない場から「英雄」の本領を発揮しようとする。そのような最も怯懦な者こそ最も残忍である、と（前田哲男『戦略爆撃の思想』上　九六頁）。空爆は人間が自らを「怯懦」で「残忍」な方向へと疎外することでもあった。

強力な武器を用い、空爆によって軍事的な勝利を得たとしても、組織的に侵入し、殺人を実行することは犯罪であり、その倫理における敗北は明らかで

ある。そのような行動は国境を越えた人間的な信頼を得ることはない。民衆の抵抗は継続し、日本は撤退せざるをえなかった。

前田哲男は『戦略爆撃の思想』で、日本が関わった「空からのテロリズム」の歴史を直視することを述べ、重慶爆撃を無差別大量殺戮史における「失われた環」(ミッシングリンク)としている(下二九〇頁)。戦略爆撃は、都市そのものを対象とし、侵攻とは別の見地から遂行され、対人殺傷兵器を多用する。重慶爆撃ではそれが組織的・反復的・持続的におこなわれた(下一九〇頁)。

満洲侵略戦争期の中国東北での第十二大隊による空爆は重慶・蘭州などへの戦略爆撃の起点となる攻撃であった。「失われた環」は重慶爆撃のみならず、飛行第十二大隊がおこなった空爆にもある。

浜松が戦争の拠点となり、浜松から派兵された爆撃隊が中国東北でおこなったこと、侵略戦争が拡大するなかで東アジア各地への空爆を都市への戦略爆撃を含めておこなったことは、ひとつひとつ記述されなければならない。それは、ひとつひとつが「失われた環」であるからだ。

この「空のテロリズム」の歴史を認識し、人間性の回復をすすめ、無差別大量殺戮のない歴史を展望したい。「聖戦」「英霊」の思考によって「鬼子」とされたままの隷従の風景は、形を変え、いまもある。あらたな「怯懦と残忍」の精神をすすめる戦争国家を超え、公正と寛容による非暴力反戦の思想と行動が共同の主観となることが求められる。その思いは、二〇〇三年三月末からはじまった米軍によるバグダット空爆という現実のなかでより強いものになった。

この現実は、民族・宗教・国家を超えて人間の尊厳を共有し、人々が友好的に繋がっていくこと、殺される側の視点に立ち「殺すな」のメッセージを示しつづけていくこと、戦争犯罪と戦争責任についての理解を深め追及すること、侵攻の兵士をつくり戦場へと駆りたてる戦争国家を止揚することなどをよびかけるものである。

〔参考文献〕

飛行第十二大隊『満洲事変記念写真帖』一九三三年

飛行第十二大隊『満洲事変出征記念写真帖』一九三三年

飛行第十二大隊『アルバム』(隊員作成)一九三三年

飛行第七大隊第三中隊『満洲事変記念写真帖』一九三二年
＊飛行第十二大隊関係写真帖は二〇〇二年に古書店から入手
『飛行第十二大隊の満洲における写真綴』防衛省防衛研修所図書館蔵
『満洲事変における軽爆隊の行動写真帖』一九三二年七月〜一九三三年五月 同館蔵
『公主嶺飛行隊本部新築其他記念写真』一九三四年一二月 靖国偕行文庫蔵
防衛庁防衛研修所戦史室『満洲方面陸軍航空作戦』朝雲新聞社一九七二年
防衛庁防衛研修所戦史室『中国方面陸軍航空作戦』朝雲新聞社一九七四年
近現代史編纂会『航空隊戦史』新人物往来社二〇〇一年
陸軍航空碑奉賛会『陸軍航空の鎮魂 総集編』一九九三年
伊澤保穂『日本陸軍重爆隊』徳間書店一九八二年
前田哲男『戦略爆撃の思想』上・下 社会思想社一九九七年（新訂版は凱風社から二〇〇六年）
鈴木隆史『日本帝国主義と満州』塙書房一九九二年
村井信方編『飛行第九十戦隊史』飛行第九十戦隊会一九八一年
飛行第九十八戦隊誌編集委員会『あの雲のかなたに』一九八一年
斉福霖編『中国抗日戦争大事紀』北京出版社一九九七年
趙冬暉・孫玉玲編『苦難与闘争一四年 上』中国大百科全書出版社一九九五年
孫玉玲編『日軍暴行録 遼寧分巻』中国大百科全書出版社一九九五年
郭素美・車霽虹編『日軍暴行録 黒龍江分巻』中国大百科全書出版社一九九五年
武月星編『中国現代史地図集』中国地図出版社一九九九年
姜念東他『偽満洲国史』大連出版社一九九一年
宋梅英編『日偽暴行』吉林人民出版社一九九三年
瀋陽市図書館編『九・一八事変図片集』対外貿易教育出版社一九八七年
岩崎富久男「中国東北における抗日救亡運動 東北抗日義勇軍の活動」『明治大学人文科学研究所紀要』四六 二〇〇〇年

（初出「戦争の拠点・浜松（一） 満州侵略と陸軍飛行第一二大隊」『静岡県近代史研究』二九 二〇〇三年）

第二章…満洲侵略と平壌の陸軍飛行第六連隊

陸軍飛行第六連隊は平壌に置かれた部隊である。飛行第六大隊は一九二五年に飛行第六連隊へと改編され、飛行第六連隊は朝鮮の師団と共同して航空作戦の訓練を重ねた。一九二八年には山東半島に派兵され、青島・済南方面で第三師団、第六師団とともに行動した。

満洲での侵略戦争がはじまると飛行第六連隊から独立飛行第八中隊、第九中隊、第十中隊が編成され、満洲に派兵された。また、朝鮮の国境近く抗日義勇軍の行動が盛んになると、飛行第六連隊は越境し、東辺道の抗日軍である民衆自衛軍などへの攻撃をおこなった。

ここでは、当時、独立飛行第八中隊の中隊付将校であり、飛行第六連隊の第一中隊長であった高橋大尉の史料（以下高橋史料と略）を利用し、戦史叢書『満洲方面陸軍航空作戦』などの資料から補足することで、満洲侵略戦争が始まった時期の飛行第六連隊の行動についてみていきたい。

ここで利用する高橋史料には、独立飛行第八中隊関係では「出動全般ニ関スル事項」（九月一九日～一〇月二〇日）、「事変ノ経験ニ基ク意見」、「昂昂溪附近戦闘詳報」（一一月一八日～一一月二一日）などがある。また、飛行第六連隊第一中隊関係では「戦闘詳報（八道溝付近ノ戦闘ニ参加）」（一九三二年九月三日～九月八日）、「戦闘詳報（大平哨付近）」（一九三二年九月一〇日～九月一一日）、「戦闘詳報（楚山対岸付近）」（一九三二年九月一四日～九月一七日）、「東辺道兵匪討伐戦闘詳報」（一九三二年一〇月八日～一〇月二七日）、「行動詳報（撫松附近）」（一九三三年二月二八日～三月七日）などがある。ほかには、飛行第六連隊の「編成替関係資料」「爆撃ノ参考」「飛行第六連隊兵器業務規定」、作戦用地図、飛行場地図類、高橋の「従軍手帖」（六冊）、写真帳などがある。

これらの戦闘詳報などの資料からは、飛行隊による偵察と爆撃の実態、抗日軍への攻撃の状況などを具体的に知ることができる。第一章では、浜松から出撃した飛行第七大隊第三中隊（飛行第十二大隊）の行動について写真史料の分析を中心に記したが、飛行第六連隊関連部隊はこの飛行第七大隊第三中隊と同じ方面で戦闘に参加したこともあった。本章では、満洲侵略戦争期の飛行第六連隊の動きをみていこう。

1　平壌から独立飛行第八中隊、満洲へ

平壌で独立飛行第八中隊を編成

一九三一年九月一八日の夜一〇時二〇分ころ、関東軍（日本軍）の謀略によって柳条湖事件が起こされた。それを契機に日本軍は満洲全土の支配に向けて軍事行動を展開した。この事件がはじまるとすぐに、平壌の飛行第六連隊へと派兵命令がだされた。

独立飛行第八中隊が作成した「出動全般ニ関スル事項」（九月一九日～一〇月二〇日）によれば、事件の通報は発生から約五時間後の九月一九日午前三時三〇分にあった。部隊ではすぐに出動の準備がなされ、午前五時三〇分には「応急動員」の命令が出され、独立飛行第八中隊、第十中隊が編成された。なお、戦史叢書『満洲方面陸軍航空作戦』では飛行第六連隊長が第二〇師団からの動員命令を五時に受けたとしている。

飛行第六連隊第一中隊が、派兵される独立飛行第八中隊（中隊長・平田辰男少佐）の基幹部隊とされたが、陸軍航空本部長による検閲が九月一九日からはじまるため、一機は分解状態であった。直ちに出動できる飛行機は乙式偵察機四機、八八式偵察機一機だけであり、機関銃や無線電話機がはずされていたものもあった。

そのなかで出撃に向けての準備がはじまり、九月一九日の午後〇時五五分、八八式偵察機二機が奉天に向けて飛び立ち、

午後二時すぎには地上勤務員が汽車などで移動した。九月二〇日午前五時三〇分からは飛行機の空中輸送が始まり、午後六時までには奉天への集結が終わった。奉天駅から飛行場への器材の輸送が二一日の早朝からはじまったが、車両の故障などで手間取った。二一日には追加の八八式一機が平壌から奉天に派兵された。

このとき、朝鮮軍（日本軍）の歩兵旅団は満洲への越境を見合わせていたが、飛行隊は朝鮮軍の先頭になるかたちで国境を越えた。第八中隊とともに平壌から派兵された独立飛行第十中隊は甲式四型の戦闘機八機で編成され、九月二〇日の一一時までに奉天に集中した。奉天は一九日のうちに日本軍が占領していた。

九月二一日の午前一一時一〇分には、独立飛行第八中隊に長春への前進命令が出され、二一日のうちに乙式偵二機、二二日には八八式三機が長春に向かった。地上勤務員の主力は二一日に出発し、二二日の朝に長春に到着した。長春には独立飛行第八中隊、奉天には独立飛行第十中隊が配置されることになった。第十中隊は、中国人を動員して四平街、大石橋、鄭家屯に飛行場を設定し、中国軍の飛行機を自軍のものにした。平壌の本隊からは八八式飛行機がさらに追加派兵された。

一九三一年九月、満洲での戦闘に参加

「出動全般ニ関スル事項」には、地上部隊との戦闘についての所見が記されている。それによれば、第八中隊の飛行機による戦闘は、九月二一日から始まった。乙式偵察機は大虎山（打虎山）の西北の黒山を捜索中に、黒山と大虎山の中間で射撃を受けたとして爆弾を投下、さらに固定式と回転機関銃で攻撃した。この攻撃で、射撃は太陽を背にしておこなうことが効果的と総括した。

同日、乙式偵が撫順西北の山地で地上八〇〇メートルから密集部隊を爆撃中に射撃を受け、冷却器や油槽などに被弾、虎石台付近に不時着した。この被弾は、爆弾二つを投下し、続いて二回目の爆撃をおこなおうとした際に、下から射撃されたことによる。

当時、乙式偵には簡易爆弾投下器が装備されていた。八八式偵には投下装置がないため手投げで投下されたが、この年のうちに八八式にも投下装置がつけられた。

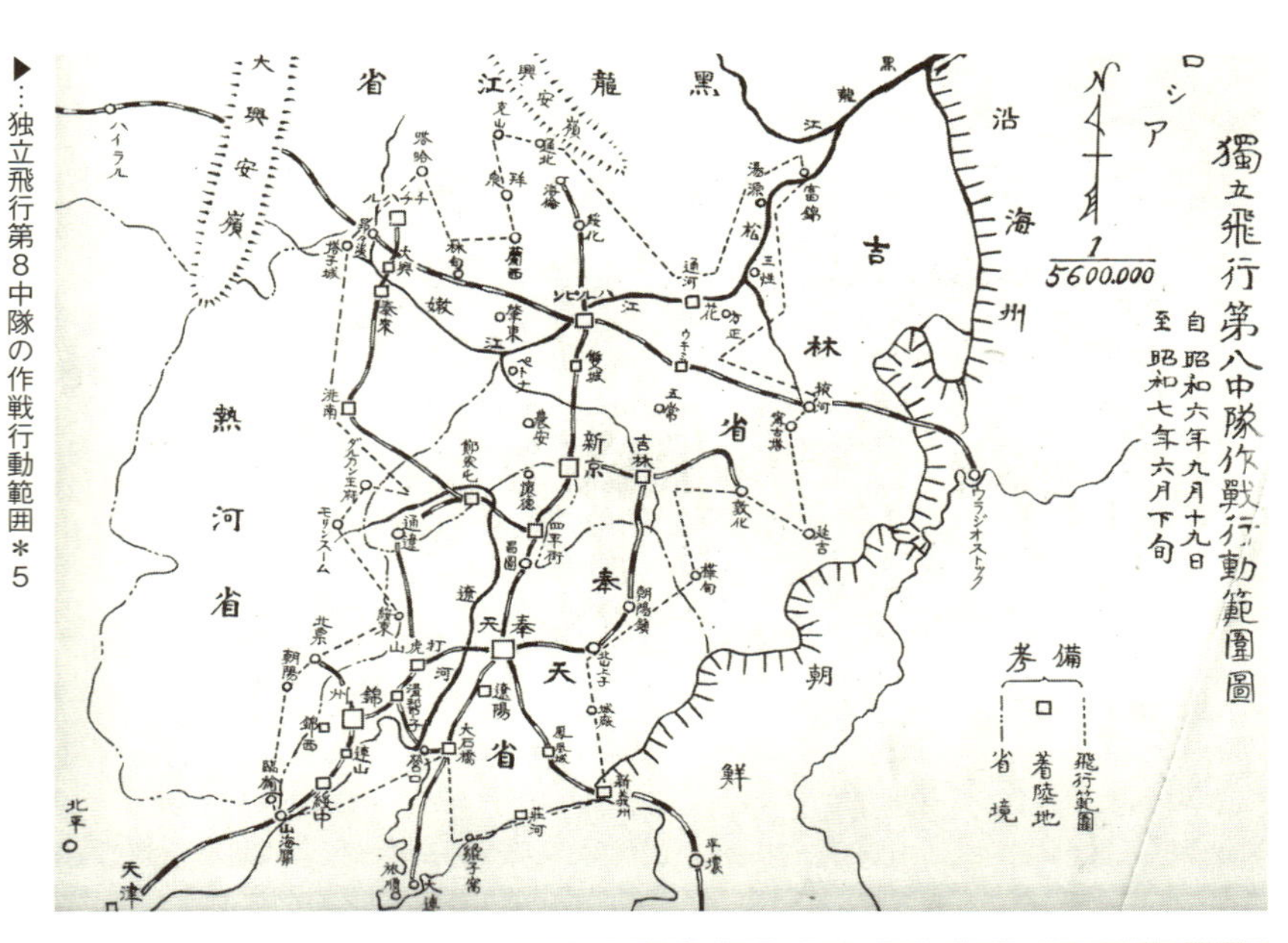

▶…独立飛行第8中隊の作戦行動範囲＊5

獨立飛行第八中隊行動概要

滞在地	期間	行動概要
奉天	昭和六年 自九月十九日 至九月二十日	事変勃発ト共ニ平田少佐以下九十四名平壌ヨリ躍進ス。遼寧吉林省内敵情捜索。
長春	自九月二十一日 至十一月十五日	第二師団配属ノタメ躍進ス。遼寧吉林黒龍江省内敵情捜索。十月八日錦州攻撃
泰來	自十一月一日 至十一月十五日	嫩江支隊協力ノタメ小林大尉以下十七名前進ス。次テ主力移動ス。
大興	自十一月十五日 至十一月二十日	昂々渓戦闘参加ノタメ前進ス。
長春	自十一月二十四日 至十一月二十七日	長春附近警備。大黒林子匪賊討伐。
遼陽	自十一月二十七日 至十一月二十八日	新民、饒陽河附近戦闘参加ノタメ躍進ス。
長春	自十一月二十八日 至十二月二十四日	長春附近匪賊討伐捜索ス古谷大尉以下錦州方面ノ捜索。
奉天	自十二月二十四日 至十二月二十七日	錦州攻撃ノ準備ノタメ躍進ス。
大石橋	自十二月二十七日 至昭和七年一月三日	錦州攻撃ノタメ奉天ヨリ躍進ス。
錦州	自一月三日 至一月三十日	第二十師団錦州入城ニ伴ヒ躍進ス。
長春	自一月三十日 至二月七日	哈爾賓方面情況悪化ニ伴ヒ躍進ス。高橋大尉以下十三名第二十師団配属
哈爾賓	自二月七日 至二月十日	哈爾賓附近戦闘参加ノタメ前進ス。
錦州	自二月十日 至二月二十七日	遼西附近匪賊討伐。一部今川大尉以下三十三名ハ四月三十日迄第二十師団及第八師団配属
奉天	自二月二十六日 至三月十八日	奉天附近警備ノタメ躍進ス。
新義州	自三月十八日 至三月二十七日	莊河附近兵匪討伐ノタメ躍進ス。
長春	自三月二十七日 至四月五日	農安附近兵匪討伐ノタメ躍進ス。
哈爾賓	自四月五日 至六月下旬	吉林黒龍江省兵匪掃蕩ノタメ躍進ス。五月一日錦州部隊進及呼海線方面掃蕩及哈市附近警備。
八月上旬		

▶…独立飛行第8中隊の作戦経過＊5

九月二七日には二機が通遼付近で威嚇飛行をおこなった。濃霧と密雲のなかで、鉄道道路に沿って通遼に至ったが、三〇メートルほどで低空飛行している際に射撃を受けた。一〇月一四日には通遼で三〇〇メートルの高度での偵察中に射撃を受けたことから、爆弾を投下した。

九月から一〇月までの戦闘での投下爆弾数は七八発、三年式機関銃弾は四五八発、ビッカーズ式（ビ式）機関銃弾は一五五発だった。

飛行第六戦隊から派兵された部隊は、状況捜索、連絡、要地写真撮影、掃討戦協力、威嚇飛行などをおこなった。これらの戦闘から部隊は、抗日軍が増加するなかで偵察時間が延長されたが、乙式は航続範囲の拡大に適さない、燃料・爆弾・機銃弾を乗せての長時間飛行もおこなわれたが、偵察者も操縦できる者がよい、飛行機による攻撃の効果としては、威嚇飛行に価値があり、政略上有効であるなどと総括した。この時点で、すでに政略上の有効性が提示されていた。

獨立飛行第八中隊人員表

階級	摘要	氏名	階級	特業	氏名	階級	特業	氏名	階級	特業	氏名	階級	特業	氏名
	中	隊長			准士官下士官兵	上等兵	飛	津島多七	一等兵	發	太田徳太郎	一等兵	電	高橋清志
航少佐		平田辰男	航特	十二月帰還	尾形喜芳	同	同	荻原大三郎	上等兵	同	小宮山武重	同	同	小武海藤市
	中	隊附将校	航特		多田義一	同	同	菅原泰三	同	同	高島茂	同	同	志和謙吉
航少佐	補兵	加藤邦雄	航曹長		高橋喜作	同	同	菊地聚喜	一等兵	同	武井覺	同	有線	山崎三郎
航大尉		高橋常四郎	航曹長		村越勝幸	同	同	星澤清	同	同	岩田順治	同	同	本村友二
同		今川一策	同		柴田龍男	同	同	柳澤仁吉	上等兵	自	關市三郎	同	同	原興助
同		小林孝知	同	四月帰還	柳原益恵	同	同	深代三之助	同	同	古谷一太郎	同	同	鹿毛茂一郎
同		成冨汎愛	同	十二月帰還	橋本新治	同	十二月帰還	和田堅治	同	同	田口佐五郎	上等兵	機銃	鳥羽保
同		勝目眞良	航軍曹		伊藤政市	一等兵	飛	阿部喜代志	一等兵	同	佐藤松治	同	同	鈴木忠司
同		古谷龍	同		森本武	一等兵	同	菅谷勘次郎	同	同	菅原京信	一等兵	同	安岡明
同	九月転出	濱田龍太郎	同	三月帰還	熊田光治	一等兵	同	安在勝郎	同	十二月帰還	片桐太加三	同	同	小林藤吉
同		大西洋	同		三谷金蔵	上等兵	發	高橋宗太郎	同	同	青木宗郎	同	同	高梨愼吾
航中尉		名川義人	同		北村博	同	同	秋庭喜平	同	同	藤田喜藏	上等兵	高機	波多腰瑛雄
同		池田趙夫	同		勝瀬勝一	同	同	並木太十郎	上等兵	寫	一ノ渡榮三	一等兵	同	寺澤竹次郎
航中尉		神崎清	同	一月帰還	塚田二郎	同	同	高橋忠雄	一等兵	同	野原信平	同	同	松崎定市
同		太田鋤吉	同		江崎三郎	同	同	小竹好	同	同	大曽根銀三	同	同	小室貞三
同		中村誉介	同		山本高次	同	同	佐藤三津雄	同	同	高橋忠一	同	同	關口正一
同		田中栄吉	航伍長	十二月帰還	三木冨蔵	同	同	青木近雄	上等兵	無	永澤七郎	同	同	平方文平
同	十二月帰還	大針新一郎	同	十二月帰還	阿蘇正蔵	同	同	羽毛田信太郎	同	同	熊谷武	同	同	小山叙太郎
同	同	田中倭文	同	同	佐藤勇吉	同	同	土屋冨之助	同	同	小田桐市太郎	同	同	松本耕二
航少尉	十二月帰還	森山次郎	同	同	櫻庭武三	同	同	枝長壽	同	同	紺野由太	同	鍛	佐藤六郎
同		廣田一雄	上計手		津島七郎	一等兵	同	保泉豊吉	一等兵	同	藤澤基治	同	同	倉田勇
同	九月転出	徳田義雄	一木工		荒木大六	同	同	加賀谷國雄	同	同	西澤保次郎	同	同	藤田義隆
同		山桝義智	三級工		小薄千代彦	同	同	佐藤助吉	上等兵	十二月帰還	小浦幸一郎	同	氣	春日忠一郎
三薬正		正木豊	二看		岸根勝一	同	同	工藤秀男	上等兵	電	宮下富之助	同	喇叭	東野仁吉
三軍醫		松本正義	上等兵	飛	丸山仁作	同	同	竹村康雄	同	同	森下林治	同	同	齊藤友吉
三主計	九月転出	多田敬由	上等兵	飛	倉島竹治	一等兵	發	鈴木留蔵	同	同	山口善忠	看兵	看護	峯山貢

▲…独立飛行第８中隊の組織＊５

一〇月には錦州への爆撃がおこなわれたが、高橋史料にはこの爆撃に関する資料はない。『満洲方面陸軍航空作戦』によれば、錦州爆撃をおこなった部隊は平壌から派兵された独立飛行第八中隊と第十中隊であった。第八中隊は第二師団の昌図附近の戦闘に主力をおいていたが、第十中隊による錦州爆撃が計画されると八八式四機をもって共同した。当時八八式には爆弾懸垂装置がなく、二五kg爆弾四発を真田紐で吊るして投下された。一〇月八日、第十中隊の八八式二機・ポテー機五機、第八中隊の八八式四機の計一一機が奉天を飛び立ち、錦州に二五kg爆弾七五発を投下した。しかし、この都市爆撃は国際的な批判をうけた。錦州爆撃の後、独立飛行第十中隊にかわって、平壌から独立飛行第九中隊（偵察）が派兵された。一一月上旬には、全機とも航続距離が長い八八式偵察機へと改変された。

2　昂昂渓の戦闘と独立飛行第八中隊

一九三一年一一月、チチハル攻略戦

独立飛行第八中隊と第九中隊は、一一月にはチチハル攻略戦に動員された。第八中隊の「昂昂渓附近戦闘詳報」（一一月一八日～一一月二一日）から、チチハル南方の昂昂渓附近での戦闘の状況について、第八中隊の動向を中心にみていこう。

抗日の姿勢を鮮明にした馬占山は一〇月一九日にチチハルに入り、黒竜江省主席代理となって、日本側の動きに対抗した。それに対し、日本軍はチチハルの占領をめざし、攻撃を加えた。

一一月三日には第八中隊・第九中隊は長春からチチハル南方にある泰来飛行場に分遣隊を送った。そこから第八中隊は昂昂渓方面の情勢や地形などを偵察した。一一月四日には江橋で馬占山の黒竜江軍との戦闘がはじまった。黒竜江軍の抵抗は激しく、第八中隊も偵察と爆撃をおこなうが、操縦者が大腿部を撃たれ、偵察者が代わって操縦して帰還するという事態も起きた。七日、飛行隊は高射砲による射撃を受けた。

黒竜江軍はチチハルの南方にある大興、小興、三間房の線に陣地を構築し、主力を昂昂渓附近に集結させて対峙した。

一一月一三日、長春の第八中隊の飛行隊の主力が泰来へと前進し、第九中隊は泰来より北方の大興を前進飛行場とした。

一一月一六日には第八中隊長や空中勤務者の一部、地上勤務員などが飛行機や汽車で大興飛行場に向かった。

一一月一七日には独立飛行第八中隊の飛行機七機、爆弾五〇〇発、主要器材などが揃えられた。飛行第六連隊長から関東軍飛行隊長となった長嶺亀助大佐も泰来に到着した。一一月一七日の飛行隊の命令は、飛行隊は第二師団の一八日未明からの攻撃に参加し、第八中隊の一機は師団長用の指揮・捜索機とされ、一機は右翼攻撃用の指揮・捜索機、主力は右翼

戦闘地域を爆撃することになった。第九中隊は左翼への爆撃が任務となった。砲兵のための捜索と観測のために第八・第九中隊から一機が出された。退却する部隊を爆撃することも指示された。チチハルや昂昂溪には宣伝文を投下し、飛行は一時間ごとに交代するものとされた。この段階で、八八式には爆撃装置が装備されていた。

一一月一八日未明、零下一五度の烈風のなか、泰来で飛行機の飛行準備がなされた。六時五分に八三号機が泰来を飛び立ち、六時三五分には戦場に到達した。二五kg爆弾を小興屯集落の中央に投下し、一二・五kg爆弾一二発を手投げで砲兵や歩兵の陣地に投下した。さらに、砲兵や輓馬の集合地への射撃をおこない、右翼隊長へと通信筒を投下した。六時一〇分には一〇〇九号機が泰来を出発し、六時四〇分に小興屯の陣地を爆撃し、指揮任務に移った。同時刻、八七号機が飛び立ち、大興飛行場に向かった。八七号機はそこで乗員を交代し、七時一〇分には新立屯や大興屯と小興屯の中間を爆撃した。八七号機は乗員を交代し、九時四〇分には左翼の陣地に七発の爆弾を投下した。九時四五分には八九号機が出発し、師団司令部に戦闘状況を記した通信筒を投下した。

黒竜江軍は九時五〇分頃から退却を始めたが、飛行隊はその退路を全力で爆撃した。九時一七分に飛び立った一〇〇九号機は、砲兵などの陣地、昂昂溪駅の列車、退却部隊などを爆撃し、退却部隊の一〇〇人を「潰乱」・「殺傷」した。さらに、三〇〇メートルから五〇メートルの高度で機関銃による射撃をおこなった。

九時一八分に飛び立った一〇三八号機は右翼の大興屯方面の爆撃に向かい、九時三〇分には五家子の二〇〇人の集団を爆撃、九時四五分には、地上部隊と呼応して陣地を爆撃、退却の動きを通報して帰った。爆弾と機関銃弾は使い果たした。使用爆弾数は四二、機関銃弾はビ式一〇〇発、回転銃弾は四〇〇発だった。

一〇時四〇分、八三号機が小興屯北方の昂昂溪方面に退却する砲兵部隊の爆撃に向けて飛び立ち、爆弾一〇発を投下した。一一時二分には八七号機が昂昂溪附近の捜索と攻撃に向かい、一一時二〇分に退却中の車両部隊の先頭に一八発を投下、一二時三〇分には楡樹屯で機関銃による射撃をおこなった。一一時一〇分には八九号機が出発し、頭站北方を退却する部隊の先頭部に八発を投下した。一一時一四分には八三号機が出発し、一一時三〇分に頭站東南方の歩兵や車両へと一二発を投下し、一一時四五分には東支線北方の騎兵を爆撃、機関銃の射撃を加えた。一一時五五分には東支線の列車に爆弾八発を投下し、機関銃二〇〇発を撃ち込み、損害を与えた。一二時には一〇〇九号機が頭站北方の退却部隊を爆撃し、司令部に退却と追撃の状況を伝える通信筒を投下した。一三時四二分には八三号機が飛び立ち、新立屯の二〇〇人の部隊に向けて爆撃と機関銃による攻撃をおこなった。斉克鉄道の破壊を狙って五発を投下したが、線路には命中しなかった。チチハル南方八キロの集落では砲兵を機関銃で攻撃した。一〇〇九号機は一四時と一五時に飛び立ち、師団司令部に情報や要図などを投下した。

このような形で飛行機による攻撃が繰り返された。飛行隊は戦闘前には兵力配備や地形などの捜索をおこない、左翼方面の騎兵団を監視し、攻撃した。戦闘が始まると、第八中隊は実動する八八式偵察機の六機を大興の前進飛行場に送った。発動機を回転させたままにして、一八日には一六回の出撃をおこない、地上部隊に協力して攻撃を加え、退路を遮断し、部隊との通信・連絡活動をおこなった。一八日の一六回の出撃のうち、爆撃は一二回に及んだ。路面の凍結のため、飛行機の脚を折るものもあった。戦闘は次の日も続いた。

一一月一八日一六時に出された命令は、飛行隊は未明から師団の作戦に協力し、第八中隊は昂斉線以東の情勢とチチハル附近の軍の動向を探り、斉克鉄道を爆撃すること、また新立屯附近の軍の状況も監視すること、第九中隊は昂斉線以西の情勢とチチハル附近の状態を探ることというものだった。また、第八中隊は長春、第九中隊はチチハルへの移動を考えて器材の整理もすすめた。

この命令により、第八中隊は一九日には零下一五度のなかで飛行を始めた。八六号機は六時に飛び立ち、チチハル附近を捜索し、チチハル南北に騎兵約五〇〇を発見、日本領事館南方六〇〇メートルの騎兵二〇〇を爆撃した。また、斉克鉄

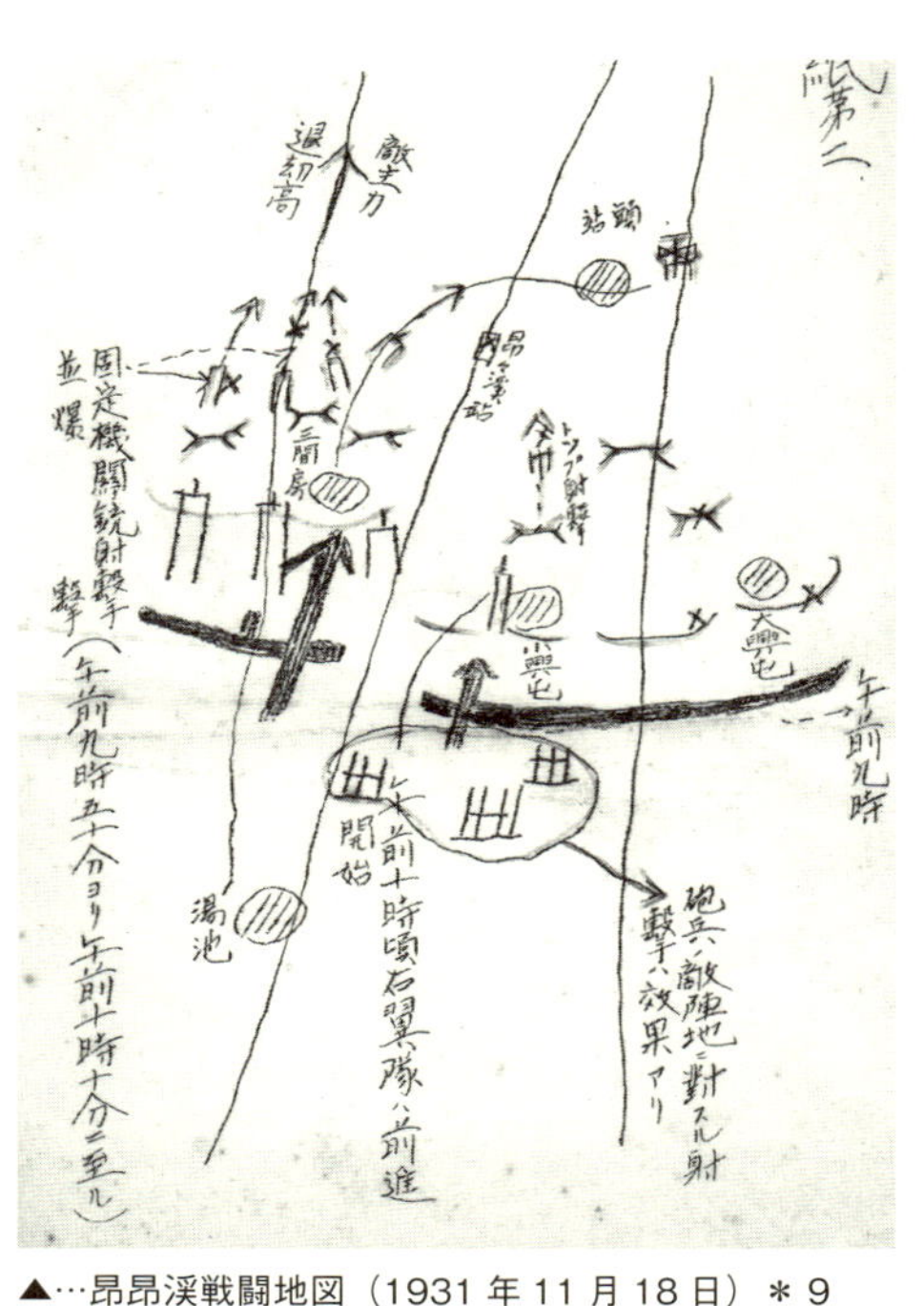

▲…昂昂渓戦闘地図（1931 年 11 月 18 日）＊9

道沿いの道路の軍用車両やチチハル・塔路駅間の北進する騎兵三〇〇などを爆撃した。

一〇〇九号は八時に大興を飛び立ち、新立屯附近の騎兵を監視、集落内や山地の騎兵に対し、爆弾八個を投下した。爆弾の三個は騎兵集団内に落とされ、騎兵四～五〇を殺傷し、三個は家屋に落とされて火災をもたらした。また、東支線南北を捜索し、師団司令部がチチハルの停車場にあることを確認し、司令部に通信筒で連絡した。

一〇三八号機は九時二四分に飛び立ち、チチハル附近の状況を捜索し、チチハル東北の斉克鉄道を爆撃、第一五旅団司令部に通信筒を投下した。一〇〇九号機は一〇時三〇分に再度飛行し、新立屯附近を捜索し、騎兵がいないことを確認し、師団司令部に通信筒で連絡した。師団は午後、チチハルに入城した。

第八中隊は四回にわたる飛行で、黒竜江軍の動向を確認し、三回の爆撃をおこなった。このような飛行隊の支援の下で、師団はチチハルに前進し、市街地を占領した。

高橋の「従軍手帖」は六冊あり、三冊目にはチチハル攻撃のまとめも記されている（「従軍手帖三」）。それによれば、一八日は出動延機数二六機、爆弾二五四発、機関銃弾八一〇発、一九日は出動延機数七機、爆弾八四発、機関銃弾二八〇発である。

チチハルの占領によって、一一月二〇日に第八中隊の五四号機はチチハル周辺の五〇キロの嫩江流域を偵察、チチハルの師団司令部に報告書を投下した。一一月二一日、一〇三七号機は林甸方面を捜索、騎兵が林甸北端から依安方面に退却していることを確認した。黒竜江軍の馬占山は黒河方面に退却した。

このような情勢のなかで、一一月二三日に第八中隊は泰来から長春へと帰還することになった。チチハルでは飛行場の設定・整備がすすめられ、二五日には独立飛行第九中隊が飛来し、占拠した。

チチハル飛行場には平壌から派兵された偵察隊がおかれることになり、飛行第十大隊が編成された。一九三五年には浜松から派兵された重爆撃隊を加え、飛行第十連隊になった。

中隊のチチハル戦の総括

独立飛行第八中隊長の平田少佐によるこの戦闘での所見（「昂昂渓附近戦闘詳報」所収）をまとめると次のようになる。

黒竜江軍の騎兵は右翼方面の一大脅威だったが、飛行機による監視と機をみての爆撃と射撃によって攪乱することができた。一一月一八日の第二師団の戦闘開始時には右翼方面に騎兵はいなかった。前進飛行場と戦場とは一五分ほどであり、爆弾装備は十分だった。退路を遮断するには砲兵との協力が必要である。鉄道爆破には機数と爆弾についての考慮が必要であり、命中弾を得るには各機八個の爆弾を装着した三機以上が求められる。偵察隊も爆弾を装着する必要がある。相手の陣地は掩蓋があり強固であるから、瞬発信管の爆弾では効力が少ない。飛行機器材としては、冬季は始動車三、予熱機三、着陸場照明機三、さらに圧搾空気管も必要である。二個中隊の勤務は九機に対して常用六機となるように予備機が必要である。発動機は空冷に改める必要がある。座席を広めて内部を整理することで、落下傘を背負っても射撃や写真撮影が自由にできるようにするとよい。偵察機にも爆撃装置を完備し、偵察中に随所で爆撃できるようにする。前進飛行場の整備には、住民が避難して荷馬車ひとつなかったので、整地用の輪転器材が必要である（以上要約）。

第八中隊の「事変ノ経験ニ基ク意見」では、次のようにチチハル附近での戦闘を総括している。

チチハル南方の江橋での戦闘で、操縦者が左大腿部に貫通銃創を受け、偵察者が操縦を代行したことから、偵察者にも操縦を教育する必要がある。また、偵察教育隊には爆撃教育がないが、昂昂溪の戦闘では、黒竜江軍の将校は、ロシアの飛行隊の爆撃は殲滅的だったが、日本軍のものは弾丸の効力が弱く、命中精度も良くない、爆撃よりも機関銃の掃射を恐れたという。効果の無い爆撃は軽侮を招き、飛行隊の真価が問われることになる。それゆえ、偵察隊にも爆撃の教育をおこない、完全な地図をもたせ、耐寒訓練などをおこなうべきである。

このように、派兵と戦闘参加を経て、爆撃や操縦の教育の強化を求めたわけである。

ここでみてきたように、偵察飛行隊は偵察だけではなく、機をみて爆撃もおこなった。その攻撃は多くの中国の兵士や民衆を死傷させることになった。爆撃には集落を狙っての攻撃もあり、爆撃の効果を政略上重視する発想も生まれた。

さらに浜松の爆撃部隊の派兵もおこなわれた。浜松からの軽爆撃隊の派兵命令はチチハルへの攻略戦がおこなわれている一九三一年一一月一六日に出された。この一一月一六日の飛行隊関連の命令は、浜松から軽爆撃隊（飛行第七大隊第三中隊）、大刀洗から偵察隊（飛行第八大隊第一中隊）、平壌から戦闘隊（独立飛行第十中隊）を派兵するというものであった。平壌からは再び第十中隊が派兵されることになった。

一九三一年一二月からの錦州攻撃

一二月には第八中隊は錦州への攻撃に動員された。高橋大尉の「従軍手帖三」の記事によれば、一二月四日に奉天に到着し、爆弾投下演習や器材整備をおこなった。一二月一七日、懐徳への攻撃に協力し、一九日、抗日派である懐徳県の知事が揚家城から逃亡したため爆撃してほしいという要請を受け、二機で出動した。目的地西方の村落内に三〇〇騎を発見して高度五〇〇メートルから集団の中央を爆撃し、命中させた。さらに畑地に逃亡した集団を爆撃し、射撃を加えた。「手帖」には右往左往して逃げていく様子が「面白し」と記されている。一二月末には盤山・溝帮子への攻撃の支援をおこなった。

一二月二九日、軽爆機三機が離陸した際、一機が故障して着陸した。その際に、飛行機の脚が折れ、爆弾が破裂、同乗者は右ひざ切断の重傷を負った。これは浜松から飛来していた部隊である。

部隊は奉天から大石橋飛行場に向かい、錦州方面を攻撃、錦州占領後、錦州飛行場に移動した。「従軍手帖四」には一九三二年一月からの記事がある。一月九日には三八号と八九号の二機で偵察をおこなった。錦西での抗日軍との交戦で、日本の騎兵部隊の損害が大きかったために、支援を求められた。一月一三日には一機が北票・朝陽、一機が慶庸・中安堡、一機が大虎山付近の偵察・爆撃にむけて出動したが、錦西周辺は「匪賊ノ巣窟」と記されている。一月一五日には二機が錦西南方の上蘭家溝附近の爆撃と捜索、一機が錦西西方の龍王廟、一機が錦西西北の女見河左岸などに向かった。一月二〇日には二機で捜索と宣伝文の撒布をおこなった。一月二四日には六機で偵察・攻撃に参加し、一機は部隊と連絡した。

その後、第八中隊は二月、ハルビン方面の作戦に参加、再び錦州に戻って抗日軍を攻撃した。三月には新義州を拠点に荘川付近の抗日軍を攻撃し、三月末には長春を拠点に農安付近の抗日軍を攻撃した。四月から八月にかけて再びハルビンを拠点に吉林と黒竜江の抗日軍を攻撃した。このように、第八中隊は派兵されると満洲各地で抗日軍を捜索し、攻撃を加えたのである。

独立飛行第八中隊は一九三一年一一月から一九三二年七月にかけて、チチハル攻略戦から錦州付近への攻撃をおこない、さらにハルビン方面で抗日軍を攻撃した。その間の戦闘詳報・行動詳報が防衛省防衛研究所図書館にある。これらの史料から、盤山、溝帮子、荘河、依蘭、鳳凰城、農安、一面坡、ハルビン、海林、方正、三姓、呼蘭、海倫、阿城、雙城、慶城、鉄山包、通北、楡樹、山河屯、東興鎮、安達などでの攻撃状況がわかる。

浜松から派兵された爆撃部隊である飛行第十二大隊（当時は飛行第七大隊第三中隊）の『満洲事変記念写真帖』には、盤山・溝帮子での五〇kg爆弾投下跡と大虎山北方の郭大発屯での一二・五kg爆弾一八発投下の写真がある。浜松から派兵された飛行第七大隊第三中隊は、満洲各地で独立飛行第八中隊がおこなった「空からのテロル」を、いっそう強めた。

3　飛行第六連隊第一中隊の東辺道攻撃

抗日義勇軍の動向

鴨緑江の北方の東辺道一帯は抗日義勇軍の拠点だった。一九三二年四月には抵抗勢力を統合する形で遼寧民衆自衛軍が結成され、唐聚伍が総司令になった。遼寧での民衆自衛軍の行動が活発になるなかで、朝鮮の師団は部隊を越境させ、飛行第六連隊も越境して攻撃をおこなった。

このころの抗日義勇軍については、関東軍が作成した「東辺道方面兵匪討伐ニ関スル命令写送付ノ件」（一九三二年一〇月三日）、「東辺道方面兵匪討伐ニ伴フ宣伝計画並同付属書類及宣伝資料」（一九三二年一〇月一〇日）などに収録されている地図から、その動向を知ることができる。

関東軍の九月二五日調では、「東辺道方面兵匪」の総数は義勇軍一万九五〇〇人、大刀会五六〇〇人の計二万五〇〇〇人、そのうち五割は農民出身、二割は大刀会・「馬賊」、三割は軍人・警察官出身と分析していた。そのうち、唐聚伍、李春潤、孫秀岩、徐達三らの部隊は正面から抵抗することはありえるが、他はパルチザン的に奇襲し、農民出身者は四散して後方撹乱に出ることがあるとしている。

一九三二年九月、東辺道での攻撃

東辺道抗日軍関係地図

飛行第六連隊第一中隊が作成した「戦闘詳報」「行動詳報」から、東辺道での民衆自衛軍への弾圧作戦の状況をみていこう。

飛行第六連隊第一中隊の九月の行動については、「戦闘詳報（八道溝付近ノ戦闘ニ参加）」（一九三二年九月三日〜九月八日）、「戦闘詳報（大平哨付近）」（一九三二年九月一〇日〜九月一一日）、「戦闘詳報（楚山対岸付近）」（一九三二年九月一四日〜九月一七日）などがあり、これらの史料から戦闘の状況がわかる。

一九三二年八月末、第二〇師団は第一守備隊に歩兵一中隊、機関銃一小隊を編成させ、飛行隊の協力の下、越境して葡坪対岸の抗日軍を攻撃するように命じた。

それにより、飛行第六連隊は九月三日、第一守備隊の越境攻撃に協力し、四日から飛行を開始して戦闘に協力することになった。

飛行第六連隊は九月四日から七日にかけて八道溝・七道溝付近での戦闘に協力した。九月四日の午前八時三〇分に第一〇七号機、第一〇二三号機が八道溝付近での戦闘協力のために機銃弾と爆弾を装備して離陸したが、密雲のために引き返した。翌九月五日、第一〇七号機、第一〇二三号機が八時三〇分にふたたび飛び立った。一〇七号機は干溝子で一二・五kg爆弾を八発、一〇二三号機は六道溝で三〇人の兵に爆弾を四発投下し、厚昌守備隊に通信筒で連絡した。九月七日には一〇七号機が大洋岔北側で数人の軍と六道溝東北の山地の一〇数人の軍に対し、計八発を投下した。日本軍の侵攻により八道溝の集落は焼かれた。

この戦闘の総括として、戦場への往復に二時間がかかり、また一〇〇〇メートル以上の山岳地帯を航行するために、空中勤務者と飛行機の疲労が大きいこと、前進飛行場が必要なこと、空と陸の連絡が不十分であることなどがあげられた。

飛行第六連隊は九月一〇日・一一日には大平哨付近の戦闘に協力した。大平哨付近では日本の第一守備隊と日本側の徐文海軍が抗日軍の攻撃を受けていた。一〇七号機は午前一〇時一〇分に離陸し、一二時ころ老営溝付近の七～八〇の軍に対して一二・五kg爆弾を八発投下した。九月一一日には、同機が二龍渡と老営溝附近で一二・五kg爆弾を計八発投下した。

飛行第六連隊は九月一四日から一七日にかけて、楚山対岸の戦闘に協力した。楚山対岸の老爺嶺、雙岔河、黄歳子、大清溝、沙尖子、石龍などに民衆軍が結集し、外岔溝門子や通溝の奪還を狙っていた。第二守備隊、第三越境部隊は対抗して外岔溝門子に集結し、飛行隊はこの越境部隊に協力し、部隊進行方面の捜索と爆撃をおこなった。

九月一五日、一〇七号機は一一時に離陸し、通溝北側・新開嶺附近を捜索した。通溝から外岔溝門子の道上、富有街の民衆軍への爆撃と回転銃での射撃をおこない、通天溝の軍らしいものを爆撃した。また、沙尖子河岸で五〇〇の軍を爆撃し、巴宝山・横路を捜索した。使用弾は一二・五kg爆弾八発、三年式機関銃弾三〇発だった。

九月一七日、通溝の第二越境部隊と外岔溝門子の第三越境部隊に協力する形で、一〇七号機が一〇時五分に離陸し、偵察とともに横路で小部隊を爆撃した。さらに新開嶺で軍らしき数人を爆撃、楡樹林子江口では一〇数人を回転機関銃で攻撃した。使用弾は一二・五kg爆弾八発、三年式機関銃弾四〇発だった。

この九月からの東辺道での攻撃には、浜松からの部隊で編成された飛行第十二大隊の第二中隊も参加し、老爺嶺の山地や前七台の抗日軍などを爆撃した。

なお、撫順炭鉱近くで平頂山事件が起きたのはこのような戦闘がくりひろげられていた九月一六日のことである。この事件は、九月一五日、遼寧民衆自衛軍が撫順炭鉱を襲撃したことにより、翌日、日本軍が平頂山の集落に侵入し、多くの村民を虐殺したものである。現地には平頂山惨案紀念館があり、遺骨が保存されている。平頂山のみならず、日本軍の侵

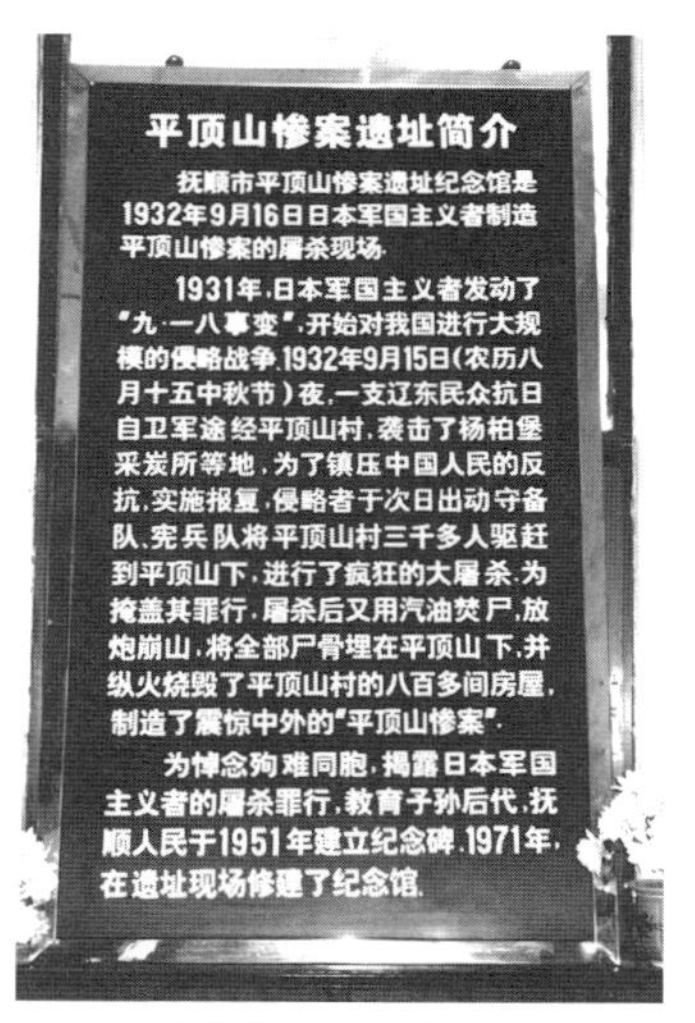

▲…平頂山惨案遺址紀念館の説明板

▲…平頂山事件の遺骨

略により、生命を断たれた人々は数多い。

一九三二年一〇月、唐聚伍部隊への攻撃

一九三二年には朝鮮の日本軍から第一から第四の越境部隊が派兵され、帽児山（臨江）、通溝、岔溝門、大平哨などに展開して抗日軍を攻撃した。飛行隊もこの攻撃に参加したが、一〇月に入ると、関東軍は部隊を増派し、「徹底的な掃討」による遼寧民衆自衛軍（唐聚伍部隊）の撃滅を狙った。

日本軍による一〇月以降の東辺道の抗日軍への弾圧の状況を、飛行第六連隊第一中隊の「東辺道兵匪討伐戦闘詳報」（一九三二年一〇月八日～一〇月二七日）からみていこう。

飛行隊は一〇月七日に中江鎮不時着場に三人を派遣、江界での前進飛行場の設定をすすめ、一〇月一〇日には江界前進飛行場を完成させた。

飛行第六連隊第一中隊は一〇月八日、八八式偵察機二機を動員し、通化・桓仁・大平哨以東、帽児山・撫松街道の朝鮮軍越境部隊などの戦闘に協力し、有利な目標には独力で攻撃するように命令を出した。一〇月九日には自動貨車・自動車・始動車などが平壌から江界にむかった。この日には珍珠門や帽児山北方などで陸上での戦闘が始まった。

一〇月一一日九時四五分、平壌から二機（一〇七号・一〇二三号機）が飛び立ち、一一時には江界飛行場に到着した。午後一時四八分には爆弾を装着して江界を離陸し、帽児山・王家営・四平街・三岔子・八道溝・林子頭・珍珠門などを偵察し、帽児山・撫松街道の牟家営で二〜三〇人を爆撃した。

一〇月一二日の午前には、一〇二三号機が臨江・八道溝・仁義砬子・撫松の間を偵察し、撫松の三〜四〇〇人に四発の爆弾を投下し、銃撃を加えた。一〇七号機は大平哨方面を飛行し、古河台の数人に四発の爆弾を投下した。また、午後には一〇七号機が偵察飛行をおこなった。

唐聚伍は老嶺付近の一五〇〇の部隊にいるとみられた。一〇月一三日には九時五分に一〇七号機が離陸し、一〇時三〇分に六道溝で一〇〇の騎兵を爆撃（八発投下）、通化以東に宣伝ビラを撒いた。一〇二三号機は一〇時二〇分に飛び立ち、一一時三五分に撫松の一〇〇人を射撃し、爆弾四発を投下した。また、老嶺の五〇人を射撃した。一〇月一四日九時五〇分には一〇二三号機と一〇七号機が飛び立った。一〇二三号機は撫松街道上の兵を爆撃し、撫松では一〇〇の兵に射撃と爆撃をおこない（爆弾六発投下）、宣伝ビラも投下した。一〇七号機は横路・覇王槽・東江甸子の各一〇〇の兵を爆撃し（八

▲…飛行第６連隊による偵察写真（10月11日）＊6

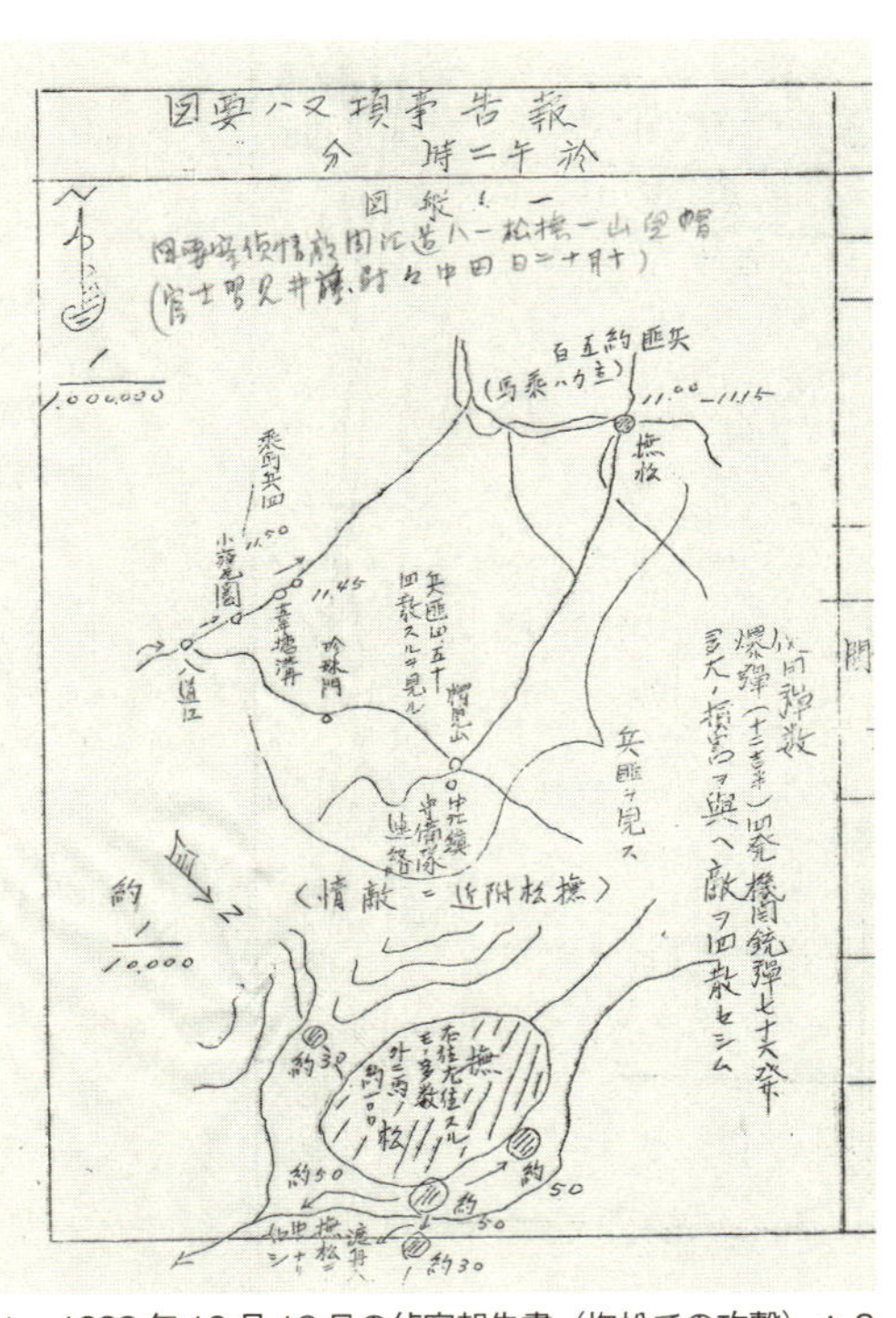

▲…1932年10月12日の偵察報告書（撫松での攻撃）＊8

発投下）、射撃を加えた。一〇二三号機は午後にも老嶺を爆撃した。

一〇月一五日には午前に一〇七号機が八道溝・通化・撫松方面を偵察し、小湯河で二〜三〇人の兵らしきものを爆撃し、午後には一〇二三号機が撫松で兵三〇人を爆撃・射撃し、大営で一〇数人を射撃、王家営の西南方の高地で兵らしきものを爆撃した。一〇月一六日には一〇二三号と一〇七号が快當帽子から外岔溝門子方面、通化方面を捜索したが、抗日軍を発見できず、宣伝ビラを撒いた。この日、一〇八号機が平壌から追加配備されたが、江界飛行場の河原に不時着して大破し、使用できない状態になった。一〇月一七日は雨で飛行ができず、一〇八号機は分解され、積載された。

唐聚伍は二〇〇〇の軍とともに通化の東北方面に脱出したとみられた。第二守備隊長からは、桓仁や沙尖子方面の第一越境部隊や騎兵第一三連隊などの攻撃に協力し、一〇月一九日には全力をもって王家営・撫松・前雙駈子溝を捜索し、攻撃することが求められた。

一〇月一九日九時三〇分に一〇七号機が飛び立ち、撫松街道に沿って、撫松の山間、湯河口子の集落、王家営などを爆撃した（八発投下）。一〇二三号機は偵察をおこなった。この日、一〇一二号機が補充された。一〇月二〇日には午前と午後に撫松街道沿い、英歌布附近を捜索した。英歌布には連絡用飛行場が整備されていた。一〇月二一日は雨のため飛行しなかった。

日本側は唐聚伍が黒石鎮を経て東方に退却したとみた。一〇月二二日、一〇二三号機が、撫松・夾洛溝・色洛河・濛江の間で唐聚伍軍を捜索したが、吹雪のため中江鎮に着陸した。一〇七号機は第一守備隊から爆撃の要請を受けて、湾溝方面の抗日軍（大刀会）の攻撃に向かい、集落内に八発の爆弾を投下、爆弾は家屋に命中した。この日、連隊長は飛行隊の独立行動の中止を指示した。

一〇月二三日は一〇一二号機が仁義砬子などを捜索した。一〇月二四日は雲が低く、偵察はできなかった。この日、一〇二三号機が中江鎮から江界に戻ってきた。一〇月二五日、一〇二三号機が臨江・三岔子・濛江・仁義砬子・王家営などを捜索、「威嚇偵察」を目的に板廟子の集落を爆撃した。

一〇月二六日には、一〇一二号機が臨江、通江、江界などの写真撮影に向かうが、写真機が故障したため、戻った。一〇二三号機は中江鎮に向かい、第一守備隊長の命令を伊藤中隊に伝えて帰還した。この日、第一中隊の高橋中隊長は江界から平壌に帰った。これ以後、部隊は平壌に向かって帰還を始めた。一〇月二七日、八道溝、満浦鎮、江界附近などを高度一五〇〇メートルから写真撮影した。一〇月二八日には飛行機が平壌に向かい、一〇月二九日には地上勤務員が陸路で平壌に向かった。一一月一二日には江界の残留部隊が平壌に戻った。

一〇月一一日から二六日にかけての弾薬の消耗数は、機関銃では固定式二七四発、旋回式の試製弾が二五七発、八九式が一四五発、爆弾では一二・五kgが八〇発、一五kgが六〇発だった。飛行第六連隊第一中隊は、七〇〇発近い機関銃弾と一四〇発の爆弾を抗日軍にむけて放ったのである。

一〇月一五日の板廟子での爆撃のように「威嚇」を目的とした集落の爆撃もあった。また、兵らしいと判断されたものも爆撃されている。これらの攻撃は現地民衆に多くの被害をもたらすものだった。

唐聚伍はこの戦闘ののちも、遼寧で遊撃戦を展開し、一九三八年には東北遊撃隊の総司令になった。しかし、一九三九年五月、河北省遷安の平台山一帯の戦闘で日本軍によって殺された。

一九三三年二・三月、撫松付近の攻撃

飛行第六連隊は一九三三年二月から三月にかけても、撫松付近で戦闘した。その状況を「行動詳報（撫松附近）」（一九三三年二月二八日～三月七日）からみてみよう。

日本軍に協力する撫松の王永成軍一〇〇〇は、吉林抗日軍の王鳳閣の軍四〇〇〇に包囲されていた。日本軍は王永成軍が内部から崩壊する恐れがあるとみ、王鳳閣軍への攻撃に出た。二月一六日に出された命令は、飛行隊は江界飛行場を前進飛行場とし、撫松付近を捜索し、王鳳閣軍を攻撃するというものだった。この頃、日本軍が把握していた抗日軍の状況は、半截溝二〇〇人、二道花園溝四〇〇人、頭道花園溝三〇〇人、柞樹崗子不明、鞠家店三〇〇人、前胡溝二〇〇人、湾溝三〇〇人、四平街三〇〇人などであった。

飛行第六連隊の先発隊が二月一六日に出発し、一七日には江界飛行場の除雪作業をおこなった。二月一七日に八八式二機が平壌から江界飛行場にむかった。爆弾は一二八発、機関銃実包は三三五二発が用意された。しかし、平壌から陸上で江界に向かった始動車は途中で転落事故を起こした。

二月一八日には、三〇号機が撫松周辺を捜索し、大平川では高度五〇〇メートルから「牽制目的」で二発を投下、集落に命中させた。牛截溝でも二発を投下するなどの爆撃を加えた。報告によれば、この撫松西方の爆撃で八人が死亡したという。一九号機は仁義砬子・頭道花園溝・四平街・湾溝などを捜索し、四平街付近では、集落を避けて「威嚇」のために四発を投下した。

二月一九日には零下二五度の中で飛行を準備したが、始動できなかった。午後五時になってやっと三〇号機が始動したが、この日は飛行できなかった。第一守備隊による情報では、抗日勢力は頭道花園溝に一〇〇〇人、濛江県・撫松県界付近に二〇〇〇人、四平街付近に八〇〇人、湾溝付近に七〇〇人とみなされ、二〇日からは警察隊による攻撃がなされるとのことだった。第一守備隊は、飛行隊による爆撃は示威上の効果があり、住民が爆撃を恐れて「満洲国旗」を掲揚するようになったとし、濛江県の各集落への爆撃や安図県での飛行と爆撃を求めた。爆撃対象は、安図県城北の大沙河口子の集落南端の兵営、大沙河東方平原の小集落の兵営などである。

しかし、二月二〇日・二一日と降雪のため、飛行はできなかった。二〇日には始動車が到着、二月二二日は零下二六度のなかで一九号機が飛び立つが、エンジン事故のため撫松に不時着した。このため、増援機の一〇二三号機が平壌から江界に飛来した。二月二三日、圧搾空気の来着を待ち、それを積み込んで出発しようとしたが、大雪となり飛行はできなかった。二四日も午前四時半まで雪が降ったため、飛行隊は労働者一四二人、牛一二頭を徴発して除雪した。一一時一〇分になり、不時着した一九号機の救援にむけて三〇号機が飛び立ち、さらに一〇二五号機が捜索に向けて飛び立った。しかし、江界国境付近が密雲のため、二機とも一一時五〇分には引き返した。三〇号機は一五時三〇分にも離陸したが、天候不順のため引き返した。二月二五日には二機が飛び立つが、王家営付近での密雲のために引き返すことになった。

二月二四日には、安図で吉林抗日軍（王徳林軍）の攻撃により警察隊中隊長が負傷し、内部で動揺がみられた。飛行機による支援の威嚇攻撃が求められていたが、飛行隊は天候不順のため出撃できなかった。二月二六日には三〇号機が撫松に行き、不時着機への連絡要員を送った。二月二七日も零下二六度と雪のために飛行は中止となった。帽児山の師団の部隊から歩兵隊が、不時着機救援のために撫松に派遣されることになった。

二月二八日、一〇二三号機が安図、撫松県境を偵察し、森林内の家屋に八発の爆弾を投下した。この日、撫松に不時着していた一九号機は連絡要員の努力によってエンジンを始動させることができ、帰還した。安図への爆撃が求められていたが、気候の関係で飛行隊による十分な攻撃はできなかった。

三月一日には安図への爆撃は見合わせるようにという指示が出された。三月二日、一〇二三号機は帽児山からの救援部隊の帰還状況を捜索し、威嚇のために四平街の南方高地に爆弾八発を投下した。王鳳閣軍は飛行機による攻撃で四散したとされ、撫松方面の行動は停止されることになった。三月二日には三〇号機、三日には一〇二三号機と一九号機が平壌に帰還した。

東辺道ではこのような形で飛行隊による攻撃が繰り返された。高橋の「従軍手帖五」の一九三三年六月一二日の記事をみると、衛戍会報の記録として「東辺道匪賊跋扈ス」とある。満洲地域での民衆の抵抗の動きを止めることはできなかったのである。

東辺道には朝鮮人も数多く居住し、安図は「満洲国」では間島省に属し、現在は吉林省延辺朝鮮族自治州にある。抗日義勇軍に参加した朝鮮人も多かった。高知県の詩人、槇村浩が「間島パルチザンの歌」を記したのは一九三二年三月であり、東辺道で抗日義勇軍の活動がさかんになったときのことだった。

王鳳閣は遼寧民衆自衛軍第一九路軍の司令として活動したが、日本軍によって一九三七年四月に妻子と共に殺害された。吉林の抗日救国軍を率いた王徳林はソ連からヨーロッパを経て、中国に戻り、抗日を訴えたが、一九三八年に病死した。しかし、その志は人びとに継承された。

チチハル飛行第十大隊の動向

一九三二年一二月にはチチハルの飛行第十大隊から平壌の飛行第六連隊あてに「消息不明者ニ関スル記事」が送られてきた。飛行第十大隊は、平壌から満洲に派兵された飛行第九中隊を基幹にチチハルで設立された部隊である。記事は伊藤少尉と犬飼軍曹を追悼するものである。この記事をみると、このころの飛行第十大隊の動向がわかる。

チチハルの飛行第十大隊からは、一九三二年七月中旬にハルビンへと部隊が派兵された。そこで馬占山軍との戦闘や北満洲の洪水救援などをおこない、九月ころには奉天に移動、南満洲で抗日軍への攻撃をおこなった。派兵された部隊がチチハルに帰還したのは一一月二六日のことだった。当日、展子山地の陣地や鉄道の運行状況の偵察にでた伊藤・犬飼機が嫩江右岸で消息を絶ったという情報が入った。すでに九月二七日には板倉・勝目機が展子山附近で行方不明となっていた。

記事によれば、行方不明になった伊藤少尉は、台湾・屏東の飛行第八連隊創設当時からの勤務者であり、飛行第十大隊が創設されるとチチハルに赴任してきた。赴任後は、馬占山への攻撃戦の末期に参加、七月上旬からは第三中隊附となり、偵察や補給などをおこない、葦沙河・横道河子附近で抗日軍を攻撃した。九月上旬、地上軍に協力して、張家彎付近で馮占海・宮長海軍を偵察し、攻撃した。九月八日には雨の中を捜索し、基塔木・城子街・木石河間の抗日軍を捜索し、地上部隊の戦闘を支援した。九月二九日には綏化北方の後津河附近で、根拠地への爆撃と射撃をおこなった。一一月中旬には拝泉附近で捜索活動をおこない、騎兵第一旅団の攻撃に協力した。

犬飼軍曹は一九三一年一〇月一〇日に平壌から独立飛行第九中隊員として奉天に出動し、各地を転戦した。一〇月には錦州での爆撃や錦州近くの大凌河右岸の陣地調査をおこない、一一月上旬のチチハル攻撃戦では先遣飛行隊員となり、爆撃をおこなった。チチハル移駐後、飛行第十大隊第三中隊員として、一九三二年夏にはハルビンを拠点にしての馬占山軍への攻撃に参加し、海倫附近で馬占山軍を偵察し、爆撃を加えた。その際、タンクに被弾して不時着したが、救出された。一一月中旬、チチハルから克山飛行場に移動、拝泉附近で攻撃をおこなった。一一月一八日には指揮官任務機として飛行、被弾により同乗者が負傷するなか、克山に着陸した。

このような軍事行動を重ねてきた伊藤・犬飼の二人を乗せた飛行機は一一月二六日、陣地捜索のなかで被弾し、嫩江右岸で消息を絶ったのだった。

二人の行動履歴からは、飛行第九中隊（のちの飛行第十大隊）の軍事行動の一端を知ることができ、飛行機への被弾も多かったことがわかる。伊藤少尉は出動回数四〇回、飛行時間一〇〇時間余り、犬飼軍曹は一年二か月の間に出動回数二〇〇回、飛行時間は五〇〇時間余りという。

報告書には、犬飼軍曹は二三歳の青年だが、「完成された人格」、「偉大なる巧業」は壮年者を凌ぐと記されている。この時代、多くの有能な青年が日本軍に組織され、侵略戦争の尖兵とされた。この日本軍の攻撃によって、満洲現地で多くの若く有能な青年の生命が奪われたことを想起すべきである。「完成された人格」や「偉大なる巧業」は、戦争による殺戮ではなく、平和と友好を形成する方向で形成されねばならない。

4　航空部隊による軍事演習

ここでみてきたように、満洲では陸軍航空部隊による実戦がなされたわけであるが、航空部隊は実戦を想定してさまざまな訓練をおこなってきた。高橋史料には、日本での一九二八年の「特別航空兵演習」、朝鮮での一九二九年の「第二十

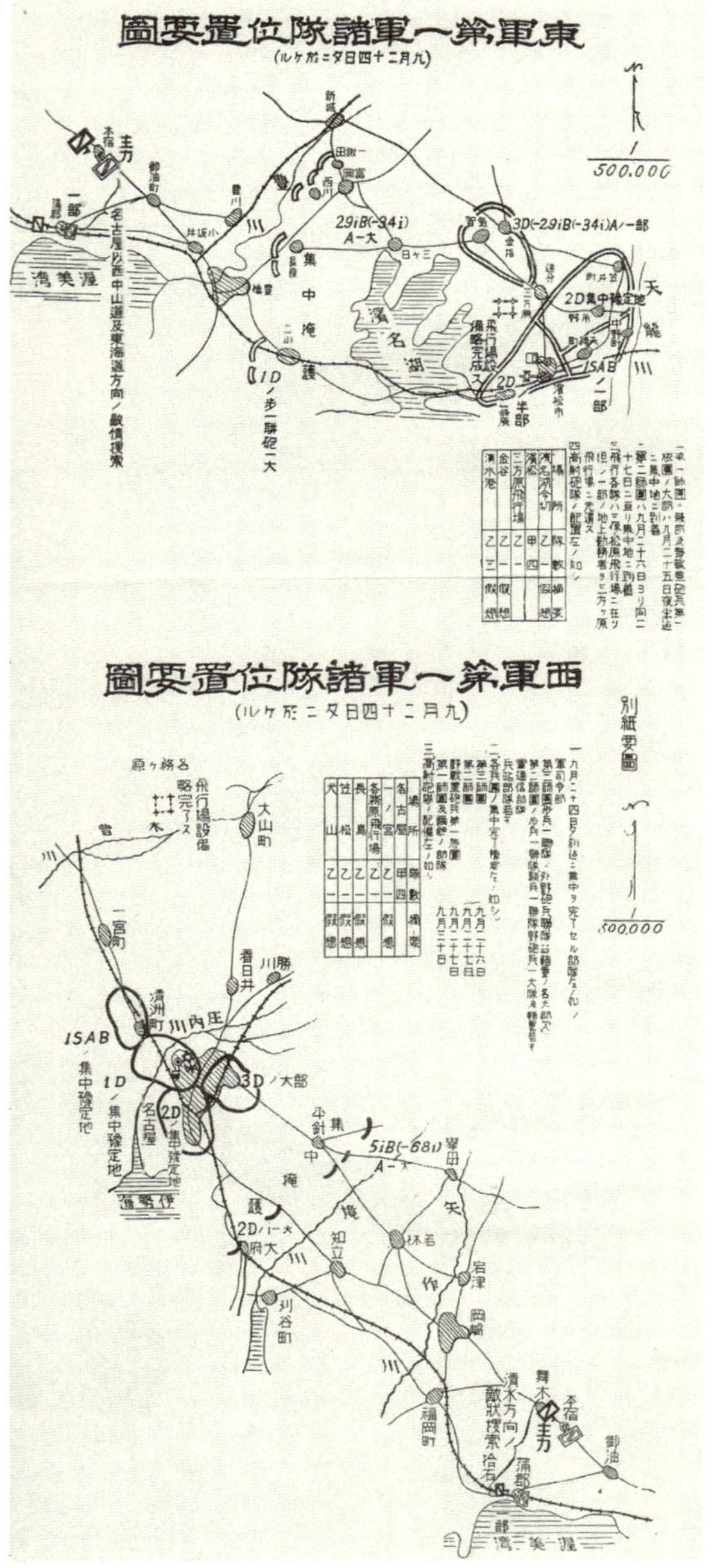

▲…「特別航空兵演習」、静岡・愛知での演習地図＊７

師団秋季演習」などの綴がある。これらの演習での想定が実際のものになったのである。

一九二八年九月二五日から二八日にかけての「特別航空兵演習」は、日本の東海地方を戦場として想定し、実施されたものである。この演習は航空機九八機と騎兵・歩兵・高射砲兵を動員した大掛かりなものだった。その想定は、東軍が清水港に上陸して浜松平地に集中、三方原に飛行場を設定し、豊川を占領、さらに西進して矢作川で西軍と対峙、交戦して渡河、女川河畔で遭遇して戦闘するというものだった。

このような軍の動きに対応して、飛行隊の空中行動、指揮・運用、異種飛行機間の協同・連携を訓練・研究するというものだった。特に、偵察機では捜索の時機・地域、鉄道輸送捜索、戦闘機では地上の庇護、駆逐の手段、偵察と爆撃での援護、爆撃機では爆撃時機、目標の選択、爆撃法などが研究課題とされた。

飛行隊の動員状況をみると、東軍飛行隊は三方原を拠点に、司令部を明野飛行学校が担い、各務原の飛行第一連隊から戦闘機、第二連隊から偵察機、浜松の第七連隊から軽爆機を動員、西軍は各務原を拠点に、司令部を下志津飛行学校が担い、八日市の第三連隊から戦闘機、立川の第五連隊と下志津飛行学校から偵察機、浜松の第七連隊から重爆機を動員するというものだった。

演習は東西軍にそれぞれ五〇機ほどが割り当てられ、軍の侵攻に合わせて、集中状況や陣地の捜索、騎兵や先遣隊への協力、渡河の援護、味方部隊の援護、集中の妨害、通信網の利用などの訓練がなされた。

一九二九年の「第二十師団秋季演習」は、第二〇師団が南北軍に分かれ、朝鮮の忠清南道の天安附近や京畿道の烏山附近での戦闘を想定しておこなわれた。第二〇師団は第一九師団とともに朝鮮半島支配のために配置されたものであり、朝鮮南部を担当していた。演習は、一〇月二五日から二七日にかけては師団演習、二九日から三一日にかけては旅団対抗演習、一一月二日と三日には師団仮設敵演習のかたちですすめられた。

飛行第六連隊は、対抗演習においては、南軍には第一・第三中隊が加わり、礼山飛行場を拠点とし、北軍には第二中隊が加わって温陽飛行場を拠点とした。師団仮設敵演習では第一・第三中隊が仮設軍となって汝矣島飛行場を拠点とし、第二中隊は実員軍として温陽飛行場を拠点とした。

対抗演習は、第二〇師団を混成三九師団と混成四〇師団とに分け、南軍が全羅北道から忠清南道に侵攻し、錦江を隔てて北軍と対峙するという想定であった。この想定の下で、飛行隊は捜索の訓練をおこない、その報告を「北軍飛行隊第二中隊戦闘詳報」の形でまとめている。師団仮設敵演習では水原に列車で敵が到着、烏山方面に侵攻し交戦となったという想定でなされ、飛行隊もそれに参加し、捜索などを訓練した。

満洲での戦闘の報告書類をみると、これらの訓練が実戦と密接に結びついたものであったことがわかる。

以上、飛行第六連隊第一中隊から派兵された部隊による満洲での行動と飛行第六連隊第一中隊による東辺道地域での抗日軍への攻撃の状況、そして実戦に向けての演習の実態についてみた。

満洲侵略戦争での飛行機による攻撃は集落や都市への爆撃を含むものであった。爆撃による効果を政略的なものとする考え方も当初からあった。

このような戦闘の体験をふまえて、高橋は「満洲事変」から三周年の一九三四年九月、防空協会奉天支部で「空襲ニ就テ」と題して講演した。その講演の草稿が残っている。

そこで高橋はつぎのように記している。第一次世界大戦で欧州が空襲を受けたことから、防空施設やその抗策が必要である。爆撃機は爆弾・ガス弾・細菌弾の三種を使用することができ、毒ガス使用は国際条約で禁止されているが、各国で研究されている。航空の発達のなかで、戦争は空襲から、勝利は制空からと叫ばれ、ソ連は空軍を三〇〇〇機に増加させ、中国も三年計画を立てて強化している。このような状況であるから、奉天の空は奉天で守るという意気込みを持ち、官民一致で防空の拡充を図りたい、と。

このような形で高橋は航空軍備と防空の強化を語ったわけである。その後、日本軍は毒ガスや細菌兵器を中国で実際に使用した。また日本軍は政略的な効果を求め、重慶や蘭州など大都市への無差別な爆撃をおこなった。無差別な爆撃による大量殺人はヨーロッパ戦線でも繰り広げられ、世界戦争は米軍による広島・長崎での核爆弾の使用で終わることになる。これが、航空軍備の拡充と防空の強化の掛け声の結末だった。

飛行第六連隊の史料では、抵抗する満洲の民衆は「兵匪」「匪賊」などと記されている。「兵匪」「匪賊」という表現には、相手は武装した盗賊集団であり、人としてみなさずに殺してもかまわないという認識がある。しかし、抵抗した民衆にとっては、軍事的謀略を仕掛け、「満洲独立」を見せかけ、占領をもくろんで侵攻してくる日本軍の行為が倫理に反する行為であり、犯罪だった。日本の侵略が満洲地域の民衆による抗日義勇軍の行動を生んだのである。

ここでは、過去の爆撃の記録史料を読みながら、その歴史を記した。求められるものは反空爆の思想と運動である。攻撃する相手を「匪賊」とし、その殺戮を正当化するやり方は、七〇年を経た現在も、相手を「テロリスト」とし、宇宙空間を支配してロボット兵器によって殺戮するという行為につながっている。反空爆の思想と運動が共同の主観となり、そのような「空からのテロル」が廃絶され、人間が戦争マシンから解放される日を期待したい。

［参考文献］

高橋史料（飛行第六連隊関係）

独立飛行第八中隊『満洲事変記念写真帳』一九三一年九月

同「出動全般ニ関スル事項」九月一九日～一〇月二〇日

同「事変ノ経験ニ基ク意見」

同「昂昂渓附近戦闘詳報」一一月一八日～一一月二一日

飛行第六連隊第一中隊「戦闘詳報（八道溝付近ノ戦闘ニ参加）」一九三二年九月三日～九月八日

同「戦闘詳報（大平哨付近）」一九三二年九月一〇日～九月一一日

同「戦闘詳報（楚山対岸付近）」一九三二年九月一四日～九月一七日

同「東辺道兵匪討伐戦闘詳報」一九三二年一〇月八日～一〇月二七日

同「行動詳報（撫松附近）」一九三三年二月二八日～三月七日

同「編成替関係資料」

飛行第六連隊「爆撃ノ参考」

同「飛行第六連隊兵器業務規定」

同「第二十師団秋季演習」一九二九年

飛行第十大隊「消息不明者ニ関スル記事」一九三二年

「特別航空兵演習」一九二八年

高橋「空襲ニ就テ」（草稿）
高橋「従軍手帖」（六冊）
＊高橋史料（飛行第六連隊関係）は二〇一〇年と一一年に古書店で入手
陸軍航空本部『昭和三年特別航空兵演習概況』偕行社記事第六五三号付録一九二九年二月
飛行第十二大隊『満洲事変記念写真帖』一九三三年
国立公文書館・アジア歴史資料センター史料　http://www.jacar.go.jp/
関東軍参謀長「東辺道方面兵匪討伐ニ関スル命令写送付ノ件」一九三二年一〇月三日
関東軍参謀部「東辺道方面兵匪討伐ニ伴フ宣伝計画並同付属書類及宣伝資料」一九三二年一〇月一〇日
独立飛行第八中隊「戦闘詳報」「行動詳報」一九三二年一一月〜一九三三年七月　防衛省防衛研究所図書館蔵
防衛庁防衛研修所戦史室『満洲方面陸軍航空作戦』朝雲新聞社一九七二年

（初出「「満州」侵略戦争と陸軍飛行第六連隊」『静岡県近代史研究』三六　二〇一一年）

第三章…陸軍航空爆撃隊、浜松からアジア各地へ

一九三七年七月、中国への全面侵略戦争がはじまると、陸軍の航空部隊も派兵された。浜松の飛行第七連隊からは飛行第五大隊、飛行第六大隊、独立飛行第三中隊が派兵された。台湾の飛行第十四連隊からは独立飛行第十五中隊が派兵された。この台湾の部隊は一九三六年末に浜松の飛行第七連隊から要員が送られて編成されたものだった。満洲に派兵されていた飛行第十二連隊や飛行第十六連隊も参戦した。この満洲の部隊は満洲侵略戦争にともない浜松の飛行第七連隊から派兵された部隊が再編されたものであった。これらの連隊や大隊は一九三八年に飛行戦隊へと再編された。浜松は陸軍爆撃部隊の拠点であり、侵略戦争の拡大にともない、派兵が繰り返されたのである。

以下、中国への全面侵略戦争以後の陸軍航空部隊による爆撃について記し、浜松から派兵された部隊による中国をはじめアジアの民衆への加害の状況について考えたい。陸軍飛行戦隊の戦隊史などから空爆の経過をたどり、中国側資料などから被害状況をみていく。

飛行第 12 戦隊の動向

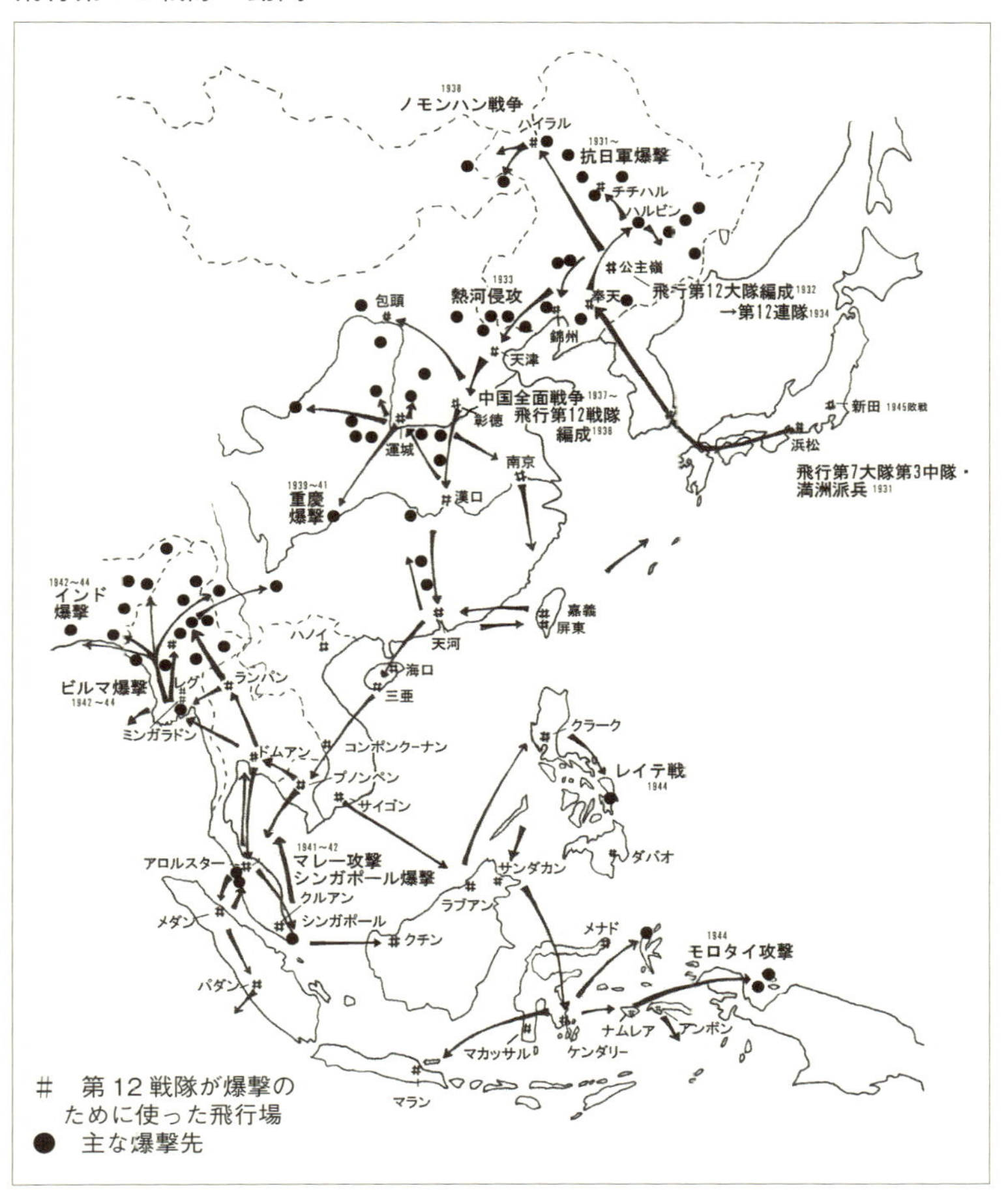

飛行第十二戦隊

はじめに飛行第十二戦隊についてみてみよう。この戦隊については粕谷俊夫『山本重爆撃隊の栄光』、飛行第十二戦隊戦友会会報『無題の便り』、伊藤公雄『碧空』などがあり、写真帳なども残されている。

この部隊の母体は浜松の飛行第七連隊である。飛行第七連隊が立川から浜松に移駐したのは一九二六年一〇月のことであった。飛行第七連隊は重爆・軽爆それぞれ二中隊で編成されていた。満洲侵略戦争がはじまると、一九三一年末には浜松から飛行第七大隊

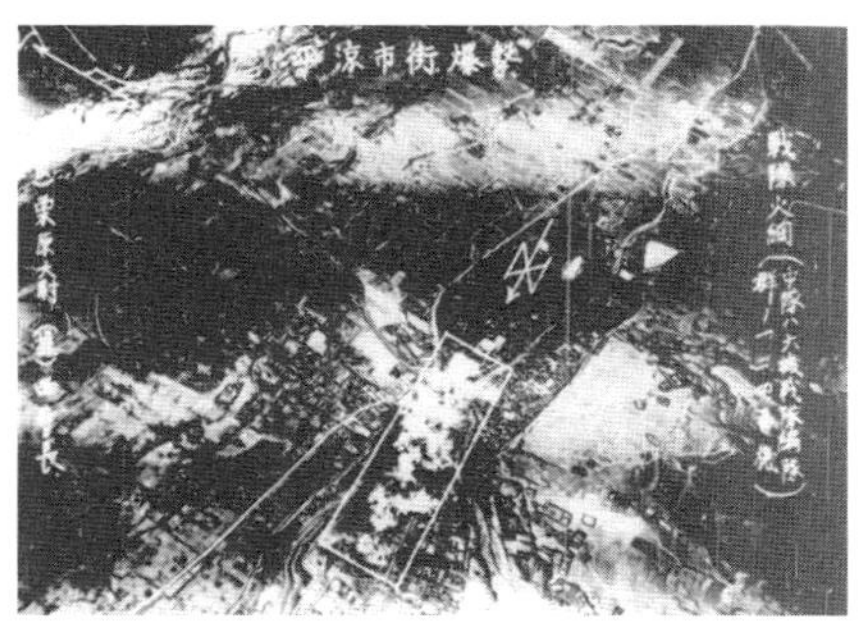

▲…甘粛省平涼爆撃（飛行第 12 戦隊・1939 年）＊ 10

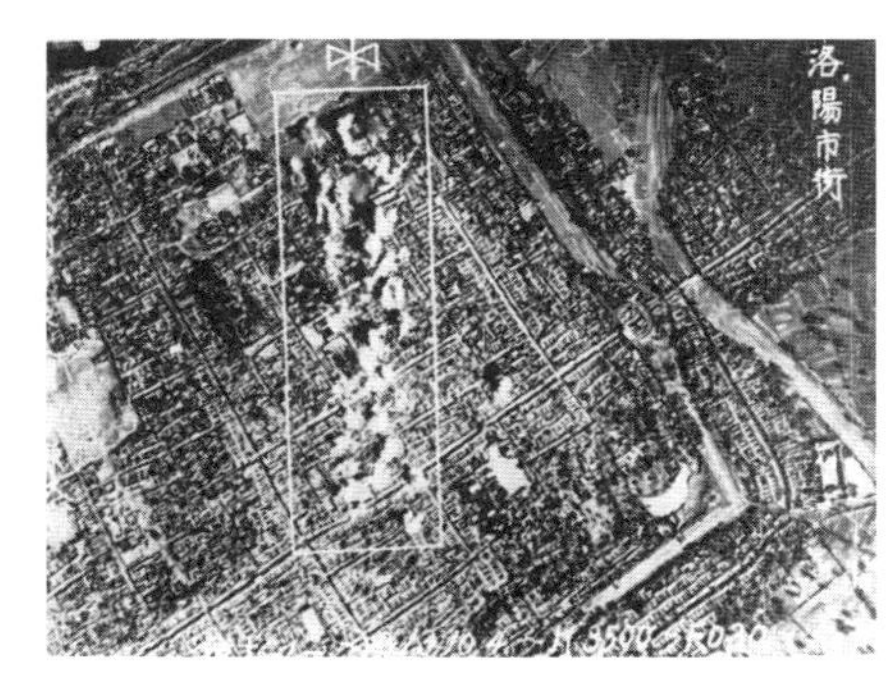

▲…河南省洛陽爆撃（飛行第 12 戦隊・1938 年 10 月 4 日）＊ 11

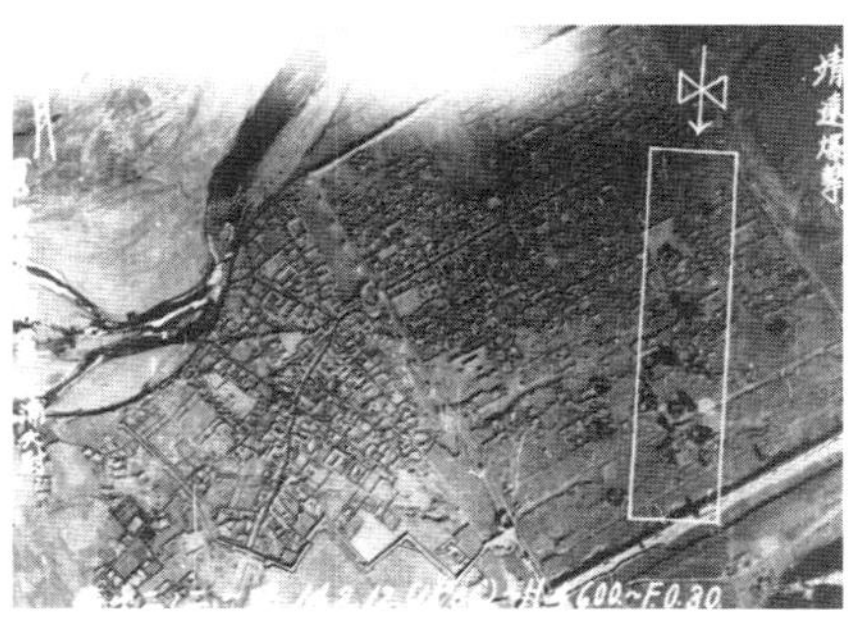

▲…甘粛省靖遠爆撃（飛行第 12 戦隊・1939 年 2 月 12 日）＊ 11

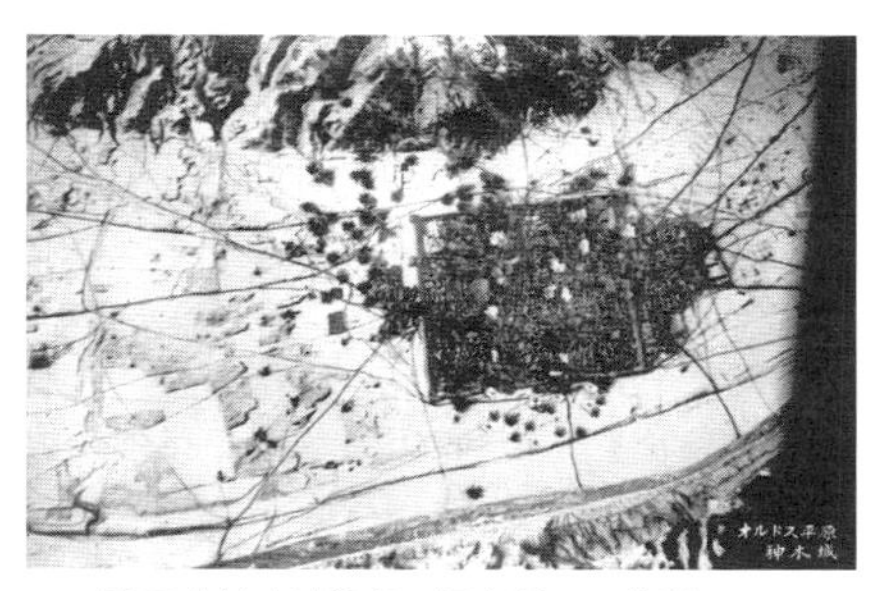

▲…陝西省神木城爆撃（飛行第 12 戦隊・1938 年 11 月 19 日）＊ 4

第三中隊が派兵され、中国東北部各地で抗日部隊への空爆を繰り返した。

この部隊は一九三二年に公主嶺で飛行第十二大隊に再編され、翌年、熱河作戦へと投入された。熱河作戦では万里の長城を越えて、北京周辺の密雲市街の爆撃もおこなった。この爆撃は残された写真から無差別爆撃とみられる。一九三四年、浜松から飛行第十二大隊へとさらに重爆二中隊が派兵され、大隊は飛行第十二連隊となった。この部隊から軽爆部門が分離され、飛行第十六戦隊が編成された。飛行第十二連隊は重爆部隊となった。

中国での全面侵略がはじまると一九三七年七月九日、飛行第十二連隊は拠点としていた公主嶺から錦州へとすすみ、七月一一日、連隊長の独断によって天津へと侵入した。一九三七年七月二六日、廊坊を爆撃し、以後、張家口・太原など各地を爆撃して地上からの侵攻を支援した。その後、公主嶺に戻り、一九三八年八月に飛行第十二連隊の第一大隊から飛行第十二戦隊、第二大隊から飛行第五八戦隊を編成した。

一九三八年九月末、公主嶺から彰徳に移動し、信陽への侵攻を支援して、九月末、信陽・鄭州、一〇月に入って汜水・鞏県・澠池・洛陽・遂平・確山・許昌・南陽などを爆撃した。飛行第十二戦隊の中隊長が残した写真集から、遂平・確山・洛陽・澠池・南陽への攻撃は市街への空爆であったことがわかる（『飛行第十二戦隊中国要地爆撃写真帳』）。

飛行第十二戦隊は一九三八年一一月、陸軍による中国奥地への爆撃に使われた。一二月一四日には包頭から蘭州への空爆をおこなった。これは陸軍重爆部隊による初めての蘭州への爆撃だった。さらに五原・神木などの市街を爆撃し、一九三九年一月には漢口を拠点に、重慶を三次にわたって爆撃した。二月には運城を拠点とし、再び蘭州を爆撃し、三月には、延安・臨潼・平涼・西安・洛陽・清豊・宝鶏など渭河周辺の諸都市を爆撃した。

一九三九年三月末から四月にかけて、彰徳を拠点に、山西省などの市・集落の爆撃を三〇回ほどおこない、洛陽や西安への爆撃もおこなった。飛行第十二戦隊の爆撃地は抗日拠点とみなしていた潞安・陽城・襄垣・渉県・楡社・姚村・大菜園・林県・夏城・屯留・密県・垣曲などである。写真帳をみると、爆撃は市街地や集落の中心をねらっているものが多い。このような爆撃の後、五月に公主嶺に戻った。

▲…河北省渉県爆撃（飛行第12戦隊・1939年）＊10

▲…ハルハ北岸陣地爆撃（戦隊名不明・1939年）＊31

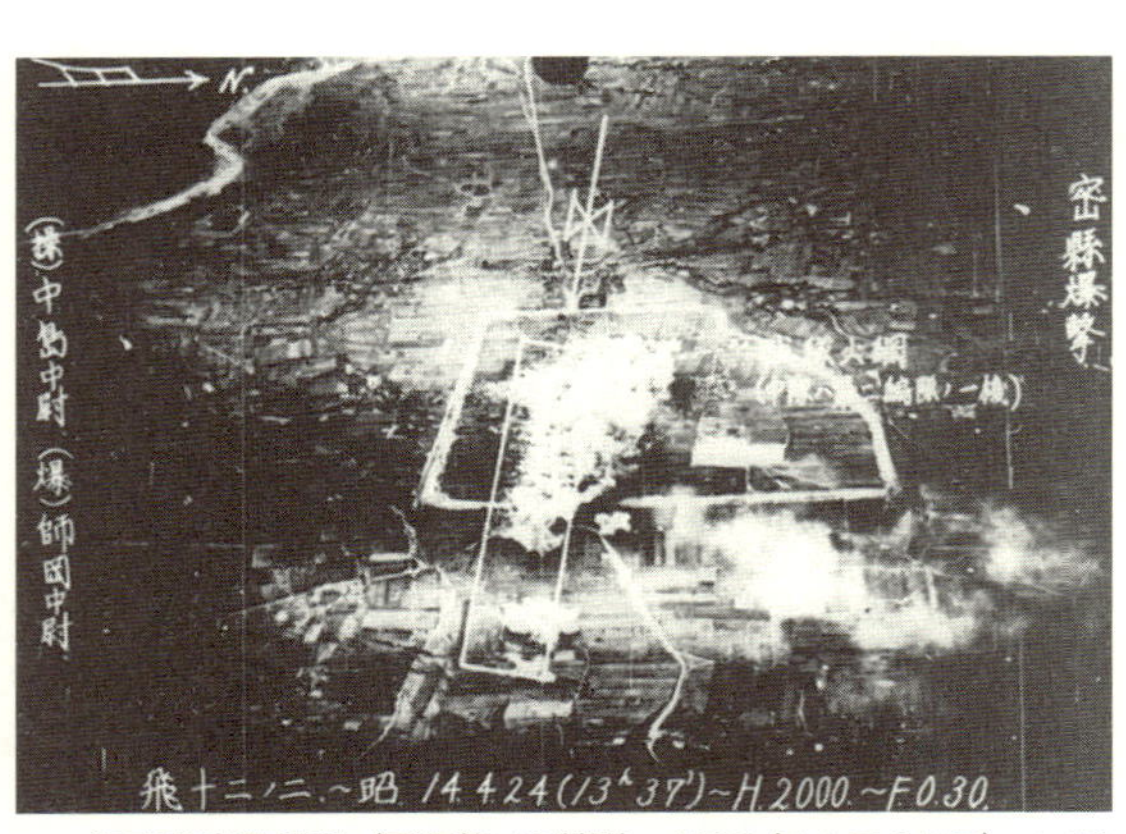

▲…河南省密県爆撃（飛行第12戦隊・1939年4月24日）＊10

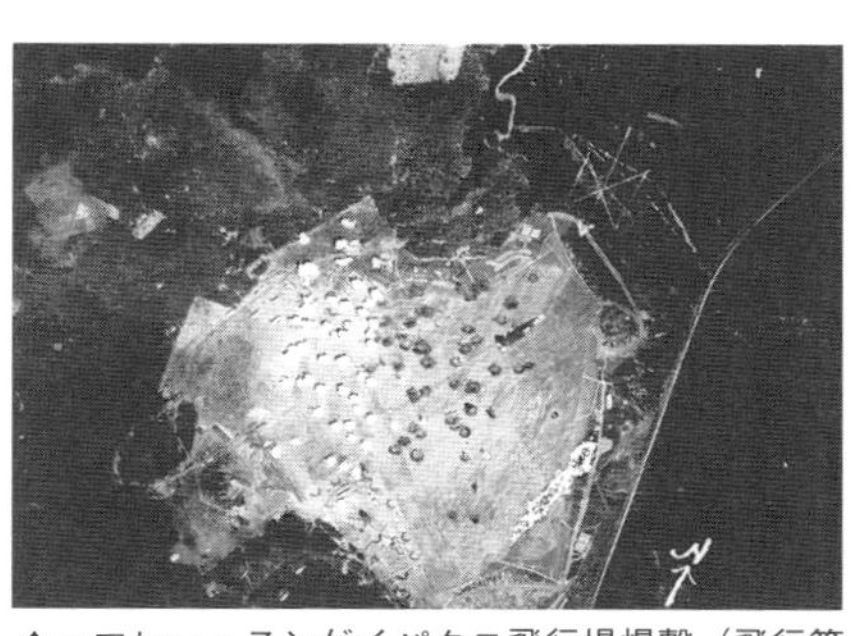

▲…マレー・スンゲイパタニ飛行場爆撃（飛行第12戦隊・1941年12月8日）＊16

▲…四川省保寧爆撃（飛行第12戦隊・1941年8月29日）＊16

飛行第十二戦隊は一九三九年六月から七月にかけてノモンハン戦争に投入された。ノモンハン戦争ではハイラルに展開し、モンゴルのソ連基地であるタムサクブラク（タムスク）飛行場・サンベース市街・ハルハ河左岸陣地を空爆した。その後、公主嶺に戻り、九七式重爆撃機Ⅰ型に改変した。

一九四一年には二七機編成となり、二月、公主嶺から福生へと内地航法訓練をおこない、福生から浜松へと飛行した。三月にはシンガポール攻撃を想定しての合同訓練に参加し、朝鮮の群山で訓練をおこない、五月には各務原で九七式重爆Ⅱ型に改変、七月、満洲での関特演に参加した。

一九四一年八月には華北を爆撃し、八月末には、鳳翔・保寧・重慶・蘭州を爆撃、九月には韓城・朝邑・華陰・西安を爆撃した。九月末には南京から嘉義を経て、広東（天河飛行場）にすすんだ。九月末から詔関・南雄・衡陽を爆撃した。そして、マレー侵攻作戦によって一二月六日にプノンペンに入ったが、このプノンペンへの移動の段階で十二戦隊は一一機を失った。

一九四一年一二月からの東南アジアへの侵略戦争にともない、マレーのスンゲイパタニを爆撃し、さらにペナン・シンガポール・ビルマ各地を爆撃した。一九四二年五月には、雲南の保山市街、さらにインドのチッタゴン飛行場やインパール市街などを爆撃した。この攻撃は陸軍による最初のインド爆撃であった。

飛行第十二戦隊は一九四二年後半からアンボン島周辺やオーストラリア海域の哨戒などをおこない、一九四三年三月からはインドのフェンニー飛行場、四月に入りインパール市街などを爆撃し、五月には中国への支援ルートの拠点である昆明を爆撃した。

その後、スマトラ方面で哨戒活動をおこなうが、一〇月から一二月にかけてインド・アッサム地方への攻撃をおこなった。爆撃先はチッタゴン・カルカッタ・コックスバザールなどである。さらに一九四四年三月にはインパール作戦支援のために、レド・インパール・パレルなどを爆撃した。七月にはフィリピンのクラークに移り、跳飛弾攻撃を訓練した。一〇月にはレイテ湾での攻撃に参加、一一月から一二月にかけてケンダリー（セレベス島）やナムレア（ブル島）から米軍の前線であるモロタイ島への攻撃をおこなった。

一九四五年三月の「飛行第十二戦隊作戦命令」をみると、装備に関する指令が記されている。五号装備の項をみると各編隊三番機にカ四弾一四（燃焼弾）、その他、「い五〇kg弾」一四、「ろ一〇〇kg弾」七などの記載があり、五〇〇kg・二五〇kg爆弾にくわえ、さまざまな爆弾を所持していたことがわかる。

この戦隊は一九四五年七月にフィリピンからシンガポールを経て台湾の屏東に撤退し、群馬への撤退の準備中に敗戦を迎えた。

飛行第十二戦隊は日本の侵略戦争において最前線で活動した部隊だった。中国大陸では満州侵略での抗日部隊攻撃に始まり、熱河作戦では長城を越えて爆撃をおこない、中国への全面侵略では重慶・蘭州・西安など各地の都市や山西省の各地の抗日拠点を爆撃した。さらに南方に展開し、シンガポール・ビルマ・インドへの爆撃もおこなった。これらの爆撃によって多くのアジアの民衆が死傷した。

一九三八年八月に、飛行第十二連隊第二大隊から編成された飛行第五八戦隊は一九三九年六月、佳木斯に移り、四〇年八月、広東に展開し、桂林攻撃に動員された。その後、佳木斯に戻るが、一九四三年二月スマトラにすすんだ。四三年七月、上海対岸の大場鎮にすすみ、漢口から零陵への攻撃をおこない、八月二三日には重慶を空爆した。一〇月にスマトラ島メダンにすすみ、船団を護衛、四四年六月、独立飛行第三一中隊を編成した。四五年一月、コンポンクーナン（カンボジア）にすすみ、ビルマ攻撃をおこない、のち台湾へ移った。

一九四二年一二月、飛行第十二戦隊が拠点としていた公主嶺で飛行第七四戦隊が編成された。この部隊へと一九四三年五月、飛行第七戦隊から約百人が編入された。一九四四年四月には北海道・計根別にすすむが、一一月にはフィリピン戦へ投入された。一二月には飛行第九五戦隊とともに、高千穂空挺隊を輸送して「特攻」着陸をおこなった。

一九四二年一二月に鎮東（満洲）で編成された教導飛行第九五戦隊は、一九四四年一月に飛行第九五戦隊となった。この第九五戦隊も北海道からフィリピン戦に投入され、「特攻」部隊を編成した。しかし、戦力低下のため、一九四五年には飛行第七四戦隊に吸収された。

飛行第十六戦隊

飛行第十六連隊は飛行第十二連隊から一九三五年に軽爆部門が独立して編成された部隊であり、牡丹江を拠点にした。この連隊も一九三七年七月、天津へと侵攻し、九月、牡丹江に戻った。一九三八年八月には飛行第十六戦隊となった。

この飛行第十六戦隊については、本間正七『回想 ああ戦友 飛行第十六戦隊・教導飛行第二百八戦隊』がある。この戦隊は一九三九年にノモンハン戦争、一九四一年一二月には北部フィリピンの戦場に投入された。

一九四二年には河南・湖南に侵攻した。一九四三年二月から三月には安康・漢中・虞氏・老河口・梁山・万県・公安付近を攻撃し、四月には東姚、五月末には洛陽・黄河方面を爆撃した。七月から九月にかけて宝慶・衡陽・万県・建甌を爆撃した。九月から一〇月にかけて各務原や鉾田で機種を改変した。一〇月から一二月にかけて建甌・長陽・磨市・麗水・恩施・常徳・衡陽・遂川を攻撃した。

一九四四年には、桂林・遂川・柳州・南寧・詔関・建甌・老河口・衡陽・長沙・吉安・内郷・洛陽・虞氏・安康・梁山・玉山・芷江・新津・成都など、飛行場や軍事施設への攻撃を繰り返した。

飛行第十六戦隊の戦史によれば、一九四四年五月一一日の遂川攻撃では、集束爆弾（タ弾）を使った。当時、飛行第十六戦隊とともに爆撃をおこなっていた飛行第九〇戦隊の戦史にも、六月五日の漢中攻撃で使用したという記述がある。

中国側資料には、衡陽・虎形山一帯で日本が飛行機と砲によって毒ガスを使用の記事がある（『侵華日軍的毒気戦』三四五頁）。軽爆隊は毒ガス弾も使用したとみられる（本書一六九頁）。

その後の一九四五年五月、飛行第十六戦隊は沖縄戦に投入された。

この飛行第十六戦隊から飛行第二〇八戦隊が一九四一年三月に編成された。第二〇八戦隊は一九四二年一二月には南方への派兵に向け、浜松で準備と訓練をおこなった。一九四三年二月、横須賀からトラック島に向かい、五月、ラバウルを経てニューギニア・ブーツ東飛行場にすすんだ。ブーツを拠点にナッソウ湾・マザブ・ファブアなどへの攻撃を繰り返すが、一九四四年、ニューギニアのホーランジアからマニラへと後退した。一一月末、マニラから台湾出身兵の空挺部隊員（「薫空挺隊」）を乗せて「特攻」攻撃をおこなった。のち台湾に移動したが、マニラ残置隊員で帰還できたのは数人だった。

長崎出身の椎木芳男は牡丹江の飛行第十六戦隊に配属され、所沢の航空整備学校で学んだ。アジア太平洋での戦争の拡大により、椎木は挺進飛行第一戦隊に配属されてビルマ方面に派兵された。一九四二年四月、北ビルマのラシオ飛行場へと胴体着陸による特別攻撃を指令されたが、作戦は中止された。その後フィリピンに送られ、一九四五年にはルソン島で挺進斬込菊水第一中隊の小隊長とされたが、捕虜になり、生還することができた。

椎木は、基礎資源を欠いていた日本が、その資源を供給してくれる国々を敵にして戦った行為を、天に向かってツバ吐く行為ではなかったと記し、日本は平和でなければ立ちいかない。そのためには世界に信頼され、好かれる応対をしなければならない。日本人の体質や哲学がそれを難しくしているが、それが生き永らえた者たちの進む道であり、鎮魂の道であると記す（『翼をささえて』二二五〜二二七頁）。

帝国は民衆を臣民とし、軍隊に組み込み、生きていることは恥であり、死ぬことを名誉と教え込んだ。精神を奴隷化されての生を強いられた。そのなかでも戦後、戦争を反省し、国際的な平和が鎮魂の道であると考えることができた者もいたのである。

2　飛行第六〇戦隊

飛行第六〇戦隊

つぎに飛行第六〇戦隊についてみよう。この戦隊については飛行第六十戦隊小史編集委員会編『飛行第六十戦隊小史』がある。

浜松の飛行第七連隊から重爆隊の飛行第六大隊が編成されたのは一九三七年七月一一日のことである。派兵の正式な命令は七月一五日に出された。七月一九日、第六大隊は錦州へと派兵され、七月二七日には天津飛行場に到着した。翌日に

飛行第60戦隊による中国爆撃

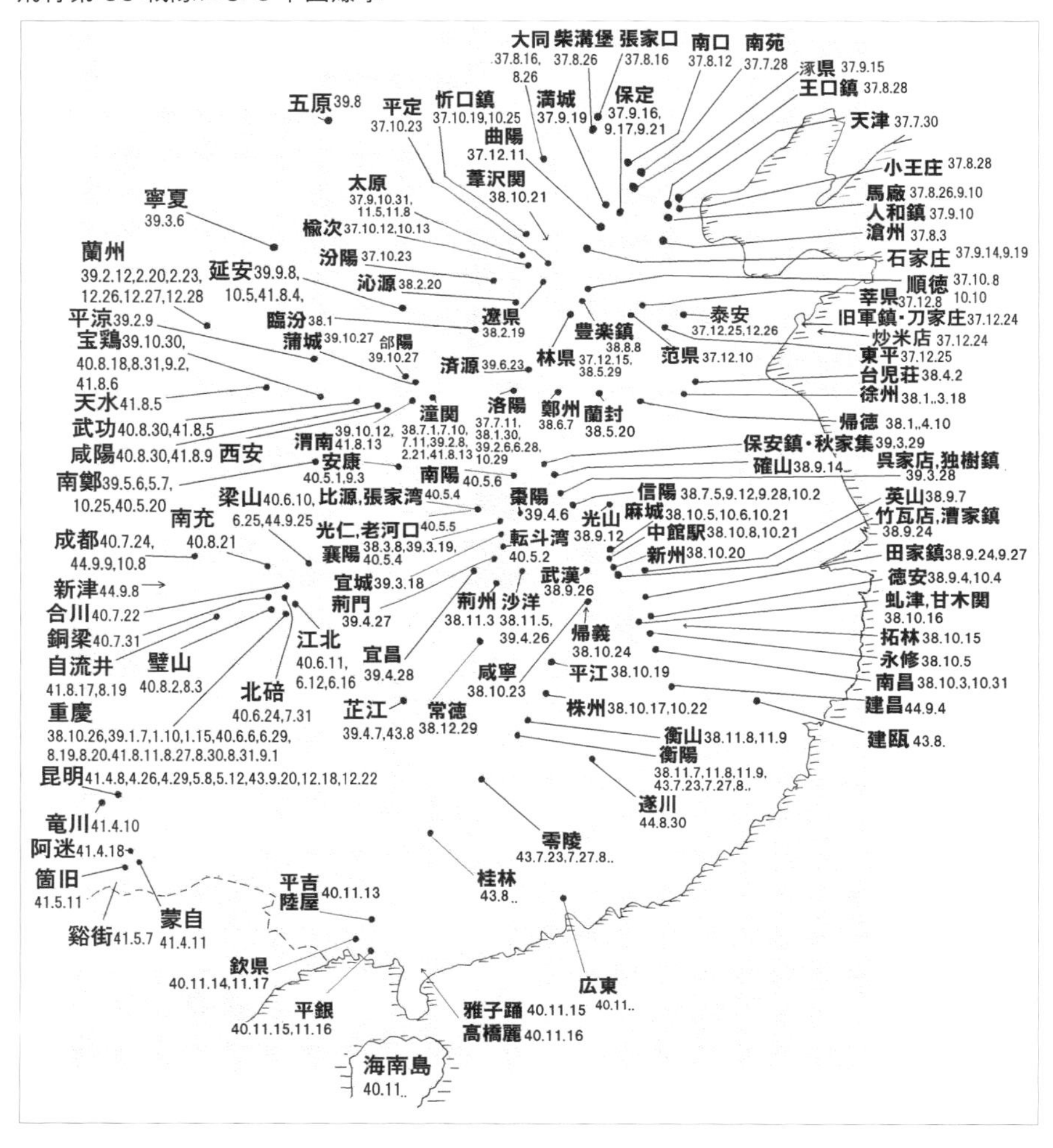

は南苑飛行場や兵舎、七月三〇日には天津の南開大学を爆撃した。その日のうちに南苑にすすみ、華北での侵攻作戦を支援した。八月には南口・張家口・大同・馬廠・柴溝堡・王口鎮・小王庄・滄州などを爆撃した。

一九三七年九月には河北省への侵攻作戦にともない、保定・石家荘・満城・涿県などを爆撃した。九月中旬の保定への爆撃は市街中枢への攻撃だった。九月下旬からは山西省の太原占領に向けての攻撃をはじめ、一〇月には順徳・楡次・忻口鎮・葦沢関・汾陽・平定などを爆撃した。一一月八日には太原の北城門に五〇〇kg

▲…浜松から中国へ派兵された 93 式重爆（大井川上空）＊ 12

▲…97 式重爆撃機＊ 4

▲…山西省・運城飛行場＊ 13

爆弾を投下するなどの空爆をおこない、太原への地上からの侵攻を支援した。さらに一一月には洛陽・西安の飛行場を攻撃、一二月には莘県・范県・曲陽・林県などの市街地を爆撃した。一二月末からは山東省での侵攻作戦に投入され、旧軍鎮・刀家荘・炒米店（鉄道橋脚）・東平・泰安の駅や列車などを爆撃した。

　一九三八年に入ると河南省の彰徳を拠点とし、済南への攻撃を支援した。一月から三月にかけて臨汾・徐州・帰徳・洛陽・遼県・沁源・襄陽・西安・徐州などの飛行場や陣地を攻撃した。

　四月から八月にかけては黄河南方への侵攻を支援し、台児荘・磊口・西安・下台村・帰徳・蘭封・鄭州・潼関・信陽・豊楽鎮などの飛行場や陣地を爆撃した。鄭州・潼関への爆撃は市街地への攻撃だった。

　八月、飛行第六大隊は飛行第六〇戦隊と第九六飛行場大隊に再編された。九月には南苑での訓練を経て安慶にすすみ、武漢侵攻作戦に投入された。一〇月末の武漢占領までに爆撃した場所は、徳安・英山・葉家集・光山・信陽・確山・田家鎮・漕家鎮・竹瓦店・武漢・南昌・麻城・中舘駅・楊家山・白楂街・小金山・拓林・虬津・甘木関・株州・咸寧・帰義などであり、このうち、徳安・英山・信陽・南昌・麻城・咸寧への攻撃は市街地を含む爆撃であった。武漢占領後は武漢以南の南昌・荊州・沙洋鎮・衡陽・衡山などを爆撃した。

　一二月に入ると蘭州・重慶などへの長距離侵攻作戦を準備した。拠点を漢口とし、一二月二六日には重慶に向かうが密雲のために中止、故障機一機が途中、全爆弾を投下した。

一九三九年一月には三次にわたり重慶の市街地を爆撃した。二月に運城へと移動し、洛陽・潼関・平涼を爆撃、三次にわたり蘭州の飛行場や市街地を爆撃した。三月には永昌・西安を爆撃した。

三月中旬には湖北省での襄東作戦に投入され、五月までに宣城・襄陽・呉家店・秋家集・保安鎮・独樹鎮・棗陽・芷江・沙洋・荊門・宜昌・南鄭などを爆撃した。六月には南苑を拠点に、抗日軍に対する掃討作戦を支援し、済源・洛陽を爆撃し、八月には五原、九月には延安・寧夏・西安を爆撃した。

飛行第六〇戦隊は重爆撃機による奥地への侵攻作戦計画によって三六機編成へと強化された。一九三九年一〇月一日付の『飛行六十戦隊戦闘規範』をみると「独力長躯進攻シ敵国中枢ヲ攻撃シ以テ其ノ形而上下ヲ粉砕震撼スルニアリ」と記されている。このような戦略爆撃の思想をもって、飛行第六〇戦隊は一〇月に入ると運城を拠点に、第二次の奥地侵攻作戦をおこなった。この作戦により、西安への数次にわたる爆撃をはじめ、渭南・延安・南鄭・郃陽・蒲城・洛陽・宝鶏・平涼などを爆撃した。一二月には第三次の奥地侵攻作戦がたてられ、一二月末、三次にわたる蘭州の市街や飛行場への爆撃がなされた。

一九四〇年一月から五原作戦に参加し、三月には南苑に移動、四月には衡源鉄橋を攻撃した。四月に漢口に移動して宜昌作戦に投入され、五月に安康・転斗湾・襄陽・焚城鎮・張家湾・比源・光仁・老河口・南陽などを爆撃した。その後、運城に移動し、西安・南鄭を爆撃した。その後、南苑に戻って、第四次の奥地侵攻作戦の訓練をおこなった。六月に入り、運城から重慶・梁山・北碚・西安などを爆撃した。天候不良のために一時期、南苑に戻ったが、七月下旬から爆撃を再開、七月には合川・成都・北碚・銅梁、八月にはいり、璧山・宝鶏・重慶・南充・武功・咸陽、九月には宝鶏・安康を爆撃した。

一九四〇年九月、フランス領インドシナ占領にむけて南部にすすんだ。一一月、海南島・広東・霊山城・陸屋・平吉・雅子踊・平銀・高橋麗など欽寧の周辺を爆撃した。一一月中旬、広東から南苑に戻った。一九四一年一月、第六〇戦隊の編成は二七機へと縮小された。

一九四一年三月、広東からジャラム・ハノイにすすみ、四月から五月にかけて雲南への爆撃をおこない、中国への支援ルートを破壊しようとした。爆撃先は昆明・蒙自・阿迷・箇旧・谿街などである。攻撃目標であった功果橋への爆撃は失敗した。

▲…フィリピン・コレヒドール爆撃（飛行第60戦隊・1942年）＊12

戦隊は華中に戻り、運城にすすんだ。そこで第五次の奥地侵攻作戦を準備し、一九四一年八月から九月はじめにかけて、保寧・延安・天水・武功・宝鶏・西安・咸陽・渭南・潼関・自流井・重慶などを爆撃した。この作戦は九月上旬に中止され、南方への転用のために、浜松へと戻った。

一九四一年一一月、飛行第六〇戦隊は浜松を出発し、新田原・嘉義・海口を経て、プノンペンにすすんだ。マレーへの攻撃命令は一二月六日に受けた。当初、ペナンを空爆する予定であったが、アロルスターを爆撃し、のちペナンやラングーンを爆撃した。そして一九四二年一月中旬から二月初旬にかけてシンガポールを空爆した。

シンガポールを占領すると、三月にはフィリピン戦に投入され、三月から五月にかけてコレヒドールなどを空爆した。五月に米軍が降伏すると、クラークフィールドから浜松に向かった。七月、満洲の拉林にすすみ、訓練や警備をおこなった。一九四三年七月には武昌を拠点とし、七月下旬から八月上旬にかけて、衡陽・零陵・桂林・建甌・芷江などを爆撃した。九月にはインドシナのツーランからハノイにすすみ、九月と一二月、昆明の飛行場などを爆撃した。一九四四年二月にはニューギニアのマダン方面の作戦に投入されるが、四月末にはフィリピンへと後退した。七月には水戸に戻った。

八月下旬、南京に向かい、九月にかけて、遂川・建昌などを爆撃した。また、運城から重慶付近の新津・広漢・興中・双流の飛行場などを爆撃した。運城を撤退した後にも成都・贛州・梁山・西安などを爆撃した。一〇月にはフィリピンへの空輸などをおこなった。

一九四五年二月、硫黄島を攻撃し、三月末からは熊本の健軍を拠点とし、沖縄戦に投入された。

このように飛行第六〇戦隊は陸軍飛行爆撃隊の中心となった部隊である。一時期、三六機編成となり、菱形の編隊を組んで爆撃機単独による中国奥地への戦略爆撃を担った。そして、重慶をはじめ中国各地の都市を爆撃した。陸軍部隊のなかでこの戦隊は中国での爆撃の回数が最も多い部隊である。

戦争への批判

愛知出身の柴田清一は所沢で教育を受け、浜松の飛行第七連隊に配属され、中国に派兵された。軍人を志願した際、父は、軍人は家柄で偉くなる、水呑百姓の小伜が軍人になっても足軽にしかなれない、それより商人になれと語り、母は所沢の航空学校の合格通知が着くと、飛行機乗りには絶対させないと夜通し泣き、入校取り止めを返信した。柴田はこのような親の反対を押し切って所沢の技術生徒隊に入り、その後、浜松の飛行第七連隊に配属された。日中戦争がはじまると飛行第六大隊材料廠に編入され、一九三七年七月二四日、連隊最後の派兵部隊として浜松駅を出た。宇品から釜山を経て朝鮮半島を北上し、七月三〇日には満洲に入った。九月二一日、南苑飛行場に行き、爆撃後の中国兵の遺体をみた。

柴田は、日本が宣戦布告なしに兵営を爆撃したことから、事変発端の正当性はないと記す。工場の中国人から「民衆は東洋の鬼が来たと言っている」などの話を聞き、日本軍が世界で一番強く、神様の軍隊と信じてきたことを考え直し、日本人の島国根性の野蛮性と中国人の洗練された民族性を感じた。また、山西作戦での農民との出会いから、どうしてこんなに暖かい心をもった中国人と戦わなければならないのかと思ったと記す。

一九三八年八月、飛行第六大隊は飛行第六〇戦隊となり、材料廠は第六八飛行場中隊になったが、両部隊は一九三九年八月に運城に展開し、六〇戦隊は各地を爆撃した。柴田は一時所沢に帰り、下士官教育を受けて、一九四〇年四月に南苑基地を経て運城に戻った。そこで偵察機の整備と通信を担当した。柴田は病気療養で名古屋に戻り、療養後、各務原、館林を経て、満州・鎮東の第二教育隊の訓練場に送られた。ソ連の侵攻にともない、鎮東を出発し、敗戦を通化で迎えた。

柴田は、隣国の主権を侵し、国土を破壊し、無辜の民を戦禍に巻き込んだことがどうして「聖戦」と言えるのか、実際、戦争に加わってみると、無抵抗な敵や住民に敵対行為がおこなわれた、それに引き換え、暴に報いるに暴を以ってする勿れとし、日本兵の送り返しを命じた蒋介石の方が武士道を具現していたとし、再び私たちのような過ちをくりかえさないようにと記す（『翼をささえて』三〇一〜三二〇頁）。

柴田の戦争への批判力の基礎には、軍人になることに反対した親の社会観と愛情があるように思われる。戦争に動員されるなか、戦争批判の視点を持つことができた者もいたのである。

飛行第九〇戦隊

中国各地を爆撃した軽爆撃部隊に飛行第九〇戦隊（軽爆）がある。中国への全面侵略とともに平壌から派兵された第九大隊が改編され、飛行第九〇戦隊になった。

白浜幸吉は一九三四年二月に所沢陸軍飛行学校に入校し、操縦教育を受けた。朝鮮の飛行第六連隊に配属され、一九三八年七月一五日、飛行第九大隊の一員とされ、中国に動員された。第九大隊は飛行第九〇戦隊に改編され、重爆部隊の重慶攻撃に呼応し、西安・宝鶏・漢中などを爆撃した。白浜は一九三九年二月の山西省中条山での攻撃の際に不時着し、捕虜になった。白浜は洛陽から西安に運ばれた際、「日本の爆撃機は中国各地で無差別に盲爆を行い、無辜の民衆に多大の犠牲者を出したとして、敵愾心を煽っていた。その為、私達に対する反感は強く、恨みをこめた罵声は航空委員会の西安分駐処に入るまで消えなかった」と記す。白浜は成都に送られ、そこで日本での留学経験のある中国の将校から、戦争俘虜は国際法規で保護され、絶対に殺すことはないと告げられた。その後、白浜は日本へと生還した（『陸軍少年飛行兵史』二〇〇～二〇六頁）。白浜は捕虜になることで、中国の側から戦争をとらえることができた。

山崎武治は所沢で教官として少年航空兵一期・二期、入間の航空士官学校で五〇期・五一期の基本操縦教育を受け持ち、浜松の陸軍飛行学校で爆撃を学んだ。その後、一九三九年七月に中国の太原の飛行第九〇戦隊の第一中隊長になった。九月、飛行第九〇戦隊は綏遠方面の敵部隊の拠点の爆撃をおこなったが、山崎は、軍事拠点とはいってもそれが民衆の集落であると記している（『飛行第九十戦隊史』一九四～二〇八、四〇三～四一七頁）。

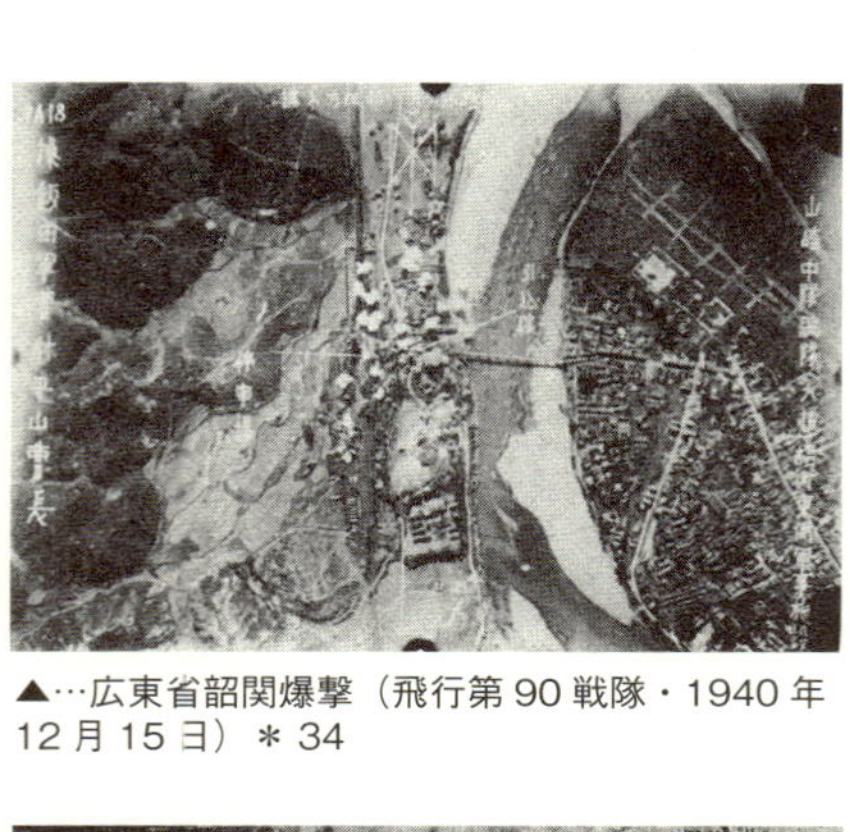

▲…広東省韶関爆撃（飛行第 90 戦隊・1940 年 12 月 15 日）＊ 34

▲…広東省・南雄飛行場への爆撃（飛行第 90 戦隊・1943 年 9 月 3 日）＊ 34

記述から、軍事拠点への攻撃の多くが一般集落であったこと、悲惨な死体を自らは見ないで済むことを理由に殺戮を容認していく思考があったことがわかる。日本軍機による中国の市街地や集落への爆撃は、中国民衆にとって無差別の殺戮行為であり、抗日への民衆意識をいっそう高めるものだった。

3　飛行第九八戦隊

飛行第九八戦隊は一九三八年八月に中国に派兵されていた独立飛行第三中隊と独立飛行第十五中隊によって編成された重爆部隊である。この戦隊については飛行第九十八戦隊誌編集委員会『あの雲の彼方に　飛行第九十八戦隊誌』、角本正雄編『写真で綴る飛行第九八戦隊の戦歴』がある。

独立飛行第三中隊は一九三七年七月に浜松の飛行第七連隊から華北に派兵された部隊であり、独立飛行第十五中隊は同年八月に台湾・嘉義の飛行第十四連隊から華中に派兵された部隊である。第三中隊は石家荘・太原、第十五中隊は上海・南京などを爆撃した。

一九三八年八月に統合され、飛行第九八戦隊が編成されると、武漢や信陽への攻撃を支援し、西安・漢口・長沙・衡陽・衡山などの飛行場や軍事施設を爆撃した。

一二月二六日には中国奥地への侵攻作戦を担い、重慶市街東部への推測爆撃をおこなった。重慶への爆撃を一九三九年一月一五日までに四次にわたっておこない、二月には蘭州や延安を爆撃した。重慶や延安への爆撃では市街地に爆弾を投下した。

一九三九年三月には華中の地上作戦を支援した。奥地侵攻作戦用に一中隊を飛行第六〇戦隊へと編入した。七月には山西での作戦を支援した。この間に西安・洛陽・平涼を爆撃した。一九三九年一一月に満洲の奉天へと移動し、九七式重爆撃機Ⅰ型に改変、一一月には敦化を拠点にし、抗日部隊を攻撃した。

一九四〇年七月末、南方軍の指揮下に入り、八月、フランス領インドシナ交渉への威嚇飛行をおこなった。さらに韶関・

桂林への爆撃をおこない、一〇月、敦化に戻った。

一九四一年六月には岐阜で九七式重爆Ⅱ型に改変し、敦化に戻り、関東軍特種演習に動員された。八月末には華北にすすみ、九月にかけて運城を拠点に重慶・蘭州・潼関・三原・咸陽・西安などの爆撃をおこない、南苑に移動した。『写真

▲…陝西省三原爆撃（飛行第 98 戦隊・1941 年 9 月 4 日）＊ 14

▲…四川省広元爆撃（飛行第 98 戦隊・1941 年 8 月 29 日）＊ 14

▲…陝西省咸陽爆撃（飛行第 98 戦隊・1941 年 9 月 4 日）＊ 14

▲…甘粛省・涼州飛行場爆撃（飛行第 98 戦隊・1941 年 8 月 31 日）＊ 14

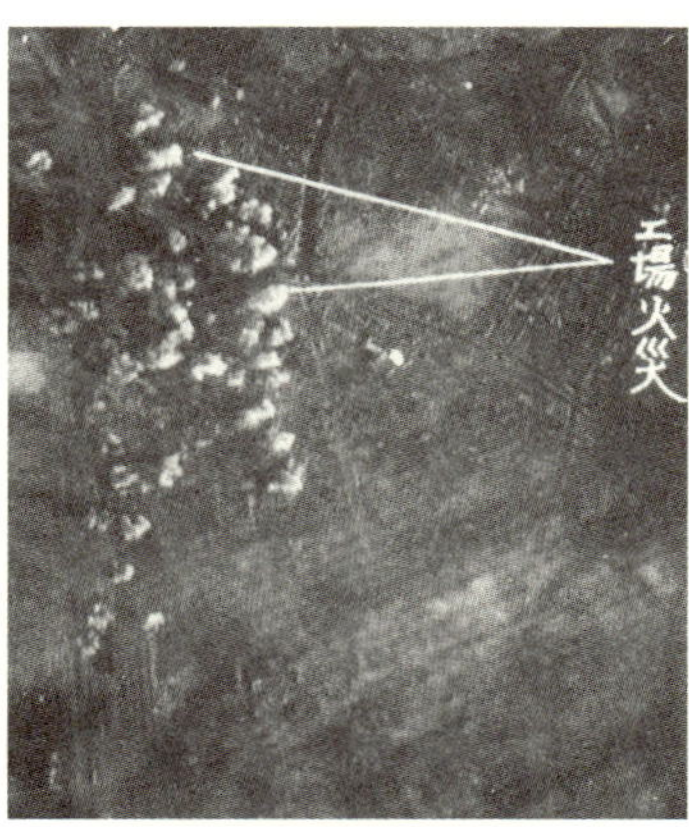

▲…河南省鄭州爆撃（飛行第 98 戦隊・1941 年 10 月 2 日）＊ 14

で綴る飛行第九八戦隊の戦歴』にはこの時期の写真が一〇枚ほど収録されている。潼関・三原・咸陽への爆撃写真には未熟搭乗員による演習を兼ねての攻撃と記されている。

一一月、南方に向けて派兵され、サイゴン到着は一二月四日だった。東南アジアへの侵攻作戦のもと、一二月七日には船団を援護し、一二月八日にはマレーのスンゲイパタニ・アロルスターの飛行場を爆撃した。その後、ペナン島・クアラペスト・シャンタン市街・ラングーン政庁などを爆撃した。

一九四二年一月から二月にかけてシンガポール爆撃をおこなった。『あの雲の彼方に 飛行第九十八戦隊誌』にはシンガポール爆撃時の陣中日記が収録されている。それを読むと、シンガポール爆撃が雲上からの推測爆撃を含むものであったことがわかる。また、「征け 聖戦に征刀かざし 世界平和の 彼岸や近し」と記され、上空からシンガポール島を見て、「血沸き肉躍るの感あり」とも記されている（二二四～五頁）。このような記述から、日本の帝国が人間を軍隊に組み込み、そこでの支配と服従によって、攻撃を正当化し、嬉々として殺戮をおこなう内面性をつくりあげたことがわかる。

戦隊は三月中旬にはスマトラ上陸作戦を支援し、三月下旬から四月にかけてビルマ各地を空爆した。五月には雲南の保山市街を爆撃、さらにインドのチッタゴン飛行場・インパール市街・軍施設を爆撃した。一九四二年六月初めにスンゲイパタニに移動、八月にはマラッカ海峡で対潜哨戒活動をおこなった。

一二月下旬から一九四三年の一月中旬にかけて、カルカッタ空爆を六次にわたっておこなった。さらにトンバイク・モンドウの地上軍やチッタゴン市街などを爆撃した。二月上旬にスンゲイパタニへと戻るが、二月末から四月はじめにかけてインドのオークランズ・チンスキア・フェンニー・ドバザリ・アコーラなどの飛行場を爆撃した。

一九四三年四月二八日と五月一五日には、雲南の昆明を爆撃した。六月、スンゲイパタニからスマトラへいき、メダン・サバンに展開し、インド洋哨戒をおこなった。一〇月、スンゲイパタニへ戻り、チッタゴン・コックスバザールの港湾を爆撃し、一一月にはベンガル湾を哨戒、一二月にはキダープールドック（カルカッタ）、チッタゴンを爆撃した。

一九四四年一月末、日本へと移動をはじめ、アロルスター・サイゴン・海口・嘉義・那覇・新田原をへて浜松に帰着し、すぐに鹿屋に移動した。機種改変にともなう教育を浜松や豊橋でうけ、鹿屋で夜間雷撃訓練をおこなった。この訓練を経て、一九四四年一〇月にはフィリピン戦にともなう二次の雷撃攻撃を台湾沖でおこなったが、一〇機以上を失い、一三〇人ほどの戦死者を出した。さらに、一九四五年三月後半から五月にかけて沖縄沖の戦闘に投入され、三〇数機を失い、二二〇人ほどが戦死した。七月に児玉に移動し、そこで敗戦を迎えた。

飛行第九八戦隊は陸上の日本軍を支援し、重慶などへの戦略爆撃をおこなった。シンガポールやビルマでの爆撃を繰り返した。インドへの爆撃をもっとも多くおこなった部隊でもある。最後、台湾沖・沖縄戦での攻撃に使われ、多くの戦死者がでた。

飛行第九八戦隊員の手記をみてみよう。

山形出身の鈴木清太は一九三六年一二月に所沢から浜松の飛行第七連隊に配属された。一九三七年七月、浜松で編成された独立飛行第三中隊の一員として華北に動員された。鈴木の日記によれば、第九八戦隊は一九三九年二月一〇日に平涼、二月一二日に蘭州、二月一八日に延安、二月二〇日に蘭州などを爆撃した。その後、鈴木は飛行第六〇戦隊に配属され、所沢で整備教育を受けた後、三九年四月に再び華北の第六〇戦隊に配属された。五月には山西省の運城に移り、六月一〇日、一六日と重慶への戦略爆撃に動員されたが、六月一六日の重慶爆撃の際に負傷した（『翼をささえて』五九〜六一頁）。

栃木出身の白井長利は所沢で技術を学び、浜松の飛行第七連隊に配属され、飛行第十四連隊編成の要員として、一二月に台湾・嘉義に送られた。三七年一〇月には中国へと独立飛行第十五中隊員として派兵され、上海を爆撃、三八年には徐州作戦に参加、飛行第九八戦隊員となり、蘭州爆撃に動員された。白井はこの爆撃について「暴支膺懲の一念が込められた皇威の大鉄槌」であり、「誤れる容共の蔣政権を討つべく」、爆弾を投下したと記す（『翼をささえて』二三六〜二四六頁）。

鹿児島出身の相良浩治も所沢で技術を学び、その後、飛行第十四連隊に配属された。中国での戦争にともない第九八戦隊へと配属され、蘭州や重慶の爆撃に動員された。相良は一九四二年二月、浜松陸軍病院で結核のために二五歳で亡くなった。相良が帰郷した際に妹に残した歌は「みたか銀翼　この雄姿　日本男児が　精こめて　作って育てた　我が愛機」というものだった（『翼をささえて』一〇〇〜一〇二頁）。

朝鮮や台湾など植民地からも少年飛行兵が動員された。『陸軍少年飛行兵史』の名簿をみると一九三九年入校の第九期生に金圭澈の名がある。一九四三年の第一五期生では植民地出身者が増える。それは、植民地での皇国臣民化による戦争動員が強められたからであり、「志願」とされていても強制的な動員だった。

尹根燮は少年飛行兵第一五期生として朝鮮から動員された。一九四二年一〇月に東京陸軍航空学校、一九四三年九月に所沢整備学校に入校し、一九四四年一一月、飛行第九八戦隊に配属された。沖縄戦では雷撃に投入された。

尹根燮は、当初、戦争に正当な理由があると考えていたが、しだいに無為なものであり、道徳的にも許されないものであると考えるようになったとし、つぎのように記す。「数千数万の若者たちの命が、天皇や日本帝国のために、無用のものののように投げだされるのをみるのは哀れであり、しかも単にかれらが戦争屋の道具であるという理由で」。「純真な同僚が、特攻隊に加わり、微笑を浮べ、手を振りながら死んで行った」。「戦争は、結果的に弱小国への侵略を偽装したものであった」。「この戦争は、多くの真理をわれわれに教えてくれた」。「(キリスト者として正義の立場から)不正な国家にたいして、断固として戦わなければならない」(『あの雲の彼方に 飛行第九十八戦隊誌』一七八～一八二頁)。

尹は、兵士が単に戦争屋の道具とされ、みずからもその犠牲者の一人であるとし、大東亜共栄圏の建設という旗幟が、結果的に弱小国への侵略の偽装だったと記した。

『陸軍少年飛行兵史』の死亡者名簿からは、第一一期の朴昌徳(年不明、フィリピンで死亡)、張順宇(四四年四月二三日、ニューギニア)、第一二期の林長守(四四年一二月七日特攻、オルモック島)、柳義錫(四四年一〇月二九日、死亡場所不明)、一三期の印在雄(松井秀雄・四四年一一月二九日特攻、レイテ湾)、一四期の広岡賢哉(四四年五月二七日特攻、沖縄周辺)、第一五期の韓鼎実(清原鼎実・四四年六月六日特攻、沖縄周辺)などの死を確認できる。有能な青年たちが天皇の軍隊の兵士として動員され、アジア各地で死を強いられたのだった。尹は生き残ることができたのである。

4 飛行第十四戦隊

飛行第十四戦隊については飛行第十四戦隊会『飛行第十四戦隊戦記 北緯二三度半』、久保義明『九七重爆隊空戦記』がある。飛行第十四連隊は一九三六年八月に浜松の飛行第七連隊から要員が派遣され、一二月に台湾の嘉義で編成された重爆隊である。兵舎・格納庫・飛行場・爆撃場の建設が昼夜の突貫工事ですすめられた。翌年七月の中国全面侵略にともない、飛行第十四連隊から独立飛行第十五中隊が上海に派兵された。浜松から派遣された飛行第十四連隊創設準備委員長が中隊長となっての派兵だった。この中隊は上海・南京戦に投入された。

飛行第十四連隊は一九三八年八月に飛行第十四戦隊となった。一九四〇年七月にはフランス領インドシナ侵攻にむけ海口にすすんだ。一九四一年三月から四月にかけて福建省の福州方面で爆撃や威嚇飛行をおこなった。

一九四一年五月には浙江省を中心に各地を空爆した。爆撃先は金華・義烏・蘭谿・玉山・衢県・広信・広豊・新昌・歙県・麗水などであり、市街への爆撃が多い。七月には海口にすすみ、八月、雷州半島の船舶・烏石の港湾を爆撃した。ハノイにまですすんだが、すぐに海口から嘉義へと戻り、八月下旬から九月はじめにかけて、福州からの撤退を支援し、古田・小村・百済・東張・東頭前・福清などの軍拠点を爆撃した。

一九四一年一一月末には南方侵攻の動員令によって、広東省潮州にすすんだ。一二月八日にはフィリピン攻撃をおこない、ルソンのバギオ米極東軍司令部を爆撃した。つづいて、イバ・クラーク・デルカルメンの飛行場を爆撃した。一二月一六日からは天河を拠点とし、香港の要塞を爆撃した。

一九四二年一二月下旬から一九四三年一月はじめにかけて、ルソン島のツゲガラオを拠点に再びフィリピン各地を爆撃した。マリベリス・オラニ・バランガ・バガック・スピックなどへの攻撃は市街地への爆撃であった。一月中旬にはハノイから蒙自・南寧を爆撃した。その後、バンコクのドムアンにすすみ、ナコンサワンに移動しながら、一月下旬から三月はじめにかけてビルマのモールメン・ラングーン・マンダレー・メイミョーなどの飛行場や軍事拠点を爆撃した。三月一六日にはトングー市街を爆撃した。

一九四二年四月に福生に戻って九七式重爆Ⅱ型に改変し、六月、マレーのケチルに派兵された。一〇月にはビルマ戦線に投入され、一〇月下旬にトングーからメークテーラにすすんでインド攻撃を準備した。一〇月末にオークランズ飛行場を攻撃し、一二月にはチッタゴン港、カルカッタの市街・埠頭・飛行場などを爆撃した。

一九四三年三月にはラバウル島のココボにすすみ、ワウやブナの飛行場、ナッソウ湾やポポイの上陸部隊を攻撃した。一九四三年一一月にはティモール、ハルマヘラ、ニューギニアなどにすすみ、哨戒・船団の護衛などをおこなった。一九四四年三月にはフィリピンへと撤退し、五月末、パラワン島の抗日部隊を攻撃した。七月、嘉義に戻り、花蓮港で跳飛弾攻撃の訓練をおこなった。この訓練には浜松から教官が来た。一〇月には杭州で夜間訓練をおこなった。一〇月末にルソン島のクラークフィールドにすすみ、一一月はじめにかけてレイテ島の飛行場を攻撃した。一一月にはナムレアやケンダリーからモロタイ島を爆撃した。このなかで戦力を失い、一二月末、四式重爆への機種変更のために日本の水戸へとむかった。四月、浜松の基地へと義烈特攻隊の整備支援隊員や同隊を輸送する第三独立飛行隊の要員を出し、五月には浜松で四式重爆の伝習教育を受けた。

第三独立飛行隊の隊長以下将校は浜松の松月という旅館に泊まった。そのなかに瀬崎武夫がいた。かれは大分県出身、朝鮮で家族と暮らしていたが、京都の高等工芸学校に入校し、学徒動員によって入隊した。一九四四年暮に帰省したが、満洲に行くことや婚約を解消することを求めて出ていき、音信不通になった。敗戦の少し前に浜松の部隊から遺品が届き、そのなかに手帳があった。手帳には五月二三日の日付に赤丸があり、もし戦死の知らせがあったらこの日を命日とすることを求める記載があった。五月二三日の沖縄への出撃は一日延び、二四日だった。

手帳には「芸子」の本名があり、子どもができていたら力になってほしいことが記されていた。「芸子」は昼に勤労奉仕し、夜は松月で、一人一人専属で「世話」をした。その松月は空襲をうけ、多くが亡くなったという。年末に弟のビルマでの戦死公報が届き、さらに一九四六年一月に、武夫が死亡したとする戦死公報がくると、父は二月に死亡した（『飛行第一四戦隊戦記 北緯一三度半』四二三頁〜）。

松月は浜松市鴨江の二葉遊廓の旅館であり、特別攻撃前の将校に女性があてがわれたとみられる。戦争をすすめた帝国は、このような形で人間をつなぎ合わせては引き裂いた。そして生命を捨てることを強い、靖国の英霊として賛美した。

5　飛行第三一戦隊

飛行第三一戦隊については『飛行第三十一戦隊誌』（飛三十一友の会）がある。

中国への全面侵略がはじまると、一九三七年七月一五日、浜松の飛行第七連隊から軽爆隊の飛行第五大隊が編成された。

▲…飛行第５大隊「出陣式」（1937年7月19日・浜松）＊15

▲…派兵される93式軽爆（1937年7月19日・浜松飛行場）＊15

この部隊は七月二四日、浜松から天津へと派兵され、七月二九日には天津飛行場近くの大学を爆撃した。八月末には南苑にすすみ、永定河での作戦を支援、一〇月には太原の飛行場や源平鎮・沂口鎮を爆撃した。一一月には太原を拠点に中国軍を攻撃し、一二月下旬には杭州にすすんだ。

一九三八年に入ると、銭塘江右岸、太湖南西、南京付近の軍部隊を攻撃し、三月には臨汾・石家荘・新郷・鄭州・湿県・石楼などを攻撃した。四月には浮山の部隊を攻撃し、五月には帰徳の陣地などを攻撃した。六月末には九七式軽爆へと改変した。

一九三八年八月、飛行第五大隊は飛行第三一戦隊へと改編された。戦隊は南京近くの部隊を攻撃したのち、安慶へすすみ、八月末、軍部隊を攻撃した。

一九三九年一月には華南の肇慶や花県東方の軍陣地を攻撃し、二月には海南島の海口東方飛行場近くにある演豊の陣地を攻撃した。三月には江西省の九江以西の陣地、赤石勘埠などを攻撃した。五月には青塘・矢翁源の司令部、高要の舟艇を爆撃し、五月末には詔関を爆撃した。六月には海南島や潮州での作戦を支援し、龍川南方の部隊を攻撃した。

一九三九年八月には天河から北満の嫩江へと移り、八月末にはハイラルへとすすみ、ノモンハン戦争に投入され、ソ連軍を攻撃し、九月末、嫩江に戻った。

一九四〇年一月には第二中隊を広東に派兵、一月末から桂林や南寧・賓陽の部隊を攻撃した。一〇月はじめにはハノイ・ジャラムへすすみ、一〇月下旬には南苑に戻り、華北の部隊を攻撃した。一二月、隊員が白城子での毒ガス（イペリット）訓練に参加し、被毒した。

▲…広東省肇慶爆撃（1939 年 1 月 14 日）＊ 15

▲…海南島・演豊爆撃（1939 年 2 月 10 日）＊ 15

▲…赤石勘埠爆撃（1939 年 3 月 30 日）＊ 15

一九四一年二月には嫩江東南・五大連池・小興安嶺などの軍を攻撃した。五月には大連・群山での海上航法訓練をおこなった。

マレー攻撃にむけ、一〇月三〇日に嫩江から地上部隊、一一月一五日には航空部隊が南方へ出発し、一二月六日にはインドシナのツーランに結集した。一二月九日にはタイのナコンを確保し、一〇日にはドムアン（バンコク）にすすんだ。タボイ（マレー半島西岸）を爆撃し、その後、ロップリーにすすんだ。

一九四一年一二月末から一九四二年二月初めにかけてラングーンのミンガラドン飛行場への攻撃を繰り返し、二月三日にはラングーン市街を爆撃した。その後、タイのランパン、ビルマのミンガラドン、プローム、マグウエを拠点に、ビルマ各地の飛行場・軍事拠点を攻撃した。

一九四二年七月はじめ、満洲に戻った。軽爆隊は九九式襲撃機隊と九九式双軽爆撃機隊に分離することになり、飛行第三一戦隊は九九式襲撃機への改変のために鉾田に行き、八月末、嫩江に戻った。一〇月には敦化へと移動した。一九四三年九月、襲撃機隊が戦闘機隊へと再編されることになり、一〇月に嫩江に戻り、一一月には白城子に移動して戦闘機隊教育を受けた。一二月には九七式戦闘機、翌年一月には一式戦闘機の補給を受けた。

一九四四年六月、南方への派兵命令を受け、七月末にフィリピンのネグロス島ファブリカ飛行場にすすんだ。地上部隊は船での移動の際、バシー海峡での雷撃によって沈没し、二四〇人中一一六人が死亡した。

一九四四年九月一三日、二機が爆弾を装着しての米艦船への攻撃をおこない、「特攻」攻撃のさきがけとされた。九月中旬にルソン島のクラーク、一〇月はじめには同島のマバラカットに移動した。ここから台湾沖やレイテ艦船攻撃などをおこなった。一一月下旬にファブリカに移り、隼集成戦闘機隊が編成され、「特攻」隊も編成された。一二月には「特攻」機の掩護出動をおこなった。

一九四五年一月六日には戦闘隊全員に「特攻」命令が出された。マバラカットの三一戦隊の残置隊からリンガエン湾艦船への三機の「特攻」機がでた。三月、空中勤務者はボルネオに撤退し、五月、シンガポールで解隊した。

整備員約一三〇人は脱出できず、遊撃第一中隊を編成して現地に残った。戦闘と飢餓のなかで、生存者は三〇人だった。飛行第三一戦隊の死者は三七〇人であるが、そのうちフィリピンでの死者が三三〇人だった。『飛行第三十一戦隊誌』には、「息を引き取った直後の戦友の遺体から、大腿部が切り取られている姿を、山道などでよく見かけた」。「その切断部は鋭利な刃物で切った跡を示している」という「奇妙な噂」が紹介されている（四二四頁）。かれらが極度に飢え、人肉食をおこなう状況へと追い込まれていったことがわかる。住民を殺害することもあった。「言葉の通じないことも手伝って、『問答無用』とばかりに兵は若者を銃剣で刺し殺し、自分は軍刀で老人を斬殺した」（四二六頁）。

中国への全面侵略にともない、浜松から派兵された第五大隊は飛行第三一戦隊となり、中国各地での地上侵攻作戦を支援し、爆撃を繰り返した。さらにノモンハン戦、ビルマ戦へと投入された。その後、満州北部で襲撃機隊とされ、さらに戦闘機隊へと改変されて、フィリピン戦へと投入された。フィリピン戦では「特攻」命令を受けた。残置部隊の生存者はわずかだった。

この部隊の歴史は、侵略戦争での陸軍航空部隊によるアジア爆撃の経過とそのなかで日本軍の兵士の生命が軽視されていた状況を示している。また、その兵士によって他の民族が迫害された歴史を示すものである。

6　飛行第七戦隊・浜松教導飛行師団

飛行第七連隊については飛行第七戦隊史編集委員会『飛行第七戦隊のあゆみ』がある。この戦隊は飛行第十二戦隊、飛行第三一戦隊、飛行第六〇戦隊、飛行第九八戦隊などの母体であったが、一九三八年には飛行第七戦隊となった。一九四一年七月末、関東軍特種演習での動員により浜松から公主嶺に移動し、一九四二年九月にはジャワのカリジャッジへと出発した。一九四三年七月にはニューギニアの東ブーツへとすすみ、攻撃を繰り返した。

一九四四年二月には戦力低下と機種の改変のために浜松に戻った。九月、鹿屋、一〇月、赤江に移動して雷撃訓練をおこない、一一月にはフィリピン東方やタクロバン沖で艦船への雷撃をおこなった。一二月にはサイパン島への攻撃をおこなった。一九四五年三月から六月にかけては沖縄戦に投入された。

爆撃の研究・教育をおこなってきた浜松陸軍飛行学校は一九四四年六月に改編され、浜松教導飛行師団となり、攻撃と教育研究をおこなう部隊となった。浜松教導飛行師団には、司令部・第一教導飛行隊・第三教導飛行隊・研究飛行隊がおかれた。同時期、浜松陸軍飛行学校の毒ガス戦部門は三方原教導飛行団となった。

浜松教導飛行師団が一九四四年九月末に作成した研究企画書「昭和十九年度十月以降研究企画」（一九四四年九月二五日）には附表があり、研究計画が記されている。

附表一の航空総監指示による研究事項では、輸送船団への攻撃、電波警戒網を突破しての攻撃、機上電波兵器を利用する攻撃、海洋哨戒・電波兵器を利用・逆用する捜索、敵航空基地に対するゲリラ戦法、電波兵器を利用しての雲中・雲上からの爆撃といった研究が企画されている。輸送船団攻撃では雷撃・空雷・跳飛弾等による攻撃や夜間攻撃などがあげられている。電波兵器については多摩研究所との協力が記されている。ゲリラ攻撃については、夜間を重視して電波兵器も利用し、攻撃要領（時期・目標・兵力・攻撃部署）を研究するとしている。

附表二の部隊の基礎研究では、高高度精密爆撃、夜間飛行場攻撃要領、爆撃大編隊に対する空中爆撃、キ六七（四式重爆機）による戦闘法、無線方向探知機による航空誘導、自動射撃照準機による射撃法、夜間操縦向上のための計器と照明装備・天測法の実用化、空中勤務者の能率的教育法、重爆隊の戦闘規範の補充などがあげられている。

この研究企画が出された後の一九四四年一〇月末には、浜松教導飛行師団の第一教導飛行隊からフィリピンでの「特攻」隊である富嶽隊、一一月にサイパン基地への攻撃をおこなった第二独立飛行隊が編成された。

浜松教導飛行師団の第三教導飛行隊からは一九四四年一〇月に飛行第一一〇戦隊が編成された。飛行第一一〇戦隊は一二月にサイパン攻撃をおこなった。第二独立飛行隊を吸収して、一九四五年二月には硫黄島、三月には沖縄周辺の艦船を攻撃した。四月には沖縄戦での「特攻」攻撃に組み込まれた。

一九四四年一〇月に鉾田で編成された第三独立飛行隊は、一一月に浜松で重爆撃機に改変され、一九四五年五月には沖縄戦「特攻」隊である義烈空挺隊の輸送隊となった。

このような浜松からの部隊の編成とその後の戦闘経過をみると、この研究企画にある船団や基地への攻撃計画が実戦に移されていったことがわかる。浜松は研究・教育・派兵の拠点であったわけであるが、このような研究とその実行は多くの青年に死を強いることになった。

フィリピンでの「特攻」隊である富嶽隊の四式重を各務原で受領した久保義明は「胴体全体が爆弾になっていた」「これは飛行機というより棺桶だと感じた」と記している（『九七重爆隊空戦記』一九九頁）。

この富嶽隊の飛行隊員のなかに浦田六郎がいた。かれは大阪出身であり、当時平塚で暮らしていたが、一九三九年ころ関東軍の兵として広島を出発し、牡丹江で現地入隊した。一九四三年に所沢の飛行整備学校に入り、一九四四年五月、卒業とともに浜松の飛行隊に配属された。一〇月二六日、浜松から富嶽隊員として出発し、艦隊捜索中にラモン湾東方で「行方不明」になった。一一月七日のことだった。

六郎は満洲で士官候補生を「志願」したが、戸籍謄本を提出したところ、すぐ「志願」を却下され、内地に送還され、「特攻隊」要員になったという。その原因は一番目の兄勝次が大阪・信太山の野砲兵連隊で兵士委員会を組織し、一九三〇年に検挙されたことによるとみられている。勝次は懲役三年の判決をうけて服役した。出所して東京で暮らすが、「精神異常者」として、特高に付き添われて帰阪した。一九四〇年ころ脳病院に隔離され、一九四三年に三五歳で死亡した。

浦田六郎と子どもの頃に暮らした女性は、六郎の性格を非難がましい雰囲気がなく、にこにこしたやさしい性格であり、「わたしをどこまでも受け入れてくれるやさしさ」を持っていたという。かれの性格はかれだけのものでなく家風なのだと思っていたが、六郎の兄勝次の反軍活動とその死、勝次を非難することなく自信を持って暮らしていた家族、やさしかったという親戚や近隣のことを知ってつぎのように記している。

「あれほど私たち一家を愛してくれた浦田さんが、生家の重大な秘密を胸に固く抱いて、にこにこしていたのかと、それが二五歳で死なきゃならないと覚悟した人との姿だったかと思うと、胸がはちきれそうになる」、「戦争は終わったのになぜ彼は生き続けられなかったのか、と思うともう涙が溢れてくる」（梶川涼子「浦田さんのこと」）。

ひとりの人間の死に心を寄せるさまざまな人々があり、多くの戦争死者への思いの数は計り知れない。戦争の歴史をそのような人々の地平から考えたい。戦争国家に抵抗する人間が破滅を強いられてはならない。破滅されるべきは戦争国家である。

7　飛行第六一戦隊・飛行第六二戦隊

飛行第六一戦隊

浜松からは、ここでみてきた部隊以外にも多くの重爆撃隊・軽爆撃隊が編成され、アジア各地に派兵され、戦争末期には「特攻隊」に組み込まれた。飛行第六一戦隊については竹下邦雄編『追悼 陸軍重爆飛行第六十一戦隊』がある。

重爆隊の飛行第六一戦隊は一九三八年八月にチチハルの飛行第十連隊第二大隊から編成された。飛行第十連隊は、一九三五年に浜松からチチハルに派兵された部隊とチチハルの飛行第十大隊とで編成された部隊だった。飛行第六一戦隊はノモンハン戦争に投入され、一九三五年六月にはタムサクブラク（タムスク）やサンベースなどを爆撃した。

一九四一年にはフランス領インドシナへの上陸部隊の空中掩護をおこなった。一九四二年九月にはスマトラのメダンに送られ、一九四三年三月にはジャワのスラバヤにすすんだ。

一九四三年六月には、ティモールのラウテンからオーストラリアのポートダーウィン、飛行場を空爆した。一九四三年八月、浜松で百式重Ⅱ型へと機種を改変した。一〇月にはニューギニア戦線へと投入され、飛行第七戦隊とともに攻撃をおこなうが、一九四四年一月頃までに戦力の大半を失った。そのため飛行第七戦隊から五〇人余りが転属することになった。四月にはワクデからナムレアへと撤退した。残置隊員八七人のうち、六〇人余りが栄養失調や空襲で死亡した。

一九四四年五月、ナムレアから西部ビアクやモロタイなどの基地を攻撃するが、戦力を失い、戦闘不能になった。一〇月、四式重爆撃機へと機種を変え、人員を補充するために浜松に戻った。一九四五年一月末に三一機でシンガポールへと向かい、二月、コンポンクーナンにすすんだ。六月二五日にはスラバヤからパリックパパン沖の艦船へと「特攻」の雷撃攻撃をおこなった。この攻撃隊は「七生神雷隊」とよばれた。死亡した飛行第六一戦隊の隊員は二一人、誘導の海軍機の隊員も三人が死んだ。

海軍機の死者の中に、江藤親思がいた。かれは「未帰還」であったが、戦死公報には「敵艦ニ突入壮烈ナル戦死」とされていた。この伯父の史実を調べた江藤親は、「戦争の記憶を生々しく引きずる人々の悲しみは永遠に記録されなければならない」、「新たな悲しみが生み出されることがないよう努力することがわたしたちの務めだ」と記している（「毎日新聞」一九九九年九月二日付・東京朝刊）。

鹿児島出身の有川国義は所沢からチチハルの飛行第一〇連隊第二大隊（重爆）に配属され、三九年にはノモンハンでの戦争に動員された。機上射手、機上機関として空中勤務もおこない、ハルハ川の戦場、タムサクブラク基地などへの越境攻撃もおこなった。一九四三年に航空士官学校、立川の航空技術学校丙種学生を終了して、原隊の飛行第六一戦隊に送られた。その後、戦隊はジャワのスラバヤ飛行場からニューギニア戦線の東ブーツ飛行場に動員された。有川はそこから浜松教導飛行師団第一教導飛行隊に配属され、富山飛行場に疎開していたときに敗戦を迎えた。当時は「戦死を覚悟して各戦場を飛び回り、幾多の部下と同僚に先立たれ、今尚生きて敗戦を迎うることは、何という恥、何という不運、慙愧に堪えず」、「何とかして有意義な死所を得たい」という心境であり、天皇の命が保証されて、漸く生きる決心をしたと記す（『翼をささえて』二五〇〜二五四頁）。

飛行第六二戦隊

重爆隊の飛行第六二戦隊については『七三部隊回想録』（飛行第六十二戦隊・第六十三飛行場大隊）がある。

飛行第六二戦隊は一九三九年七月に浜松で編成され、一九四〇年一〇月に帯広を拠点とした。一九四一年一一月、各務原で機体を偽装し、浜松での整備・訓練ののち、一一月末、浜松から南方に向けて出発した。

一九四一年一二月八日のマレー・コタバル上陸作戦に加わり、タナメラ飛行場を爆撃した。一二月末から一九四二年二月はじめにかけてラングーン（ミンガラドン）、モールメン、トングーなどを爆撃し、二月中旬、サイゴンで九七式重Ⅱ型に改変、プノンペンで訓練をおこなった。三月中旬にはクラークフィールドにすすみ、四月はじめまでフィリピンで攻撃をおこなった。

一九四二年四月には南京と武昌に分散してすすみ、浙贛作戦に投入された。五月から七月にかけて麗水・玉山・芷江・衢県・龍游・衡陽・桂林の飛行場などを爆撃した。一九四二年八月、帯広にもどり、一九四三年三月にはアッツ島・キスカ島への空輸をおこなうなど北方で活動した。一九四三年一一月、浜松で百式重に改変し、訓練した。

一九四四年一月、浜松から南方へと派兵され、二月、マレーのスンゲイパタニで訓練をおこなった。三月にビルマのマウビへとすすみ、三月から五月にかけてインパール市街への爆撃をおこなうなど、インパール作戦を支援した。三月末のインド北部のレド油田への攻撃では九機中八機が撃墜され、一機は不時着し、七〇人が戦死した。五月、スンゲイパタニへともどり、戦力回復の訓練をおこない、八月、北ボルネオで跳飛攻撃訓練や船団掩護をおこなった。飛行第十二戦隊と雁部隊を編成し、一〇月にはレイテ湾で攻撃をおこない、一一月にはモロタイ島を攻撃した。一九四四年一二月、日本にもどり、一月、福生で四式重に改変した。

一九四五年二月下旬、飛行第六二戦隊は「特攻」部隊に指定され、その際、「特攻」指定に反対した戦隊長は更迭させられた。三月、別府湾で特攻用の跳飛弾攻撃の訓練をおこない、三月に東海沖、四月に沖縄東方、五月には沖縄周辺で「特攻」に動員された。特攻用に四式重がト号機やさくら弾機に改造された。六月には西筑波に移るが、八月の空襲で壊滅的な打撃を受けた。

太刀洗ではさくら弾機放火事件がおき、朝鮮出身の隊員山本辰雄が処刑された。林えいだいはそれが冤罪事件ではないかと指摘する（『重爆特攻さくら弾機』）。

一九三九年に浜松で編成された飛行第六二戦隊は、マレー、ビルマ、フィリピン、インドネシアと転戦し、戦争末期の一九四五年はじめには「特攻」隊に指定されたのである。

第一野戦補充飛行隊

一九四一年一一月末、浜松で第一野戦補充飛行隊が編成され、一二月一五日に南方へと派兵された。この部隊は空中勤務者の補充のための教育部隊であり、偵察・軽爆・重爆・戦闘の科があった（高瀬士郎『第一野戦補充飛行隊』）。

この第一野戦補充飛行隊からも「特攻」をだすことになった。補充飛行隊は一九四四年一〇月に、戦闘機でカーニコバル諸島のイギリス空母を目標に「特攻」をおこなった。一九四五年には実戦部隊とされ、一月末、スマトラ南西洋上でイギリス艦船へと重爆機六機（三四人）で「七生皇楯第二飛行隊」の名の「特攻」をおこなった。七月末には、プケット沖でイギリス艦船に軍偵機で「七生昭道隊」の名の「特攻」をおこなった。

フィリピン戦では先に記した富嶽隊だけでなく、一九四四年一二月、飛行第九五戦隊と飛行第七四戦隊が百式重で、空挺隊員を乗せての着陸やネグロス周辺で「菊水隊」を編成して「特攻」をおこなった。沖縄戦での「義烈隊」の空挺隊員は重爆機で輸送された。飛行第六二戦隊は重爆機で特攻に動員された。

天皇の軍隊は「特攻」という形で戦闘を指揮し、前途ある青年の生を奪った。その責任は重く、終わりはない。そのような戦闘の賛美は人道に反するものである。

戦争の原因と責任への問い

沖松信夫は一九二五年に広島で生まれた。軍事中心の政治と教育のなかで、中学生の時に陸軍士官学校に入り、一九四四年に卒業した。当時は航空兵が不足し、その養成が求められていたため、陸軍航空士官学校に入校した。一九四四年九月からは浜松陸軍飛行学校で重爆撃機の操縦教育を受け、一九四五年三月に卒業した。特攻の希望調査では、皆が志望するという雰囲気だった。

五月、熊谷陸軍飛行学校で編成された特攻隊・二六二振武隊の隊長とされた。特攻機は百式重爆撃機であり、八〇〇kgの爆弾を積み込み、四人乗りで飛行する予定だった。八月一五日に熊谷から健軍に飛行し沖縄方面に出撃するという命令を受けた。しかし、敗戦により、出撃は中止され、生き残ることができた。戦後、大学で学び、武力で近隣国家を圧迫するやり方は間違っていたと認識する機会を得た。その後、教員となり、労働運動を担い、日中友好元軍人の会の活動にも参加した。

沖松は、過去の戦争を正当化する動きが強まっている理由を、多くの人が、なぜ日本がアジア諸国に深刻な損失をもたらす侵略戦争を発動し、最終的に失敗に終わったのかを正確に認識しておらず、その原因を徹底的に追及しようとしていないためとし、そこに問題があると指摘している(「中国網日本語版」二〇一四年七月一〇日、「朝日新聞」二〇一五年七月二二日付・夕など)。このように、特攻隊の要員とされながらも生き残り、日本がおこなった戦争の本質を問い、その歴史を批判的にとらえ、平和と友好の活動をすすめ、戦争の原因とその責任を追及した者が存在する。そこに希望がある。

8 シンガポール・ビルマ爆撃

一九四一年一二月、陸軍の重爆部隊である飛行第十二戦隊、飛行第六〇戦隊、飛行第六二戦隊、飛行第九八戦隊などはマレー攻撃に動員された。戦史叢書や部隊記録から、これらの部隊によるシンガポールやビルマなどへの爆撃についてみてみよう。

マレー・シンガポール爆撃

南方に動員された陸軍の航空部隊は第三飛行集団であり、この集団には第三飛行団、第七飛行団、第一〇飛行団、第

▲…ペナン島の華人追悼碑

一二飛行団、第八三独立飛行隊などが属していた。第三飛行団には飛行第七五戦隊や飛行第九〇戦隊などの軽爆隊、第七飛行団には飛行第十二戦隊、飛行第六〇戦隊、飛行第九八戦隊などの重爆隊、第一〇飛行団には飛行第三一戦隊（軽爆）、飛行第六二戦隊（重爆）などの爆撃隊があった。海軍は第二二航空戦隊（元山航空隊、美幌航空隊）などを動員した。

一九四一年一二月八日のマレー攻撃では、飛行第七五戦隊がタナメラ飛行場を攻撃、戦闘機の飛行第一戦隊、飛行第十一戦隊が

▲…ペナン・ジョージタウン爆撃（飛行第 12 戦隊・1941 年 12 月 11 日）＊ 16

▲…ペナン・ジョージタウン爆撃（飛行第 98 戦隊・1942 年 12 月）＊ 14

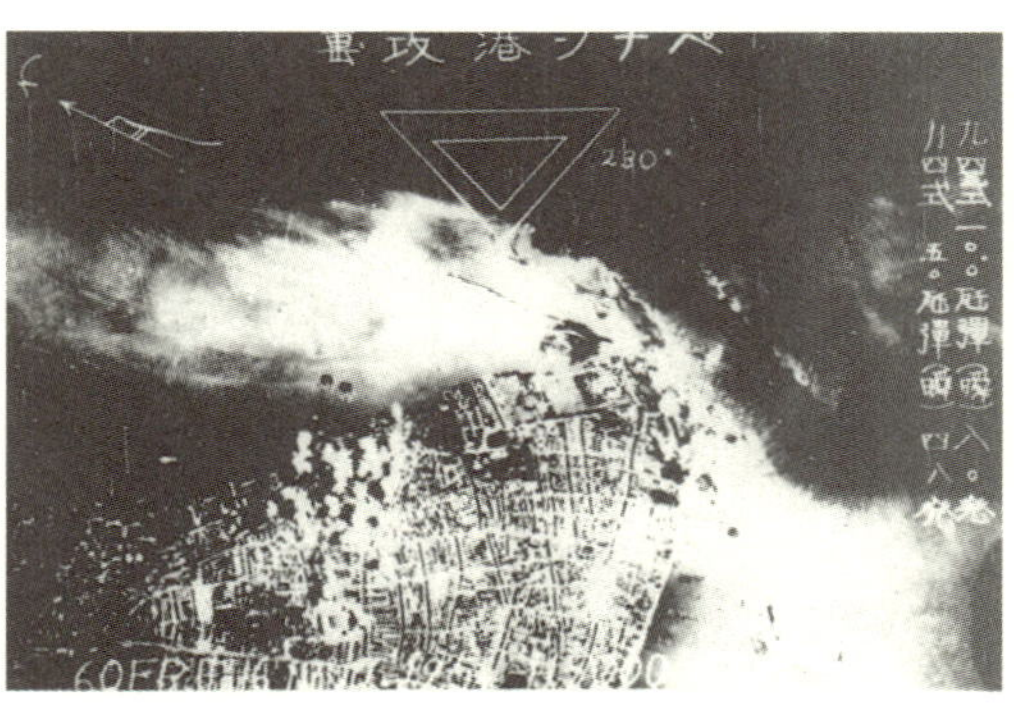
▲…ペナン港爆撃（飛行第 60 戦隊・1941 年 12 月 17 日）、100 kg弾 80 発・50 kg弾 48 発＊ 19

日本軍によるシンガポール爆撃

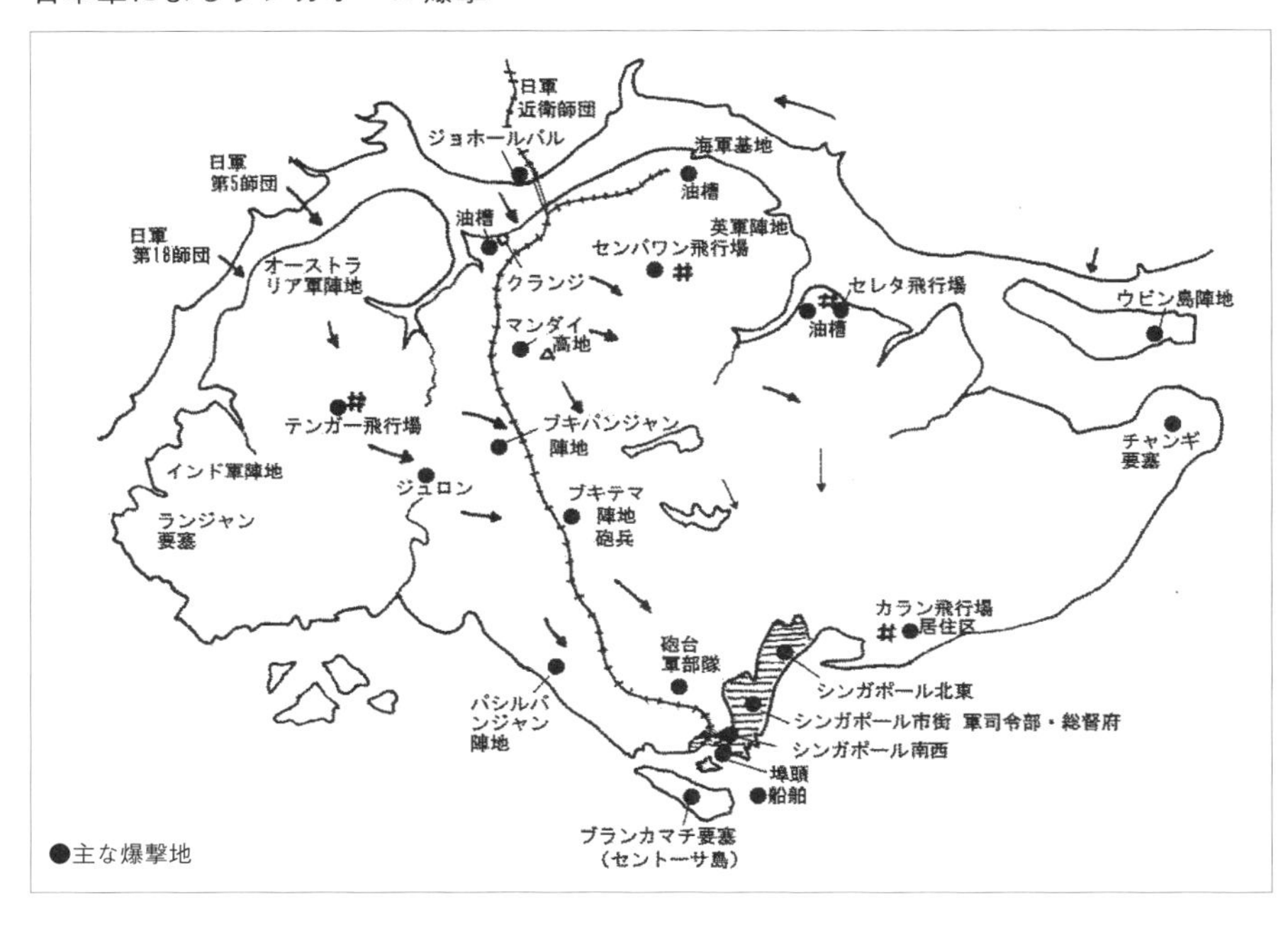

コタバル飛行場を銃撃した。

一二月一一日には飛行第十二戦隊と飛行第六〇戦隊がペナン島を攻撃し、飛行第十二戦隊がジョージタウン、飛行第六〇戦隊が埠頭・輸送船を爆撃した。一二日には飛行第七五戦隊、飛行第九〇戦隊が爆撃を加え、一三日には飛行第九八戦隊がペナン港とジョージタウンを爆撃した。このような攻撃の後の一九日、日本軍はペナン島に上陸した。爆撃隊の三枚の写真からは市街全体が爆撃されたことがわかる。多くの市民が亡くなった。

一二月二三日にはビルマのラングーンへの攻撃がなされ、飛行第六二戦隊と飛行第第三一戦隊がミンガラドン飛行場、飛行第六〇戦隊と第九八戦隊がラングーン市内の総督政庁、郵便局、電信電話局付近を爆撃した。二五日には、飛行第十二戦隊がラングーン市の発電所、飛行第六〇戦隊がミンガラドン飛行場を爆撃した。

ビルマへの爆撃は日本軍機の損失も多く、この時期のビルマ攻撃は二次で中止され、シンガポール方面への攻撃がすすめられた。シンガポールにはセンバワン、カラン、セレター、テンガーの飛行場があった。日本軍はこれらの飛行場やチャンギーやブランカマチ（現セントーサ）などの要塞、陣地、市街地などを爆撃した。

一二月二九日、シンガポールへの爆撃は飛行第七五戦隊による北部の貯油槽群から始まった。三〇日には飛行第九〇戦隊がテンガー飛行場を爆撃した。

一九四二年一月一二日、飛行第六〇戦隊がテンガー飛行場を爆撃した。一三日には重爆隊が下層雲のため、爆撃先を変更し、市街を爆撃した。海軍機は鹿屋航空隊の一部が市街を爆撃した。美幌航空隊はシンガポール南方のセバロック島を爆撃した。一五日、軽爆隊がセンバワンやテンガー飛行場を爆撃し、重爆隊は高度六〇〇〇メートルから市街中枢部とセレター飛行場を「推測爆撃」した。天候不良による推測爆撃は無差別な爆撃である。一月一六日、海軍の元山航空隊が軍港西方地区を爆撃した。

一月一七日、飛行第九八戦隊が市街中央部を、飛行第六〇戦隊が市街上空から英極東司令部、総督府などを爆撃し、軽爆隊が市街、セレター飛行場などを攻撃した。飛行第十二戦隊はスマトラ島のパカンバル飛行場を爆撃した。海軍機はセンバワンやテンガーの飛行場などを攻撃した。

一月一八日、第七飛行団の重爆隊は全力で市街中央部とセレター飛行場を爆撃した。一月一九日、美幌・元山の海軍機がセンバワン飛行場・軍港地区を爆撃した。一月二〇日、飛行第十二戦隊がセレターの組み立て工場、飛行第六〇戦隊がシンガポール北東部地区を爆撃した。二一日にも攻撃がなされた。二三日、飛行第九八戦隊がスマトラのパレンバンを攻撃、飛行第十二戦隊と飛行第六〇戦隊がセレター飛行場を攻撃した。一月三〇日、飛行第六〇戦隊などがシンガポールを夜間爆撃した。

二月一日、飛行第六〇戦隊がセンバワン油槽群を爆撃した。二月二日、飛行第十二戦隊と飛行第六〇戦隊が市街南西部と埠頭付近を爆撃した。二月三日、軽爆機がセレター、クランジの油槽群を爆撃、飛行第六〇戦隊はシンガポール市街、埠頭を爆撃し、飛行第十二戦隊は埠頭や汽船を爆撃した。

二月四日、飛行第七五戦隊がジョホール陸橋西側の燃料庫、飛行第九〇戦隊などが輸送船、飛行第六〇戦隊がシンガポール港東方の船舶群、飛行第十二戦隊がシンガポール北西部の軍部隊と軍施設を爆撃した。飛行第十二戦隊の爆撃は、五〇kg爆弾二〇〇、カ四弾（燃焼弾）七二を投下するという攻撃であり、破壊し、焼くことをねらったものだった。

二月五日、軽爆隊はシンガポール南方の艦船、飛行第六〇戦隊はカラン飛行場を爆撃した。二月六日、飛行第六〇戦隊はカラン飛行場北側、同東側の住宅地、市街中央の軍事施設を爆撃した。二月七日、軽爆隊がウビン島の陣地を攻撃、第十二戦隊がカラン飛行場滑走地区、北西部施設、チャンギー要塞などを爆撃した。二月八日、軽爆隊は渡河正面対岸の陣地などを爆撃、戦闘機は陣地攻撃をおこなった。夜、陸上部隊はシンガポールへの渡河作戦をおこなった。

二月九日、重爆部隊は侵攻する日本軍を支援し、ブキパンジャン付近の陣地、マンダイ高地、ジュロン付近、東部要塞などを爆撃した。この日、のべ一〇五機による七三トンの爆弾が投下された。二月一〇日、日本軍は戦闘司令所をテンガー飛行場北方に置き、ブキテマ陣地への攻撃をすすめた。その攻撃を支援し、第七飛行団（重爆）は五次にわたって陣地、停車場、埠頭などへの爆撃をおこなった。出動機数はのべ九三機、投下爆弾量は五八トンだった。

二月一一日、第七飛行団は埠頭、船舶を攻撃した。出動機数はのべ一一五機、投下爆弾量は七八トンだった。軽爆機はマンダイ、ブキテマ高地の砲兵陣地を攻撃した。二月一二日、重爆隊は一〇次にわたってブランカマチ、チャンギー、パシルバンジャンなどの砲台・要塞を爆撃し、約七〇トンの爆弾を投下した。軽爆隊は脱出する船舶を攻撃した。

二月一三日、飛行第六〇戦隊、第十二戦隊などはシンガポール市近くのエンパイヤドック北西、総督官邸、市南西付近の砲兵陣地、埠頭などを爆撃、六〇トンの爆弾を投下した。二月一四日、重爆隊はシンガポール西方の重砲陣地、埠頭付近を爆撃した。海軍部隊は主に艦船を攻撃した。一四日には後方からの支援を絶つことをねらい、スマトラ島のパレンバンへの空挺作戦がなされた。二月一五日、重爆隊はブランカマチ要塞を爆撃し、一〇次にわたり、のべ一〇八機、八五トンの爆弾を投下した。同日夜、シンガポールのイギリス軍は降伏した。

二月上旬からの出撃機数はのべ一〇一八機、投下総爆弾量は七七三トンに及んだ。

飛行第十二戦隊については写真帳や部隊記録から月日ごとの爆撃先や爆弾投下数などを知ることができる。このような爆撃によって多くの市民や兵士が生命を失った。マレー、シンガポールの華人については殉難者名簿があり、そこから爆撃による死亡者名簿を作成することができる。シンガポールのクランジにある兵士の墓地の碑をみると、無名の死者も多い。イギリスの支配により、植民地インドから動員された兵も多かった。追悼碑にはインド軍輸送隊やグルカ兵（ネパール傭兵）として動員され、シンガポールでの戦闘で生命を失った人びとの名前もある。そのような死者の地平から戦争による爆撃をとらえなおしたい。

表3-1 シンガポール・マレーの空爆死者

	氏名	性別	年齢	出身地	死亡年	月日	死亡地等
1	郭錫土	男	52		1941	11・(12 ?)	
2	張壽民	男	35		1941	11・(12 ?)	ペナン
3	黄才進	男			1941	12・	
4	黄世昌	男			1941	12・	
5	謝廣正	男	48		1941	12・	
6	謝深弟		50		1941	12・	
7	荘再成	男			1941	12・	
8	張建功	男	40		1941	12・	シンガポール
9	鄧亜衛	男	48	茶陽	1941	12・	シンガポール
10	鄧衛先	男	47		1941	12・	シンガポール
11	何有全	男	43	茶陽	1941	12・	ペナン
12	姚桂蘭	女			1941	12・	
13	余玉林		36		1941	12・	
14	龍鵬成	男			1941	12・	
15	林進權	男	35	茶陽	1941	12・	ペナン
16	何金鳳	女	15		1941	12・5ママ	
17	黄亜乙	男	41		1941	12・8	
18	許佃妹	女	46		1941	12・8	
19	洪亜尋	男	39		1941	12・8	
20	洪永隆	男	62		1941	12・8	
21	謝亜清	男	17		1941	12・8	
22	謝坤福	男	13		1941	12・8	
23	謝文先	男	53		1941	12・8	
24	莫國煥	男	48		1941	12・8	
25	葉錦秀	女			1941	12・8	
26	藍金記	男	39		1941	12・8	◎
27	劉戴		46		1941	12・8	
28	林玉玉		22		1941	12・8	
29	連裕水	男	18		1941	12・8	
30	呂栄隆	男	22		1941	12・8	
31	呂含笑		18		1941	12・8	
32	呉錦選	男	16	南安	1941	12・11	
33	呉山景	男	30	南安	1941	12・11	
34	陳六謙	男	18	同安	1941	12・11	ペナン
35	徐亜咪	男	21		1941	12・12	
36	徐深鎮	男	23		1941	12・12	
37	徐珠若	男	61		1941	12・12	
38	楊金華	男	23	南安	1941	12・12	
39	李國成	男	19		1941	12・12	
40	李春田	男	48		1941	12・12	◎
41	林亜鉄	男	27		1941	12・12	
42	荘迫景	男	24		1941	12・13	
43	許恵炎	男	17		1941	12・14	
44	唐啟瑞	男	28		1941	12・14	
45	黄守仁	男	40		1941	12・18	
46	符愛芳	女	8		1941	12・18	
47	符愛蓮	女	40		1941	12・18	

48	張阿華	男	49		1941	12・19	
49	陳猪弟	男	35		1941	12・20	◎
50	陳端春	男	33		1941	12・20	◎
51	符仁吾	男	43		1941	12・21	
52	盧修弼	男	58		1941	12・21	
53	袁巣	男	44		1941	12・23	
54	蘇文直		27		1941	12・23	
55	黄羅羅	男	22		1941	12・24	
56	劉烏河	男	51		1941	12・24	
57	梁原豊	男	32		1941	12・24	
58	梁江	男	35		1941	12・24	
59	梁両全	男	20		1941	12・24	
60	林江水	男	19		1941	12・24	◎
61	黎家楽	男	46		1941	12・24	
62	易亜為		19		1941	12・25	
63	易亜花	女	17		1941	12・25	
64	易列虎	男	24		1941	12・25	
65	易列發	男	21		1941	12・25	
66	陳秋送	男	52		1941	12・25	
67	汪興偉		27		1941	12・26	
68	呉媽温	男	59		1941	12・26	◎
69	甄偉驍	男	10		1941	12・27	
70	甄偉駒	男	18		1941	12・27	
71	甄燦	男	25		1941	12・27	
72	甄麗華	女	14		1941	12・27	
73	呉乾三	男	35		1941	12・27	
74	呉群娣		52		1941	12・27	
75	呉坤洲	男	9		1941	12・27	
76	呉坤昌	男	8		1941	12・27	
77	呉春林	男	27		1941	12・27	
78	呉世隆	男	45		1941	12・27	
79	何堪	男	60		1941	12・27	
80	何林	男	50		1941	12・27	
81	林東昌	男	43		1941	12・27	
82	紀卿華	男	13		1941	12・28	
83	陳宗祥	男	25		1941	12・28	◎
84	鄭玉英	女	23		1941	12・28	
85	鄧頌三	男	63		1941	12・28	◎
86	林鴻琉	男	54		1941	12・28	◎
87	梅狄賢	男	22		1941	12・29	
88	王兆美				1941	12・29	◎
89	黄親娘	女	59		1941	12・29	
90	黄欽	男	22		1941	12・29	
91	蔡梅音	女	46		1941	12・29	
92	張天宗	男	38		1941	12・29	
93	陳葉	男			1941	12・29	
94	葉當娘	女	31		1941	12・29	
95	李妙嫻	女	5		1941	12・29	
96	李森標		13		1941	12・29	
97	李蘭馨		13		1941	12・29	

98	林奏	男	60		1941	12・29	
99	林和興	男	31		1941	12・29	
100	黄細永	男	68		1941	12・30	
101	陳平秋	男	45		1941	12・30	◎
102	黄玉燕	女	30		1941	12・31	
103	黄徳成	男	24		1941	12・31	
104	張金標	男	35		1941	12・31	
105	張華厦	男	1		1941	12・31	
106	張華山	男	3		1941	12・31	
107	黄才源	男			1941		
108	唐輝池	男			1941		
109	楊開招	男	43		1942	1・	シンガポール
110	楊群	男	30	茶陽	1942	1・	シンガポール
111	李訪英	男	26	茶陽	1942	1・	
112	黄合	男	44		1942	1・1	
113	江河英				1942	1・1	
114	呉嘉種	男	6		1942	1・1	
115	廖亜五	男	18		1942	1・1	
116	李隆	男	32		1942	1・1	
117	盧修林	男	30		1942	1・1	
118	王徳甫				1942	1・5	
119	陳俊徳	男	25	晋江	1942	1・6	センガラン
120	鄭廷濤	男	23		1942	1・10	
121	蘇順文	男	46		1942	1・12	
122	張麗卿		24		1942	1・12	
123	蘇惜芳	女	35	潮安	1942	1・13	シンガポール
124	王新益		47		1942	1・14	
125	呉運島	男	45		1942	1・14	
126	雷錦進	男	66	南安	1942	1・15	バトゥーパハト
127	黄乃淵	男	48	金門	1942	1・15	バトゥーパハト
128	蘇啓煥	男	20	瓊洲	1942	1・15	バトゥーパハト
129	陳木	男	36	晋江	1942	1・15	センガラン
130	鄧少年	男	24	潮安	1942	1・15	バトゥーパハト
131	何亜汝	男	26		1942	1・15	
132	鄧亜俊	男	19		1942	1・16	
133	鄧亜富	男	52		1942	1・16	
134	鄧亜萬	男	20		1942	1・16	
135	鄧馮化	男	25		1942	1・16	
136	鄧麥氏	女	12		1942	1・16	
137	鄧炳姫	男	18		1942	1・16	
138	余桂和	男	45	永春	1942	1・17	ムアル
139	余志成	男	22	永春	1942	1・17	ムアル
140	李坤	女	43	永春	1942	1・17	ムアル
141	郭朱狗	男	29		1942	1・18	
142	郭玉英	女	14		1942	1・18	
143	林福娘	女	11		1942	1・18	
144	張宣賢	男	28		1942	1・20	
145	曽俊通	男	36		1942	1・21	
146	張雲渓		22		1942	1・21	
147	劉秋興	男	33		1942	1・21	

148	謝掌兆	男	50		1942	1・24	
149	余亜洪		26		1942	1・24	
150	余徳				1942	1・24	
151	洪成	男	40		1942	1・25	◎
152	胡挺梨	男	28		1942	1・25	
153	楊文栄	男	25	莆田	1942	1・25	バトゥーパハト
154	陳亜庚	男	40		1942	1・26	
155	陳岳雲	男	27		1942	1・27	
156	蔡英敏	男	5		1942	1・28	
157	林植春	男	14		1942	1・28	
158	黄衍蕃	男	64	茶陽	1942	2・	シンガポール
159	洪又	女	9	南安	1942	2・	シンガポール
160	周永盛	男	38		1942	2・	
161	張寶成	男	24		1942	2・	
162	陳士滂	男	27	茶陽	1942	2・	シンガポール
163	鄧怡先	男	31	茶陽	1942	2・	シンガポール
164	何軽雲	男			1942	2・	
165	楊金男	男			1942	2・	
166	楊勤	男		茶陽	1942	2・2	シンガポール
167	藍黄亜		35		1942	2・	シンガポール
168	林王子	男	35		1942	2・	
169	李炳墀	男	50		1942	2・4	
170	王發		43		1942	2・6	
171	翁楽松	男	43		1942	2・6	
172	蔡青來	男	42		1942	2・6	
173	蔡亜鵬	男	15		1942	2・6	
174	蔡亜蓮	女	13		1942	2・6	
175	蔡海示	男	45		1942	2・6	
176	林華廷	男	23		1942	2・7	
177	徐定拓	男	27		1942	2・8	
178	古鳳珍		8		1942	2・8	
179	黄亜新	女	5		1942	2・10	
180	陳文英	男	30		1942	2・10	
181	袁釗仔	男	9		1942	2・11	
182	馮朝仁	男	21		1942	2・11	
183	張好	女	45		1942	2・11	
184	陳恵興	男	20		1942	2・11	
185	何月娟		20		1942	2・11	
186	黎偉強	男	17		1942	2・11	
187	黎朗生	男	60		1942	2・11	
188	黄金星	男	18		1942	2・12	
189	蔡豊目	男	41		1942	2・12	
190	陳金娘	女	56		1942	2・12	
191	黄淵源	男	24		1942	2・13	
192	洪鄋	男	57	南安	1942	2・13	シンガポール
193	蔡綉琴	女	10	安渓	1942	2・13	シンガポール
194	蔡綉珍	女	8	安渓	1942	2・13	シンガポール
195	朱子煌		48		1942	2・13	
196	朱秀蓮		24		1942	2・13	
197	何治民	男	18		1942	2・13	

198	楊壬地	男			1942	2・13	
199	厳救海	男	18		1942	2・14	
200	王殿娘	女	18		1942	2・14	
201	黄亜谷	男	18		1942	2・14	
202	黄亜欽	男	16		1942	2・14	
203	呉玉菜		24		1942	2・14	
204	蔡牛乳猪	男	3	安渓	1942	2・14	シンガポール
205	蔡來蚵	男	6	安渓	1942	2・14	シンガポール
206	謝振球	男	20		1942	2・14	
207	朱仲偉		39		1942	2・14	
208	蕭永耀	男			1942	2・14	
209	高莱	女	64	安渓	1942	2・14	シンガポール
210	陳拿	男	29		1942	2・14	
211	陳孟對	男	38		1942	2・14	
212	鄭宗木	男	3		1942	2・14	
213	鄭則英		58		1942	2・14	
214	何君爵	男	36		1942	2・14	
215	孫亜玉	女	12		1942	2・14	
216	孫傳明	男	14		1942	2・14	
217	孫福林	男	33		1942	2・14	
218	廖錐英	女	15		1942	2・14	シンガポール
219	林永吉	男	33		1942	2・14	
220	林金民	男	3	莆田	1942	2・14	シンガポール
221	朱金筆		40		1942	2・15	
222	陳添隆	男	18		1942	2・15	
223	何岡友	男	40		1942	2・15	
224	岑運喜		68		1942	2・15	
225	李亜發	男	8	南安	1942	2・15	シンガポール
226	林烏連	男	50		1942	2・15	
227	林俊好	男	45		1942	2・15	
228	林瑞水	男	52		1942	2・15	
229	陳嬌娥	女	20		1942	2・16	
230	張林盛	男	32		1942	2・18	シンガポール
231	郭集練	男	61		1942	2・22	
232	鄭漢強	男	32		1942	2・22	
233	龍鵬深	男			1942	2・22	
234	韋海徳	男	23		1942	2・23	
235	許陽提	男	25		1942	2・24	
236	許恭號	男	31		1942	2・24	
237	陳潮昌	男	24	潮安	1942	2・25	ジョホール
238	張進宏	男	47		1942	2・28	
239	馮克川	男	38		1942	3・13	
240	陳貞錫	男	45		1942	11・26ママ	
241	王業覃	男	28		1942		
242	鐘子明	男	55	茶陽	1942		バトゥーパハト
243	韓美英				1942		
244	許意雲				1942		
245	蔡奇炎	男	50	潮安	1942		ムアル
246	蔡其桂	男			1942		
247	謝業従	男			1942		

248	朱福昭				1942		
249	饒晋中	男	24	大埔	1942		シンガポール
250	錢開源	男			1942		
251	馮爾萬	男	32		1942		
252	張洪撥	男	10		1942		
253	陳明月	女			1942		
254	符慶軒	男			1942		
255	符儒高	男			1942		
256	符昌簡	男			1942		
257	符昌昕	男			1942		
258	李庚燦	男			1942		
259	李庚全	男			1942		ペナン
260	李福	男	43	台湾	1942		シンガポール
261	李松茂	男	23	大埔	1942		シンガポール
262	符儒謨	男	25		1945	9・ママ	
263	王金土						
264	王章和		15				
265	王水淺						
266	王添壽	男					
267	王維實						
268	丘娘集	男	38	茶陽			シンガポール
269	郭祥宗	男	50				
270	郭文藻	男	50				
271	郭星洲	男	13				
272	郭翠娥	女	30				
273	鐘智南	男	44				
274	江心		34				
275	高玉娘	女					
276	呉嫣禄	男					
277	周蔭庭						
278	周成林	男					
279	薛氏花						
280	曽南生	男	16				
281	馮輝光	男					
282	馮啓山	男					
283	馮淑茂	男	44				
284	張亜団	男					
285	張醴初	男	36				
286	張女女	女					
287	張哈哈	男					
288	張釗	男	45				
289	張清炎	男	43				
290	張玉蘭	男	35				
291	趙徳栄	男	25				
292	陳玉愛	女	61				
293	陳燕初	男					
294	陳明芳	女					
295	陳養金	男					
296	鄭亜坤	男					
297	鄭香痕		33				

298	鄧漢	男	45				
299	董仁物	男					
300	何湧源	男	36	茶陽			
301	莫泰森	男					
302	羅栄昌	男	16				
303	陸建喜	男					
304	李徳智		28				
305	劉金吉	男					
306	劉陳氏	女					
307	劉綿濤	男					
308	林亜當	男	45				
309	林鴻年	男					
310	林良海	男	32				

註　許雲樵編「馬来亜華僑殉難名簿」（許雲樵・蔡史君編『新馬華人抗日史料 1939 － 1945』所収）から作成。殉難名簿から爆死者を抽出。空欄は未記載。

◎は、殉難名簿では 1942 年とされるが、1941 年に訂正して掲載したことを示す。この表は爆死者の一部を示すものである。爆死年月日が不明なものも 1941 年 12 月から 1942 年 2 月の間の死亡者とみられる。

表 3 - 2　第 7 飛行団重爆撃隊のシンガポール爆撃（1942.2.7 ～ 2.15）

年月日	出撃戦隊名	爆撃回数	のべ機数	爆弾・トン	攻撃目標	備考
1942.2.7	第 12 戦隊	2	45	約 30	カラン・チャンギ要塞	日軍の渡河陽動
1942.2.8	第 12・60 戦隊	5	102	約 70	パンジャン・マンダイ付近陣地・チャンギ要塞	渡河支援
1942.2.9	第 12・60 戦隊	5	105	73	パンジャン・マンダイ・ジュロン付近陣地・チャンギ要塞	
1942.2.10	第 12・98 戦隊	5	93	58	マンダイ～パンジャン間陣地部隊・シンガポール埠頭	日軍戦闘指揮所テンガーへ
1942.2.11	第 12・98 戦隊	7	115	78	各砲兵陣地・埠頭・船舶	英軍に降伏勧告文投下
1942.2.12	第 98 戦隊	6	105	70	ブランカマチ要塞	
	第 12 戦隊	4			パシルパンジャン・チャンギ要塞	
1942.2.13	第 12・60 戦隊	6	94	60	エンパイヤドック北西施設・総督官邸・市街南西砲兵陣地・シンガポール埠頭・船舶	
1942.2.14	第 12・60 戦隊	7	110	約 75	市街西方重砲兵陣地・ブランカマチ要塞・埠頭・船舶	
1942.2.15	第 12・60 戦隊	10	108	85	ブランカマチ要塞・市街西方重砲兵陣地・船舶	英軍降伏により 22 時停戦

註　『飛行第 15 戦（聯）隊史』263 頁の表から作成、他の資料で補足。他の部隊を含め、2 月上旬からの投下と爆弾量は 773 トンとされているから、1 月からの投下爆弾量は 1000 トンほどとみられる。東京大空襲（1945.3.10）での米軍の投下爆弾量は 1700 トンほどという。

表3-3　飛行第12戦隊・シンガポール爆撃

年月日	爆撃地	爆撃対象	高度(m)	爆弾(kg)	数
1941.12.8	スンゲイパタニ（マレー）	北飛行場	3500	50 カ四	110 72
12.11	ジョージタウン（ペナン）	市街	5000	100 カ四	119 44
12.13	メルギー（ビルマ）		5000		
12.18	ジョージタウン	市街	4300	100	113
12.25	ラングーン（ビルマ）	市街・発電所			
1942.1.5	シンガポール	夜間			
1.6	シンガポール	夜間			
1.12	シンガポール				
1.15	バトパハ（マレー）	市街	5500	50 カ四	93 10
1.15	シンガポール	ヌ地区（市街）			
1.17	パカンバル（スマトラ）	飛行場	1500	100 50	48 156
1.18	シンガポール	ロ地区（市街）			
1.20	シンガポール	セレター飛行場組立工場			
1.21	シンガポール	テンガー飛行場			
1.23	シンガポール	セレター飛行場	7000	100	144
1.25	シンガポール	コタティンギ付近司令部（雲上）			
1.27	シンガポール	カラン飛行場	7000	100 50	54 188
1.30	シンガポール	市街	7000	100 カ四	135 36
1.30	シンガポール	セレター飛行場	7000	100 50	70 202
2.2	シンガポール	埠頭	7100	100	108
2.3	シンガポール	埠頭	7200	250 100	6 121
2.3	シンガポール	船団	7200	250 100	2 61
2.4	シンガポール	リ地区（市北西部）	7100	50 カ四	216 72
2.7	シンガポール	カラン飛行場	7000	250 100	20 96
2.7	シンガポール	チャンギ要塞	7100	100 50	40 208
2.8	シンガポール	た地区陣地	7000	250 100	22 82
2.8	シンガポール	マンダイ付近陣地	7000	250 100 50	8 29 240
2.9	シンガポール	マンダイ、テンガー、東陣地			
2.11	シンガポール	船舶	7000	250 100	8 30
2.11	シンガポール	埠頭	7000	250 100	16 67

2.11	シンガポール	船舶	7000	250 100 50	3 32 59
2.11	シンガポール	船舶	5000	250 100 50	3 22 63
2.12	シンガポール	チャンギ要塞	7000	250 100	12 34
2.12	シンガポール	チャンギ要塞	6000	250 100	16 50
2.12	シンガポール	チャンギ要塞	7000	250 100 50	9 14 42
2.12	シンガポール	ぬ地区砲兵陣地	7000	250 100 50	6 21 42
2.13	シンガポール	エンパイヤドック北西高射砲兵陣地	7000	250 100 50	9 15 64
2.13	シンガポール	エンパイヤドック北西高射砲兵陣地	7000	250 100	16 8
2.13	シンガポール	エンパイヤドック北西高射砲兵陣地	7000	250 100	13 7
2.13	シンガポール	ろ地区砲兵陣地（市南西）	7200	250 100 50	9 16 64
2.14	シンガポール	い地区砲兵陣地（市西方）	7300	50	123
2.14	シンガポール	エンパイヤドック北西高射砲兵陣地	7000	250 100	16 7
2.15	シンガポール	ブランカマチ島要塞	6000	250 50	1 121
2.15	シンガポール	ブランカマチ島要塞	7000	500 250 100	3 12 9
2.15	シンガポール	ブランカマチ島要塞	7000	500 250 100	3 10 8
2.15	シンガポール	埠頭付近高射砲陣地	7000	250	24
2.15	シンガポール	い地区高射砲陣地	7000	100 50	7 125

註 『飛行第十二戦隊写真帳』其の1、新阜洲賀夫編『無題の便り』16号所収表、同33号所収年表などから作成。開戦初期のスマトラ、ビルマ、ペナンへの攻撃を含む。飛行第12戦隊による投下爆弾数は4000発を超える。空欄は不明。

▲…シンガポール市街爆撃（飛行第12戦隊・1942年1月30日）＊16

▲…ジョホールバル爆撃（飛行第98戦隊・1942年1月29日）＊14

▲…シンガポール埠頭爆撃（飛行第12戦隊・1942年2月3日）＊16

▲…シンガポール・カラン飛行場爆撃（飛行第12戦隊・1942年1月27日）＊16

▲…シンガポール「リ」地区爆撃（飛行第12戦隊・1942年2月4日）＊16

▲…シンガポール・セレター飛行場爆撃（飛行第12戦隊・1942年1月31日）＊16

▲…シンガポール・チャンギ要塞爆撃（飛行第12戦隊・1942年2月12日）＊16

▲…シンガポール爆撃（飛行第60戦隊・1942年2月4日）＊19

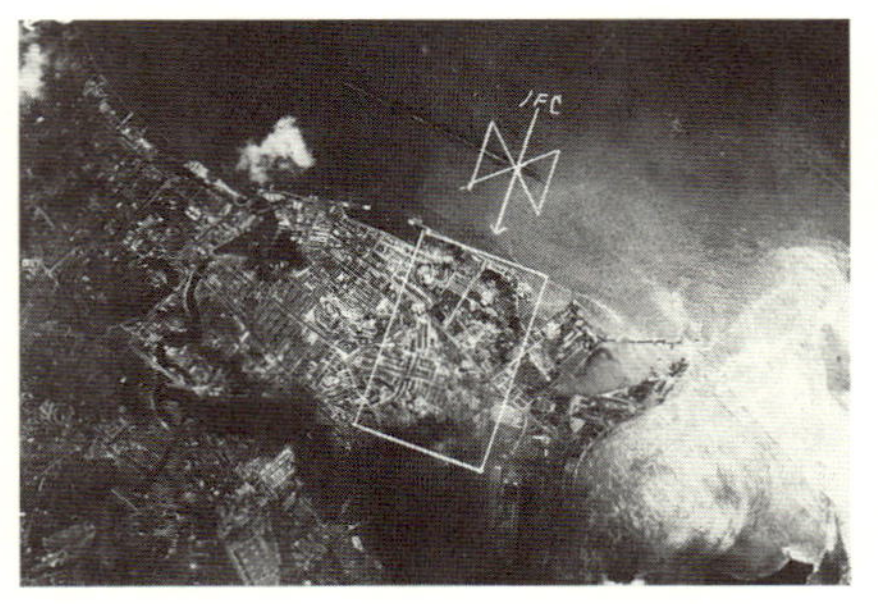

▲…シンガポール埠頭付近陣地攻撃（飛行第12戦隊・1942年2月15日）＊16

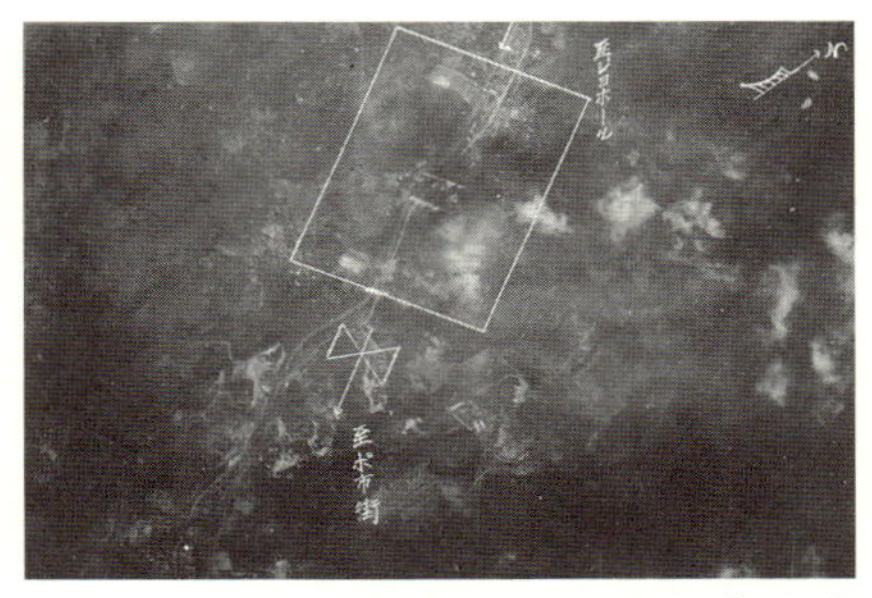

▲…シンガポール「た」地区陣地爆撃（飛行第12戦隊・1942年2月8日）＊16

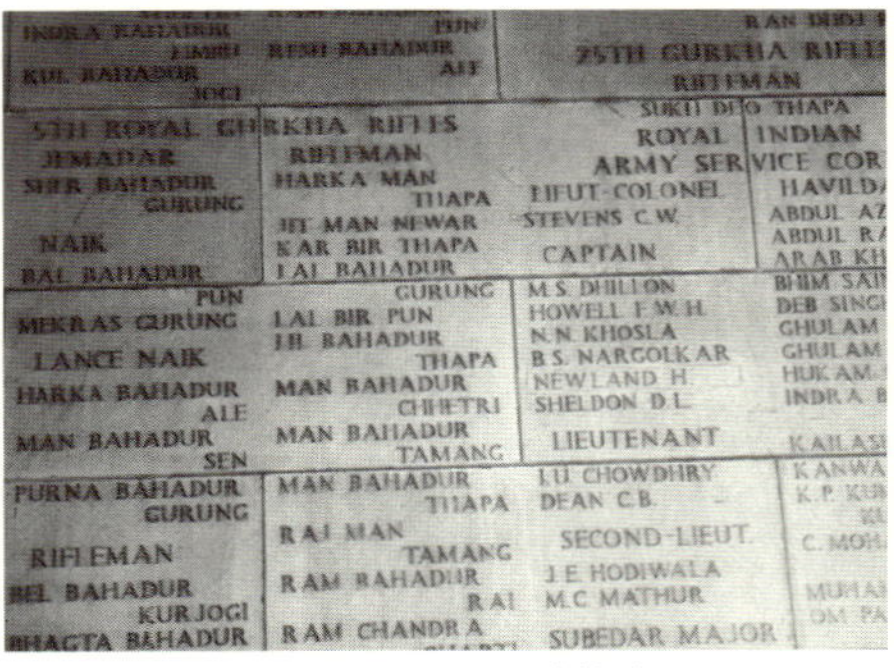

▲…シンガポール・クランジの追悼碑、インドやネパール（グルカ）の出身者の名前

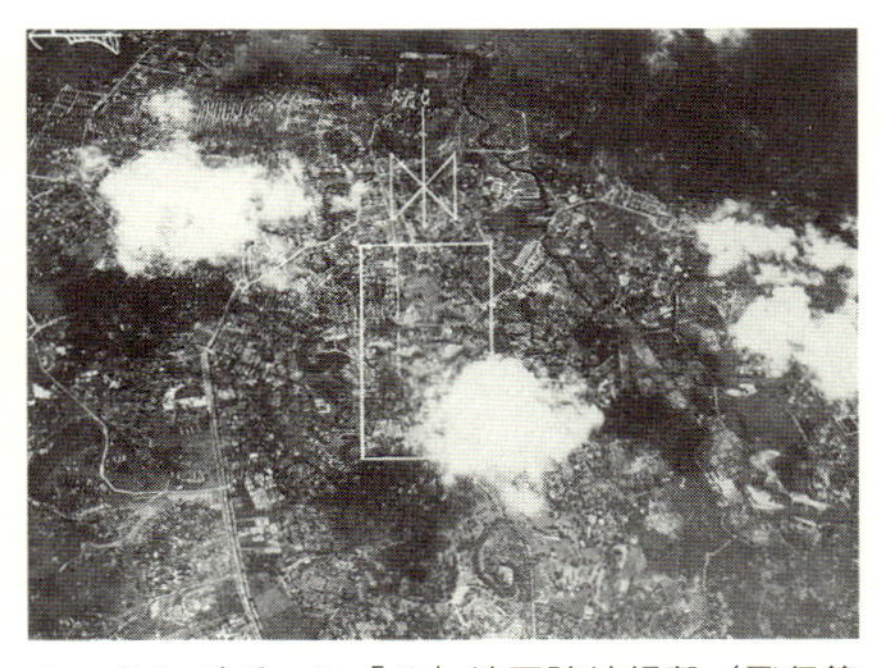

▲…シンガポール「ろ」地区陣地爆撃（飛行第12戦隊・1942年2月13日）＊16

ビルマ爆撃

日本軍によるビルマのラングーンへの爆撃はマレー上陸直後からおこなわれた。日本軍は一月末にはビルマ南部のモールメンを占領した。陸軍の航空隊は一九四二年二月三日から七日まで爆撃機や戦闘機によるラングーンやトングーへの攻撃をおこなった。

日本軍はシンガポール占領後、ビルマ南部への侵攻作戦をすすめた。二月後半には航空隊がラングーン北方のピンマナ駅、マンダレー市街中央の兵営、モパリン、バセイン飛行場、バセイン倉庫群・埠頭、メイミョー北西倉庫群、トングー駅、トングー飛行場、サジ駅、ミンガラドン飛行場、レグー飛行場、ペグー駅などを攻撃した。このような航空機による支援のもとで、三月八日、日本軍はラングーンを占領した。

さらに日本はビルマの中部へと侵攻、陸軍の航空隊はそれを援護し、三月二一日、二二日にはマグエ飛行場、二三日にはアキャブ飛行場を爆撃した。さらに、三月二八日にヘホとロイレムの飛行場、四月一日にラシオとローウィンの飛行場や施設、四月二日にサジ市街、四月三日にマンダレーなどを爆撃した。五月初めには、日本軍はビルマ中部のラシオ、マンダレー、マニワなどを占領した。五月八日には北部の拠点ミートキーナ（ミッチーナ）を占領した。

ビルマ中・北部の拠点の占領のなかで、陸軍の航空隊は五月四日・五日と中国雲南省の保山を爆撃した。さらに、インドへの爆撃をおこない、五月八・九日にチッタゴン、五月一〇日にインパールなどを爆撃した。

『飛行第十二戦隊写真帳』（其の一、其の二）には三〇枚を超えるシンガポールへの爆撃写真やビルマ・インドへの爆撃写真が収録されている。写真には市街地への無差別爆撃を示すものもある。

以上、浜松から派兵された爆撃隊を中心に、アジア各地での空爆の経過をみてきた。この空爆によって多くの民衆が死を強いられた。爆弾の下には人間がいるのであり、爆撃は多くの悲しみを生んだ。また、天皇制の下で軍隊に組織され、自己の生命を尊重しない思考で規律された軍人たちは、戦争末期には雷撃隊・跳飛弾攻撃隊・「特攻」隊などに組み込まれ、多くの将兵が生命を失った。

表3-4　飛行第12戦隊のビルマ・インド爆撃（1942年）

月日	爆撃地	爆撃対象	高度(m)	爆弾(kg)	数
3.21	マグウエ	飛行場	6100	50	367
3.22	マグウエ	飛行場	6100	100 50	61 246
3.24	アキャブ	飛行場	6500	50	317
3.28	ハンパカアエン	飛行場	2500	250 100	6 41
3.28	ヘホ	飛行場	5000	250 100	27 112
3.29	ロイレン	北飛行場	4000	250 100	27 124
3.31	ラシオ	貨物駅付近	5800	500 250 100	3 15 124
4.2	サジ	市街・停車場	5500	500 250 100	3 18 130
4.3	マンダレー	市街・停車場	5400	500 250 100	3 18 122
4.8	メイミョウ	市街	6000	500 50	9 272
4.9	マワクマイ	市街	4700	500 250 100 50	3 18 119 14
4.10	タウンギー	市街	5500	500 250 100	3 18 132
4.13	ケンタン	市街	3000	500 250 100	3 18 264
4.26	シバウ	市街	6000	100 50	28 70
4.26	ゴックテーク	市街	3500	100 50	28 69
4.27	シェウエボ	市街	5000	100 50	76 196
4.28	ロウイン	東飛行場	4700	100 50	91 195
4.29	シェウエボ	市街	4400	100 50	83 193
5.1	キヌ	市街	4800	250 100	27 125
5.2	ティング	市街	3400	100 50	21 69
5.2	キャクテイン	停車場	4000	100 50	28 70
5.3	アキャブ	市街	5300	250 100	27 123
5.4	保山	市街	―	100	188
5.5	保山	市街	5200	250 100	9 63
5.6	カーサ	市街	5000	250 100	3 70
5.8	チッタゴン	飛行場	6000	100 50	56 122
5.9	チッタゴン	飛行場	5000	100 50	63 125
5.10	インパール	市街	5500	100	162
5.16	インパール	市街	―	100 50	63 91

註　『飛行第十二戦隊写真帳』其の2　1941～42年、新阜洲賀夫編『無題の便り』16号1963年収集の表、同33号1993年所収年表などから作成。空欄は不明。5000発以上の爆弾が投下された。

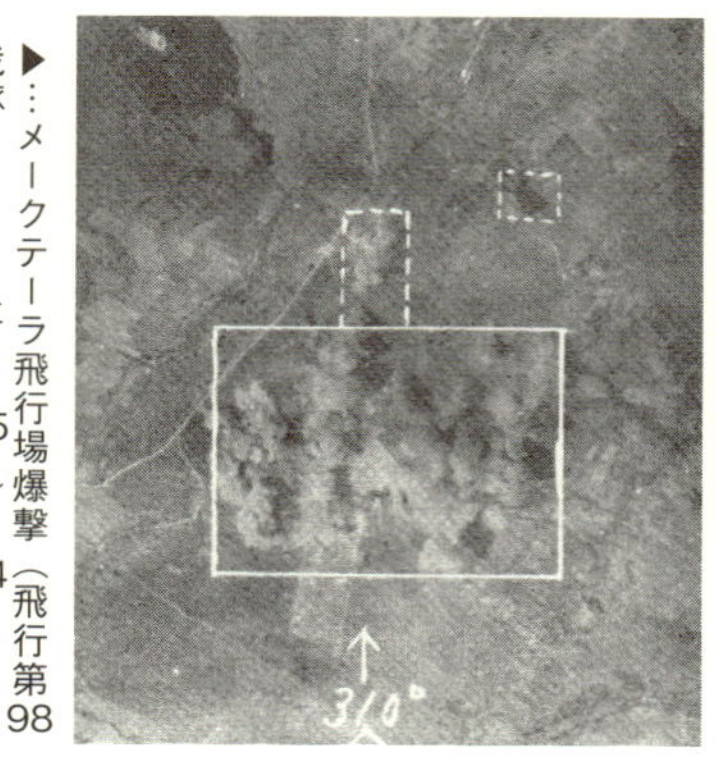

▶…メークテーラ飛行場爆撃（飛行第98戦隊・1942年2月25日）＊14

▲…ラングーン爆撃＊24

飛行第12戦隊のビルマ爆撃

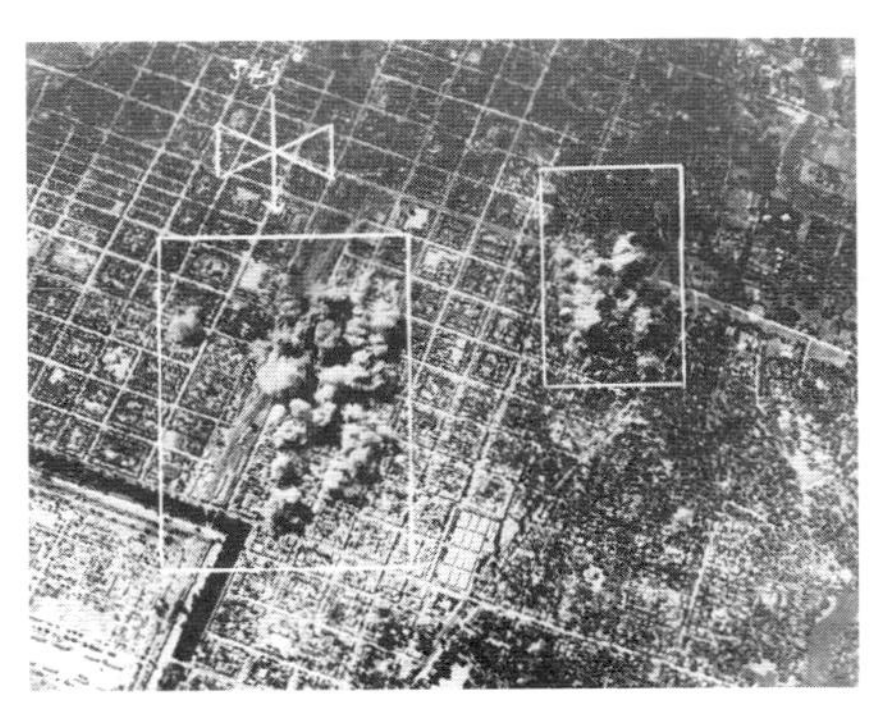

▲…マンダレー市街爆撃（飛行第12戦隊・1942年4月3日）＊17

▲…サジ爆撃（飛行第12戦隊・1942年4月2日）＊17

▲…ケンタン爆撃（飛行第12戦隊・1942年4月13日）＊17

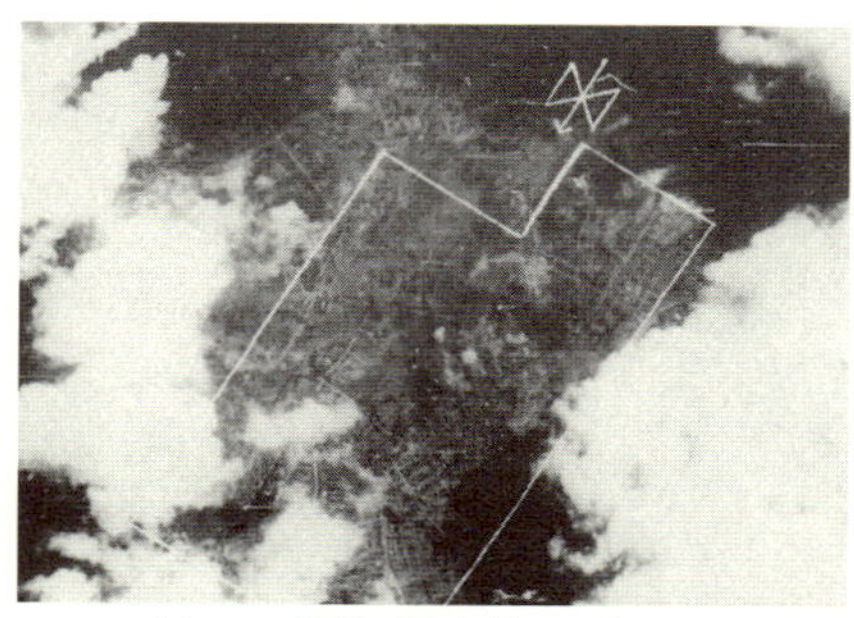

▲…メイミョー爆撃（飛行第12戦隊・1942年4月8日）＊17

▲…シバウ爆撃（飛行第12戦隊・1942年4月26日）＊17

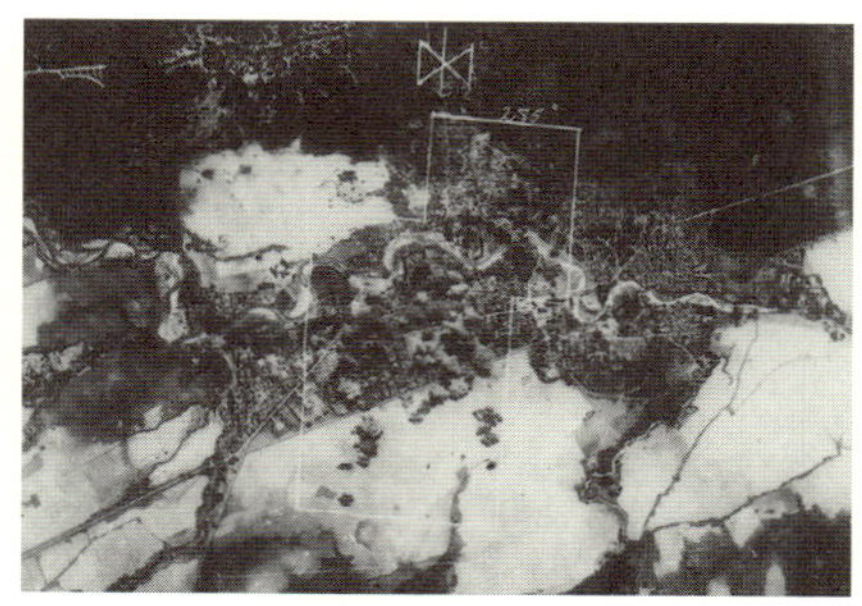

▲…マウクマイ爆撃（飛行第12戦隊・1942年4月9日）＊17

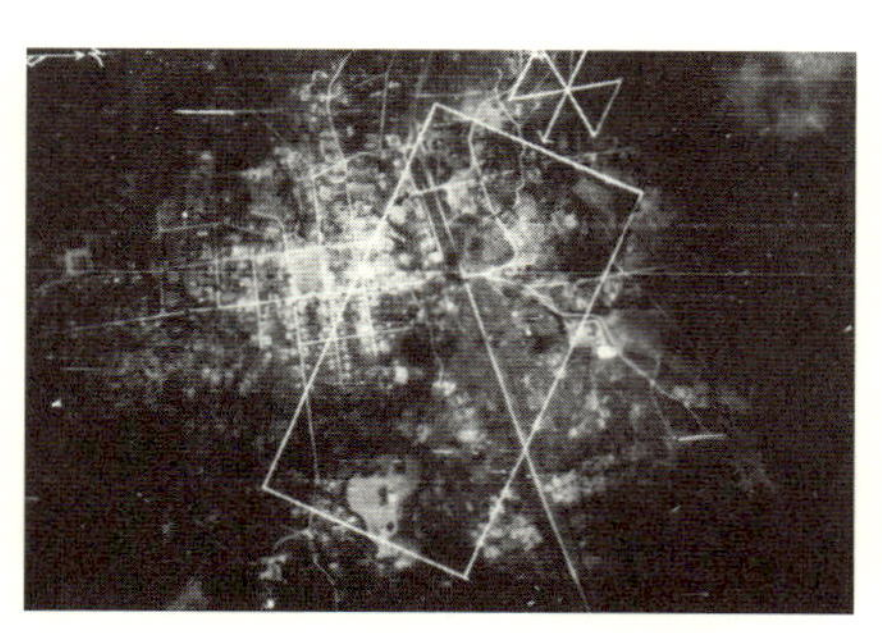

▲…ゴックテーク爆撃（飛行第12戦隊・1942年4月26日）＊17

▲…タウンギー爆撃（飛行第12戦隊・1942年4月10日）＊17

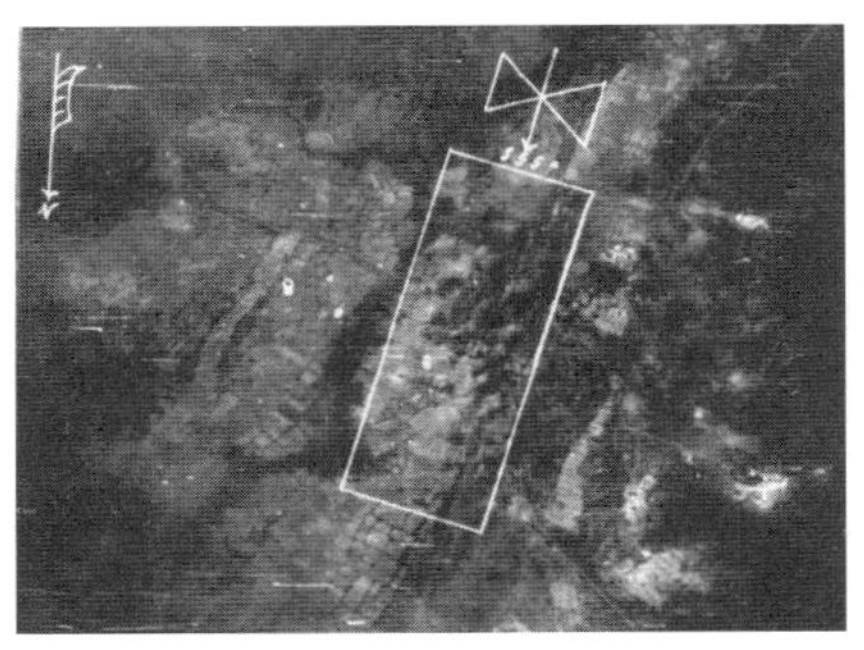

▲…キャイクティン停車場爆撃（飛行第12戦隊・1942年5月2日）＊17

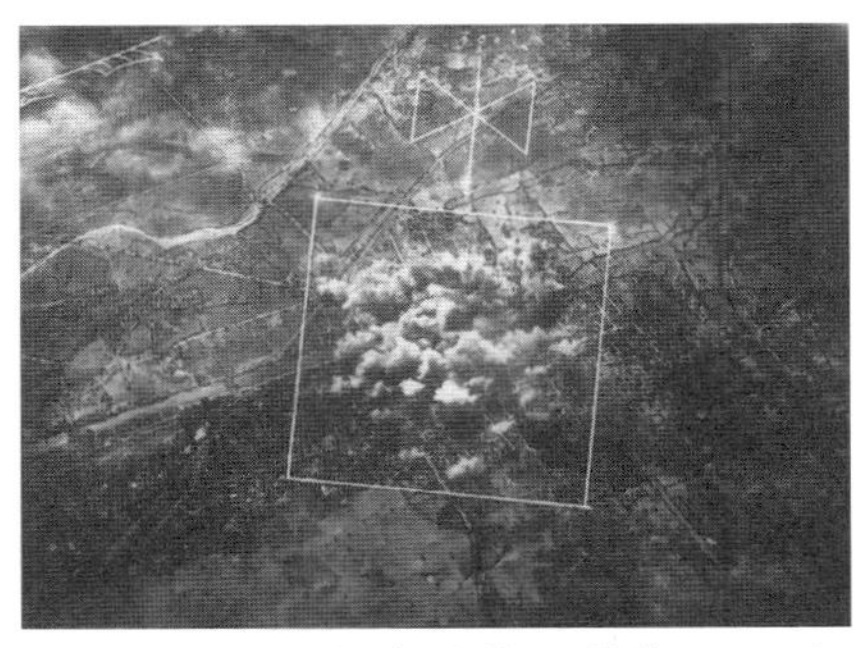

▲…シェウエボ爆撃（飛行第12戦隊・1942年4月29日）＊17

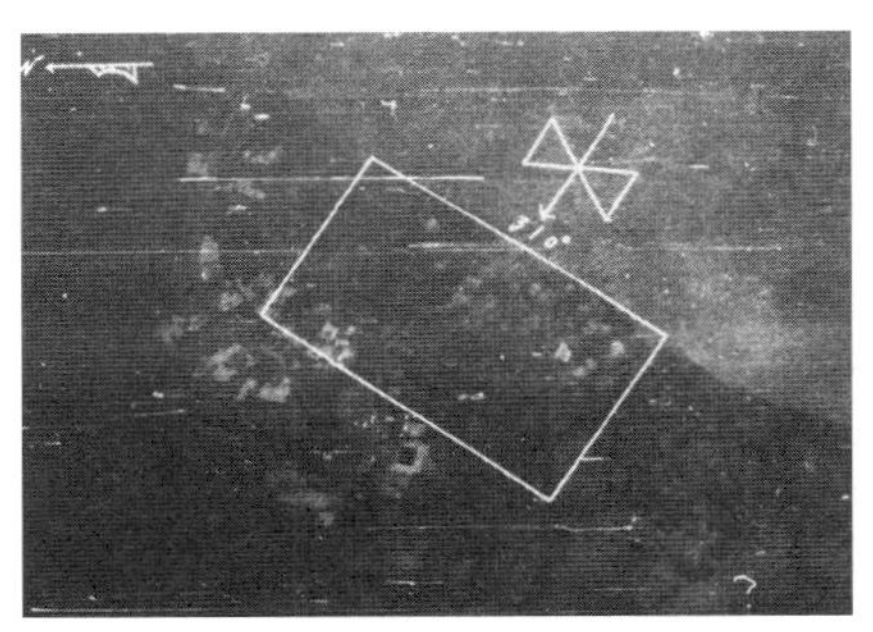

▲…アキャブ爆撃（飛行第12戦隊・1942年5月3日）＊17

▲…キヌ爆撃（飛行第12戦隊・1942年5月1日）＊17

▲…カーサ爆撃（飛行第12戦隊・1942年5月6日）＊17

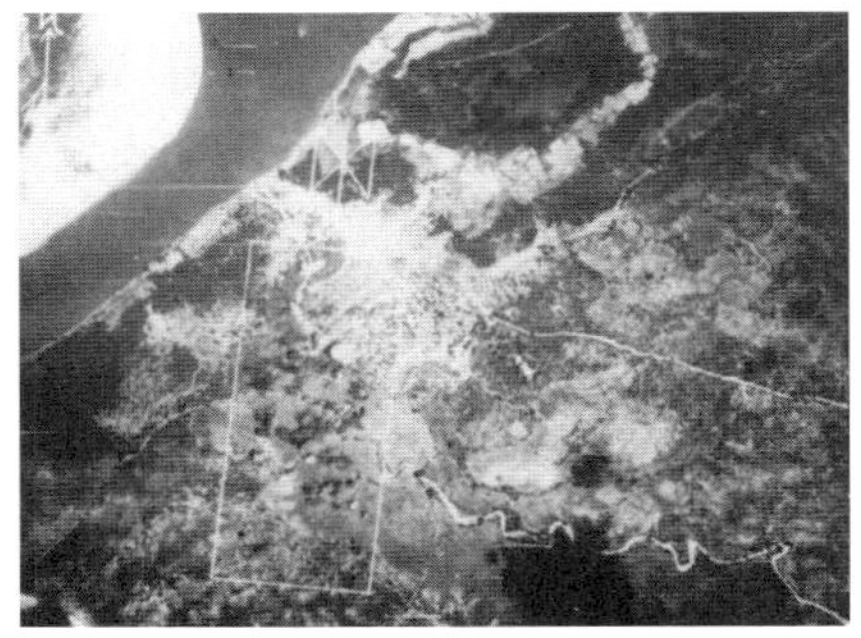

▲…ティング爆撃（飛行第12戦隊・1942年5月2日）＊17

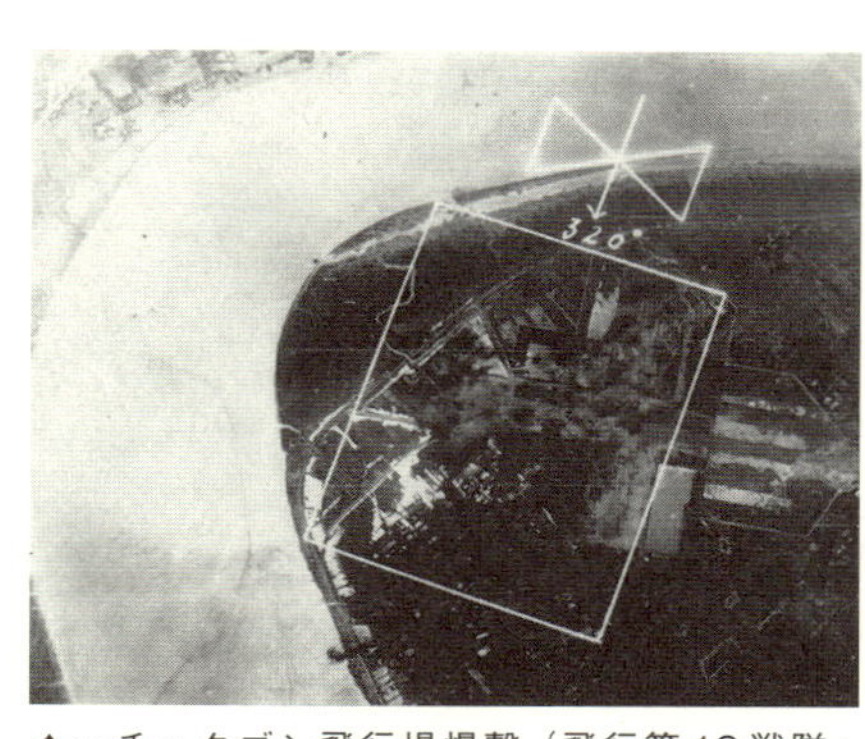

▲…チッタゴン飛行場爆撃（飛行第12戦隊・1942年5月9日）＊17

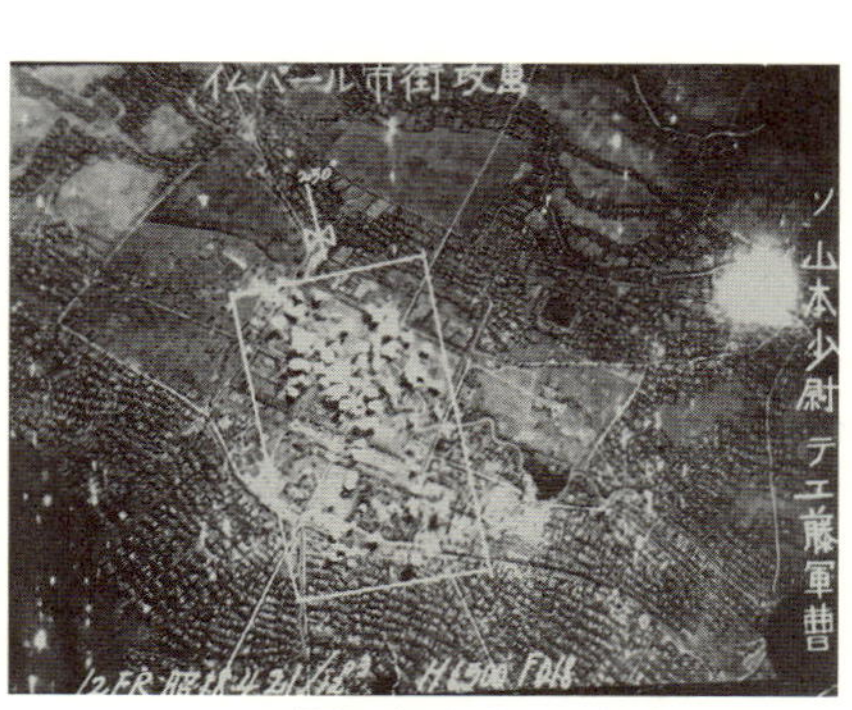

▲…インパール爆撃（飛行第12戦隊・1943年4月21日）＊18

　飛行第十四戦隊はフィリピンに残留部隊を残した。『飛行第十四戦隊戦記 北緯二三度半』には残留隊員がみた死亡兵士の姿が記されている。他の部隊の一人の兵士が戦闘帽をかぶり座ったように死んでいた。二日後には服もはち切れんばかりの水ぶくれになり、死臭があたり一面に漂っていた。五日目には目の玉が落ちて大きな穴が二つあき、鼻も落ちて骸骨の様相となった。死臭は一〇メートル手前にまで流れてきた。二週間すると頭は真っ白な骸骨になってころがっていた（四四一頁）。このような形で捨てられた兵士も数多かった。戦場は死体の山だった。

「天皇の御楯となり吾は死す　神となる身の心たのもし」「命より名こそ惜しまん若桜　死ぬべき時に散りてこそ咲く」（『同』四〇一頁）と、兵士は戦場で詠んでいる。しかし実際は棄民であった。兵士たちは、天皇に忠誠を尽くし、「死は鴻毛より軽し」と英霊思想の内面化を強いられていた。「特攻」死はその果ての姿だった。

　戦争を肯定し賛美する者たちが死者に与えた美辞麗句をはぎとり、その真実をつかむとともに、その戦争の責任を追及し、このような戦争を再び起こさないことが求められる。

（第三章の参考文献、初出は、第四章と同じ）

第四章…陸軍航空爆撃隊による中国爆撃

ここでは中国側資料と飛行戦隊史での爆撃の記述を照合し、中国爆撃による被害の状況をみていきたい。中国側資料としては『日軍侵華暴行実録』（一〜四）、『侵華日軍暴行総録』、各地の文史資料、報道記事などを利用する。

1 河北省 天津・景県、山西省

天津

浜松から派兵された飛行第六大隊（のちの飛行第六〇戦隊）は一九三七年七月三〇日に天津市内の南開大学を爆撃した。『飛行第六十戦隊小史』には「抗日共産党の拠点」を「爆砕」と記されているが、大学は破壊され、書物は略奪された。南開大学の開校は一九一九年であり、各建物には石板の碑がはめ込まれている。学校資産管理室の碑には一九三七年に日本侵略軍に破壊され、一九五四年に修復されたことなどが記されている。

化学教室として使われている第二教学楼はかつて思源堂として使われていた。この建物は一九二三年に建てられた。碑文には、一九三九年七月、日本侵略軍が飛行機・大砲で大学を攻撃し、この建物も被弾し、火事になったが、抗日戦争後に修復したと記されている。

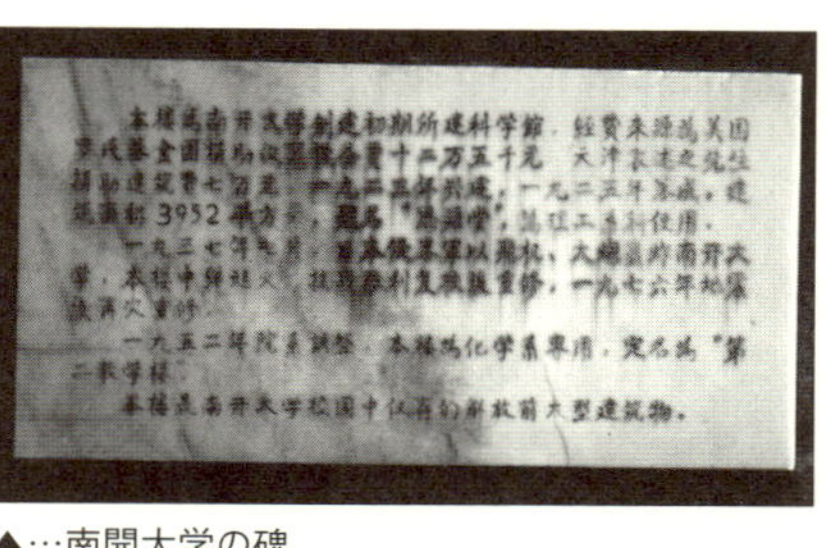

▲…南開大学の碑

秀山堂として使われていた建物は一九二三年に建てられた。碑文には一九三七年七月三〇日、日本侵略軍の爆撃によって廃墟となったことが刻まれている。

図書館にあった二〇万冊に及ぶ書籍は日本軍に略奪された。戦後に返還された本はその一部の四五〇冊余りだったという。また大学の鐘も略奪された。この鐘は卒業式のときに卒業生の数だけつくことが習慣になっていた。攻撃により南開大学は火の海となり、人々はイギリスの租界地へと逃れた。燃える天津の街を見て、涙を流したという。

当時南開大学には三〇〇〇人の学生が在籍し、その名は全国に知られていた。創設者のひとり、張伯苓は「読書救国」を主張してきたが、この破壊に対して、南開大学が物質的に破壊されてもその精神は一貫している旨を語った。南開大学への攻撃は中国側の大きな怒りを生んだ（『日本在華暴行録』六九〇頁）。

南開大学の劉福友さんは「当時大学構内には兵士はいなかった。それなのに日本軍は徹底的な破壊をした。それは文明を憎み、潰すことであり、本当に野蛮な行為だった。九・一八事変のとき、南開大の張伯苓博士は東北地方へ調査団を派遣する活動をし、占領に反対する意思を持っていた。日本軍はそのような精神を憎んだのだろう」と話した（一九九二年談）。

大学への爆撃をみれば、日本軍機は、一九三七年八月一五日には南京中央大学、一九四〇年七月四日には重慶中央大学、一九四〇年一〇月一三日には雲南大学などを爆撃した。日本軍の侵攻によって文化施設の多くが破壊された。上海の事例をみても市立博物館・市立図書館・国立同済大学・上海商学院・上海法学院や小中学校など、全壊となっているものが多い。

景県

一九三七年九月下旬、日本軍は河北省や山西省の拠点への攻略をすすめた。九月下旬には保定を占領し、さらに石家庄や太原への侵攻をすすめ、後方拠点を空爆した。河北省の景県は河北から山東省済南に向かう交通の要衝だった。

一九三七年九月二六日、景県を日本軍機三機が襲った。この攻撃によって一一〇人以上が死亡し、一九〇人以上が傷ついた。その空襲の状況をみてみよう（『日軍侵華暴行実録二』四二頁以下）。

日本軍機は市場の群集に向かって機銃掃射を浴びせた。食糧・布・果物などが散乱し、逃げようとする人々の喚声、傷ついた人々の呻き声、空襲への怒りの声が一帯を覆った。また日本軍機は南関・南城門・南門大街・文廟・教会を爆撃した。爆撃によって、死体が街にころがり、目や手足に傷を負って助けを求める人々の声が街に響いた。観音廟付近での爆発では七〇人以上が死亡した。死体が積み重なって血が満ち、人肉や脳髄があたり一面に飛び散った。南門里の王洪魁（十八歳）や老庄の農民王風祥の頭骨は裂け、脳漿が流れでた。南関の李小多の腹は裂け、腸が外に出た。李は両手で腹を押さえ、悶えて転がり、苦しみ、死亡した。被爆によって南門里の染物屋では張麻子をはじめ計七人が死亡した。多くの人々が身体に傷を負い、家屋や家族を失い、離散した。

この攻撃は陸軍機による可能性が高い。中国各地でこのような場面が繰り広げられた。

山西省

山西省の東には太行山脈があり、西には黄河の峡谷がある。山西省は山地と高原の地であり、抗日運動の拠点が数多くあった。日本は一九三七年後半に山西省の大同、太原などを占領し、一九三八年三月には運城を占領したが、各地に抗日拠点があった。

飛行第十二戦隊は一九三九年三月末から四月にかけて山西省南部の抗日拠点とみなした市や集落の爆撃を三〇回ほどおこなった。爆撃先は、山西省南部の潞安・陽城・襄垣・楡社・姚村・夏城・屯留・垣曲などである。『飛行第十二戦隊中国要地爆撃写真帳』には、市街地や集落に爆弾が落下され、爆煙があがる写真が収録されている。そこには多くの民衆がいた。日本軍は山西省の抗日拠点に対して焼き、殺し、奪うという掃討作戦（三光作戦）をおこなったが、飛行第十二戦隊はそのような攻撃を空から支援したのである。

飛行第九〇戦隊は一九三九年二月から三月にかけて掃討作戦を支援し、山西省北部を爆撃した。さらに飛行第九〇戦隊は一九三九年九月、山西省北方の内モンゴルにある包頭を攻撃した。その記録には、「軍事拠点といってもひっきょうは民衆」の集落であると記されている（『飛行第九十戦隊史』二〇四頁）。飛行第十二戦隊や飛行第九〇戦隊による攻撃は民衆

▲…陽城爆撃（飛行第12戦隊・1939年）＊10

▲…山西攻撃・飛行第98戦隊＊13

▲…姚村爆撃（飛行第12戦隊・1939年4月8日）＊10

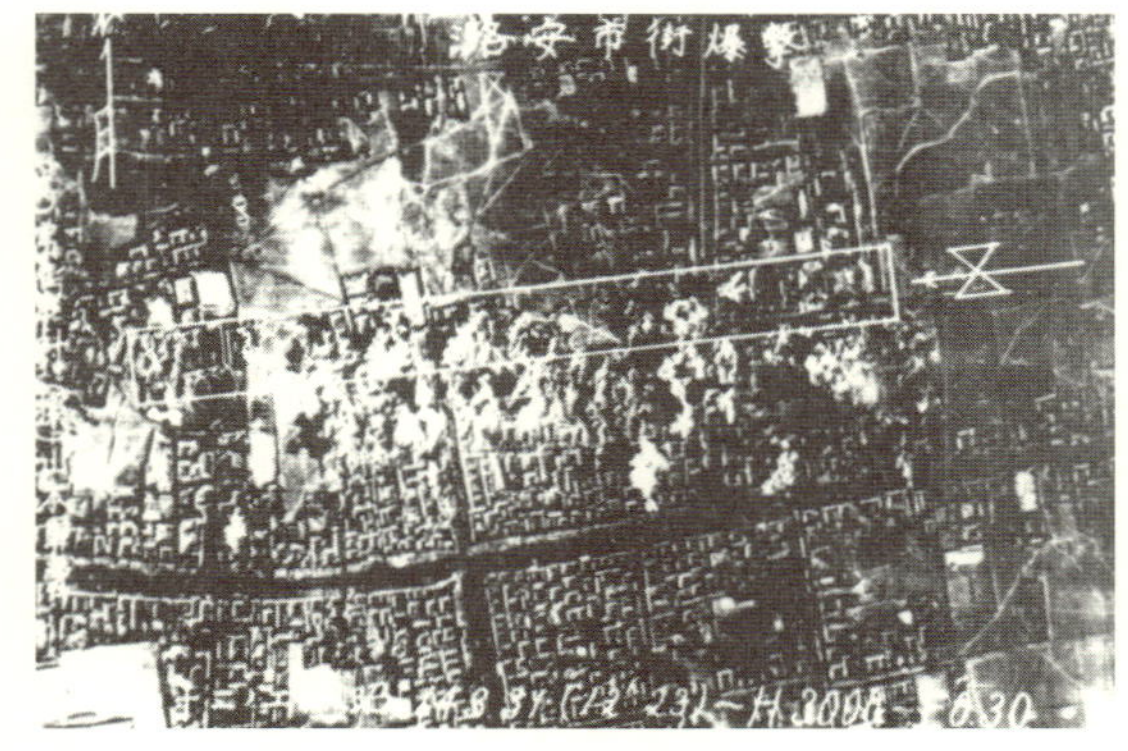

▲…潞安爆撃（飛行第12戦隊・1939年3月31日）＊10

の居住地区にむけてのものだった。

山西省では毒ガスも使用された。『中国山西省における日本軍の毒ガス戦』では、一九三七年一〇月一八日、代県雁門関、一九三八年六月一五～二〇日、離石県、一〇月一日、代県灘上村、一九三九年三月二八日～三一日、高平・陽城・晋城・長治、一一～一二月、夏県付近、一二月、中条山、一二月四日、堡子山、一二月五日、店頭・坦山・朱家庄、一九四〇年四月一八日、翼城県官門村・大青窪、六月一三日、晋城県外山村、九月一四日、晋城県、一九四一年三月一〇日、垣曲県垣曲・同善鎮、五月八日、垣曲県横皐、一九四三年四月二五日、陵川県屺西村馬児坪などで使われたとする（三七、八九頁～）。

このうち一九三九年三月二八日～三一日の山西省南部の高平・陽城・晋城・長治などへの毒ガス攻撃については飛行機からの投下爆弾に毒ガス弾が含まれていたとされる。飛行第十二戦隊は三月二九日に陽城を爆撃した。このときに毒ガス弾が使用されたのかは不明である。しかし、日本軍による空爆で毒ガス弾が使用されたことは事実

▲…潞城爆撃（飛行第12戦隊・1939年4月30日）＊10

▲…襄垣爆撃（飛行第12戦隊・1939年4月4日）＊10

▲…沁県爆撃＊4

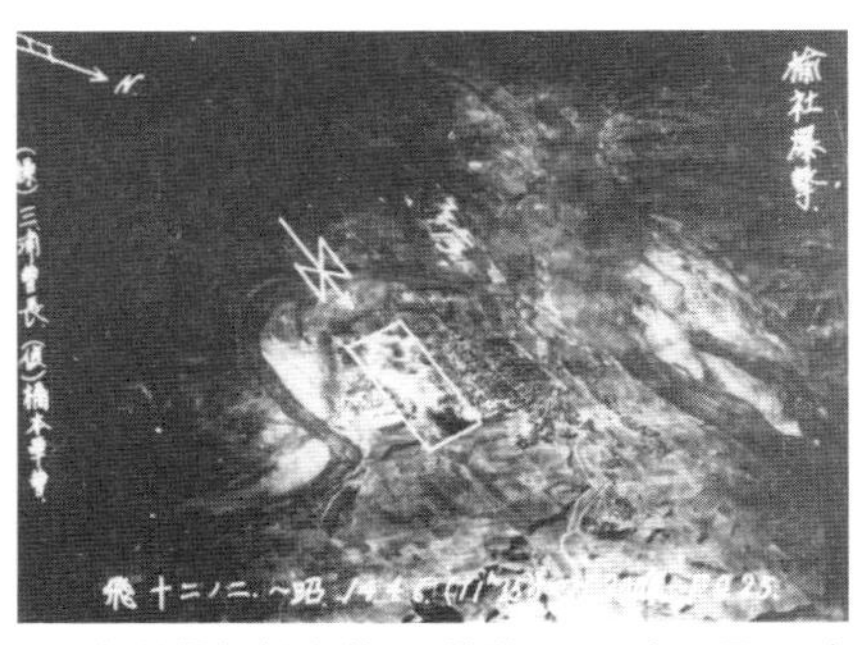

▲…楡社爆撃（飛行第12戦隊・1939年4月6日）＊10

である。

『日本侵華戦争時期的化学戦』と『中国山西省における日本軍の毒ガス戦』には、一九三八年秋の楡社県河峪鎮輝教村での日本軍機による毒ガスの雨下の状況が記されている。

輝教村の孟全明、白守銀、何潤四、石友杰、石新華の証言によれば、日本軍機が低空で侵入し、毒ガスを雨下した。村民は四〇〇人ほどだったが、二〇〇人ほどが中毒症状を示した。人体に水泡ができ、痛くて痒く、黄色い水が出たという。証言と症状から、雨下した物質は糜爛性のガスである。武郷県蟠龍鎮でも同様の証言がある。

飛行機によるガス雨下の研究・教育は浜松陸軍飛行学校がおこない、その訓練を経て爆撃隊へと隊員が送られた。山西でのガスの雨下は陸軍機によるものとみられる。山西省をはじめ中国大陸での飛行機による毒ガスの使用の実態について今後の調査が求められる。

2　陝西省　西安・延安・宝鶏・潼関・安康・漢中

西安

陝西省の東の山西省は抗日軍と日本軍との地上戦の場になり、日本の地上部隊は山西省の奥の陝西省を占領できなかった。そのため日本軍は航空部隊を使って爆撃を繰り返した。陝西省への爆撃は『日軍侵華暴行実録四』(六七二頁)によれば、二〇〇回以上、死傷者は六〇〇〇人とされ、新聞記事によれば、五〇余りの地域におよび、死傷者は約一万人という。

省都の西安へと爆撃が集中した。西安への爆撃による死傷者数については統計によって数値が異なるが、二五〇〇人前後とみられる。劉春蘭『抗戦時期日本飛機轟爆陝西実録』では死亡者一二四四人、負傷者一二四五人の計二四八九人とし、『西安史話』では死傷者計を二六八三人としている。爆撃回数については六六次とするものと一四五次とするものがある(「西安日報」二〇〇四年一二月九日付)。いずれにせよ、西安は数多くの空爆を受けたのである。

西安への最初の爆撃は一九三七年一一月に陸軍の重爆撃隊によっておこなわれた。浜松から派兵された重爆撃部隊が新型重爆撃機に改変後、飛行場を目標に攻撃したのである。当初、西安の飛行場へと爆撃がおこなわれたが、一九三八年一一月ころからは市街地が爆撃された。

一九三九年三月七日、飛行第十二戦隊と飛行第九八戦隊が西安を爆撃した。このときは市街地が爆撃され、馬坊門・東西大街・蓮湖公園・糖坊街・北城根などが被害を受けた。天水行営が爆撃され、死者六四人・負傷者四三人が出た。この日の死傷者は六〇〇人余りという(王民権『日機轟爆陝西実録』、前掲「西安日報」記事)。さらに三月一四日・一五日と飛行第六〇戦隊・第十二戦隊・第九八戦隊による爆撃がおこなわれた。

一九三九年四月二日、七機が市街上空を旋回し、五〇弾余りを投下した。一〇か所ほどが被害を受け、市民一〇人余りが死傷した(『侵華日軍暴行総録』陝西省の項)。この爆撃をおこなったのは飛行第十二戦隊である。

一九三九年一〇月一〇日からは飛行第六〇戦隊による西安爆撃がはじまった。一〇月一一日には一二機が市区東北の大華綿紡績工場を爆撃した。当時、この工場は軍用布を生産していた。約三〇弾が投下され、工場は破壊された。労働者一二人が死亡し、四人が負傷した。一九四一年五月六日には再び大華綿紡績工場が爆撃され、二〇弾余りが投下された（『侵華日軍暴行総録』陝西省の項）。この一九四一年五月の爆撃は飛行第九〇戦隊がおこなった。

飛行第六〇戦隊は一九四〇年六月三〇日に西安を爆撃した。戦隊は成都爆撃に向かったが、密雲のために中止し、西安の市街地や軍施設を爆撃したのである。この爆撃による死傷者は四〇〇人以上という。

一九四一年九月一二日の爆撃は飛行第十二戦隊・第九八戦隊・第九〇戦隊によっておこなわれた。二次による爆撃で、市街地の西安駅・崇恥路・北城培・六合新村・雷神廟街・九府街・紅埠街・蓮花池街などが爆撃された（王民権『日機轟爆陝西実録』、前掲「西安日報」記事）。『写真で綴る飛行第九八戦隊の戦歴』にはこの日の爆撃写真があり、無差別爆撃の状況がわかる。市街地への爆撃によって数多くの労働者や市民が死傷した。

朝日新聞社『支那事変写真全集六　荒鷲部隊』には、西安への爆撃やのちに記す延安・蘭州などへの爆撃の写真が掲載

▲…西安爆撃（飛行第12戦隊・1939年3月7日）＊11

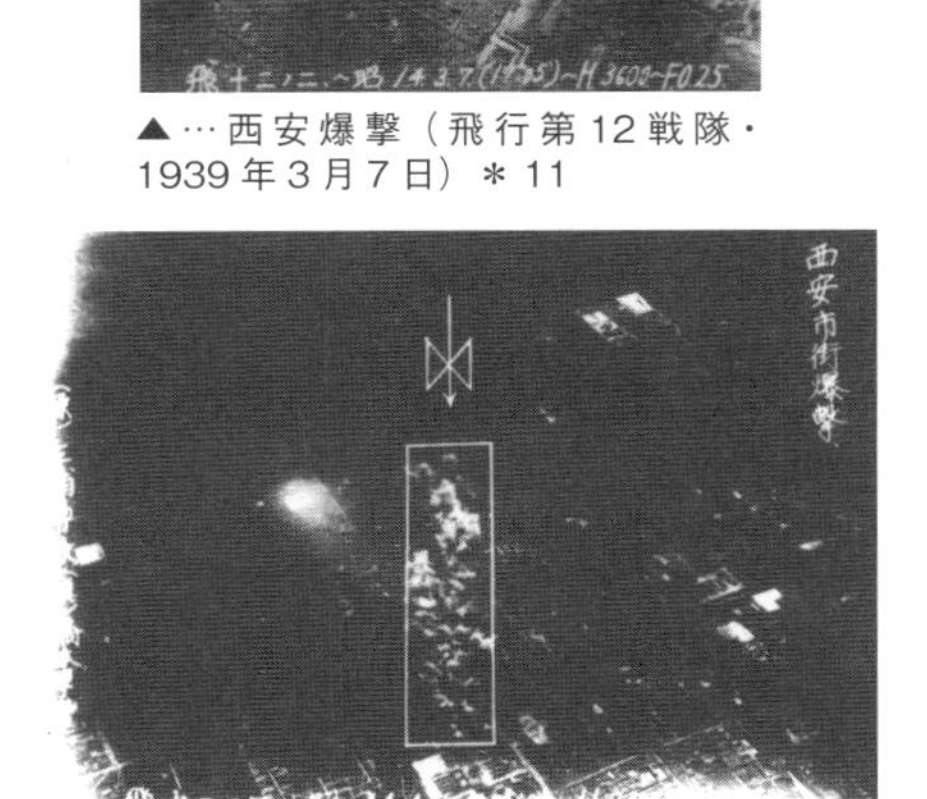

▲…西安爆撃（飛行第12戦隊・1939年4月）＊10

▲…西安爆撃（飛行第98戦隊・1941年9月12日）＊14

されている。

延安

中国共産党の根拠地であった延安に対しては、一九三九年二月一四日、飛行第九八戦隊が軍官学校と市街を爆撃し、同年三月六日には飛行十二戦隊が軍官学校などを爆撃した。

一九三九年九月八日には日本軍機が二次にわたり四三機で延安を襲った。二〇〇弾余りを市街の北街や西山に投下し、死傷した軍人と市民は五八人だった。同年一〇月一五日、四次にわたって日本軍機七〇機ほどが空爆をおこない、投弾数は二二五弾におよんだ。死亡者は一〇人、負傷者は一三人、市街の一部が火の海となった。一九四一年八月四日には二七機が一〇〇弾を投下し、市民六人が負傷した（『侵華日軍暴行総録』陝西省の項）。これらの爆撃をおこなったのは飛行第六〇戦隊である。

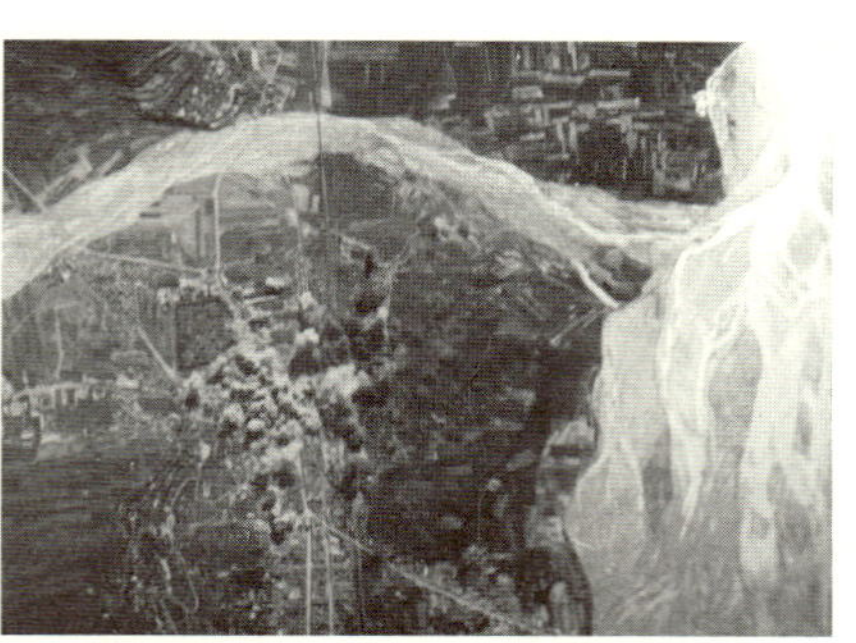

▲…宝鶏爆撃（飛行第98戦隊・1940年8月28日）＊14

宝鶏

宝鶏への爆撃は二〇回ほどおこなわれた。陸軍部隊では、一九三九年三月に飛行十二戦隊が、同年一〇月には飛行第九〇戦隊と飛行六〇戦隊が爆撃した。飛行第六〇戦隊は一九四〇年八月一八日、宝鶏市街を「赤色ルートの要点」として爆撃し、さらに八月三一日、九月二日と連続して空爆を加えた。

八月三一日の宝鶏への爆撃について、『侵華日軍暴行総録』（陝西省の項）では、この日、三次にわたり三六機が郊外を爆撃し、一〇〇余りの燃焼弾を投下した。そのうち二一弾が宝鶏申新紡績工場へと投下され、労働者一人が死亡し、織機が破壊され、綿花が焼失した。太白廟近くの中学校施設、闘鶏、龍泉巷、中山西路、姜城堡、渭河の南部などが被爆し、二～三〇人が死傷した。

一九四一年八月には日本軍機が三次にわたって宝鶏・渭河の両岸を爆撃し、市民二

〜三〇〇人が死傷した（『侵華日軍暴行総録』陝西省の項）。戦隊史や戦隊の記録によれば八月に飛行第六〇戦隊・第九〇戦隊・第九八戦隊が宝鶏を爆撃している。中国側の記録にある一九四一年八月の爆撃はこれらの部隊によるものとみられる。

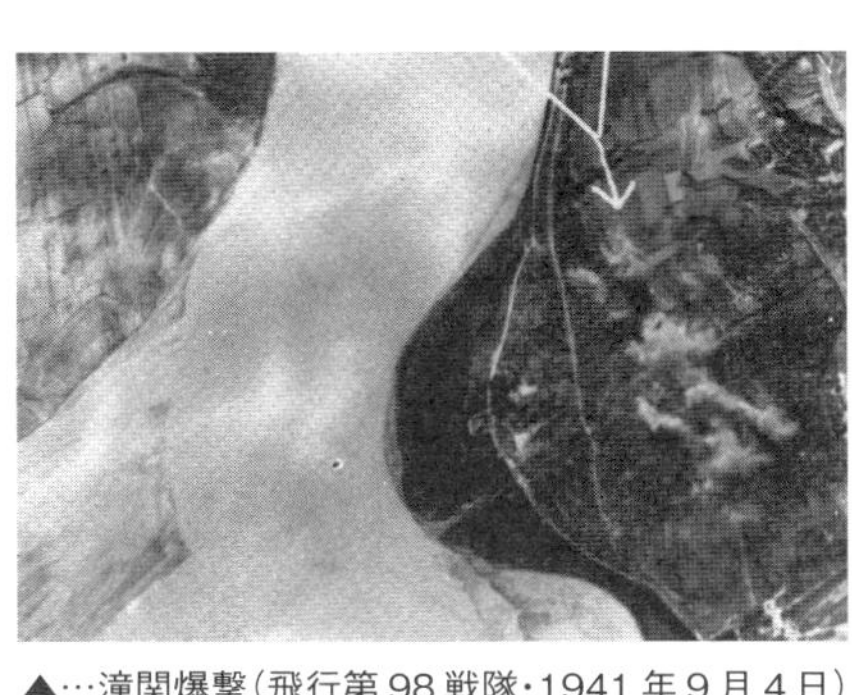

▲…潼関爆撃（飛行第98戦隊・1941年9月4日）＊14

潼関

一九三八年七月一〇日、日本軍機が潼関を爆撃した。県城内の東大街・張家巷・楊家巷・永坡巷などが被爆し、死傷者は二人だった。一九三九年二月二一日には潼関の南北街・頭層山・二層山・第一巷などが被爆し、市民三人が死亡し、多数の市民が負傷した。二層山での負傷者は四〇人に達した（『日軍侵華暴行実録四』六七三・六七四頁）。この爆撃をおこなったのは飛行第六〇戦隊である。

一九四〇年九月中旬には毒ガス弾が投下され、麒麟山麓の防空壕の七人が窒息死した（『日軍侵華暴行実録四』六七七頁）。

安康

一九四〇年九月三日、日本の重爆撃機が安康を襲った。はじめに二四機が旧城の西から東へと、さらに一二機が新城の西部を爆撃した。爆弾と燃焼弾によって市内全部が炎に包まれた。特に悲惨だったのは旧城の中部にある龍窩街が廃墟になったことだった。ある一家では来客一九人が死亡し、母子だけが助かった。北正街では兵士二〇〇人ほどが被爆した。この日の死傷者は一五〇〇人を越えた。また、燃焼弾とともに毒ガス弾を投下したという（『日軍侵華暴行実録四』六七一頁・六七七頁）。この爆撃は飛行第六〇戦隊がおこなった。

飛行第六〇戦隊は一九四〇年五月一日にも安康を爆撃した。この日の爆撃では五里飛行場が爆撃され、一二〇〇人が死傷した（『日軍侵華暴行実録四』六七六頁）。

漢中（南鄭）

余晴初「抗戦時期日寇轟爆漢中実録」（『抗戦時期的漢中』）には、漢中（南鄭）への日本軍による空爆の経過がまとめられている。

飛行第六〇戦隊の戦隊史には、一九三九年一〇月に延安・西安などの要地を時に中隊ごとで攻撃し、二五日には南鄭飛行場と市街を爆撃したと記されている。一〇月二五日の爆撃については『日軍侵華暴行実録四』（六七五頁）に記載があり、三五機が何家庄・七里店・五郎廟・五家巷・東関・北関・文廟などを爆撃し、八三人が死亡、七〇人が負傷したという。漢中に対しては、一〇月二〇日に二六機が城門近くを爆撃し、二六日には一六機が東門や東北部を爆撃し、一〇〇人余りが死亡というような攻撃が続いていた。

飛行第六〇戦隊は一九四〇年五月二〇日夜に漢中を爆撃した。それにより、東部郊外の黄家坡・西北医学院へと四〇発以上が投下され、医学院教授楊其昌や母子ら一四人が死亡し、一七人が負傷した（『抗戦時期的漢中』七七頁）。

一九四一年八月二九日には二八機が南門新市場などに七〇弾余りを投下した（『日軍侵華暴行実録四』六七八頁）。この攻撃は飛行第九〇戦隊によるものである。

3　甘粛省　蘭州、四川省　重慶・梁山・成都

蘭州

甘粛省の省都である蘭州はシルクロードの東端にあり、交通と軍事の拠点であった。ソ連からの支援物資は蘭州を経由して各地の前線へと運ばれた。一九三七年一〇月には蘭州へとソ連から航空部隊が派兵され、ソ連の軍事・外交関係の代表所が設立された。

日本軍による甘粛省での爆撃被害は、爆死者が六六〇人余り、負傷者が六八〇人余りとされ、蘭州では二五二人が死亡

した（甘粛省檔案館資料、「広州日報」二〇〇五年四月七日付）。

一九三七年一一月一五日、蘭州の東飛行場への爆撃が飛行第十二連隊によっておこなわれた。その後、陸軍航空隊は重慶や蘭州などの中国奥地への戦略爆撃の準備をすすめた。

陸軍航空隊は一九三八年末から重慶への爆撃をはじめ、一九三九年二月には蘭州への爆撃をおこなった。その被害状況について『日軍侵華暴行実録四』、『蘭州文史資料選輯八』からみてみよう。

一九三九年二月九日には飛行第六〇戦隊が平涼を爆撃した。この爆撃により、平涼では死者一二六人、負傷者五一人の被害がでた。

二月一二日には飛行第十二戦隊が蘭州北東の靖遠市街を爆撃し、死者三人、負傷者三〇人の被害がでた。同日、飛行第六〇戦隊と飛行第九八戦隊は蘭州の東飛行場一帯を爆撃し、三人が死亡し、三〇人が負傷した。

二月一二日の飛行第十二戦隊による靖遠への爆撃についてみれば、この日は農暦（陰暦）の春節の前であったため、人びとは新年を迎える準備のさなかだった。これまで靖遠は爆撃されたことがなかったので、警報も防空の常識もなかった。そこに機銃掃射と爆撃が行われ、高志仁（師範学校生・一八歳）、楊永興（商業・四二歳）の生命を奪った。学校には弾痕が残り、教師の宿舎は爆撃された。このとき四四弾が投下されたという（『蘭州文史資料選輯八』四五・四八頁）。

二月二〇日には飛行第十二戦隊・第六〇戦隊・第九八戦隊が蘭州東飛行場・西固城・蘭州市街に投弾、二五人が爆死し、一七人が負傷した。

二月二三日には飛行第六〇戦隊と飛行第十二戦隊が蘭州市街を爆撃した。市街の中山市場・東大街・黄家園・学院街・貢元巷・黄河沿・南関・東城壕一帯が爆撃を受けた。この日の攻撃で、唐代の建築である普照寺が被爆し、経典六三五八巻が焼失した。市街地にも多数の爆弾が投下され、死傷者は一〇〇人あまりとなった。

二〇日の攻撃では飛行第九八戦隊の伊式重爆機二機、二三日の攻撃では第十二戦隊の伊式重爆機三機が撃墜された。

これらの空爆への蘭州民衆の怒りは大きかった。一九三九年二月二七日から三月二日にかけて「敵機残骸展覧会」がもたれ、伊式重爆撃機の残骸、航空兵の死体や所持品が展示された（『蘭州文史資料第八集』二七頁）。飛行第九八戦隊の隊史、『中国方面陸軍航空作戦』（一四〇頁）や『蘭州文史資料選輯八』の記述から（大尉の名を二井と記載）、展示された

▲…蘭州爆撃（飛行第60戦隊）＊12

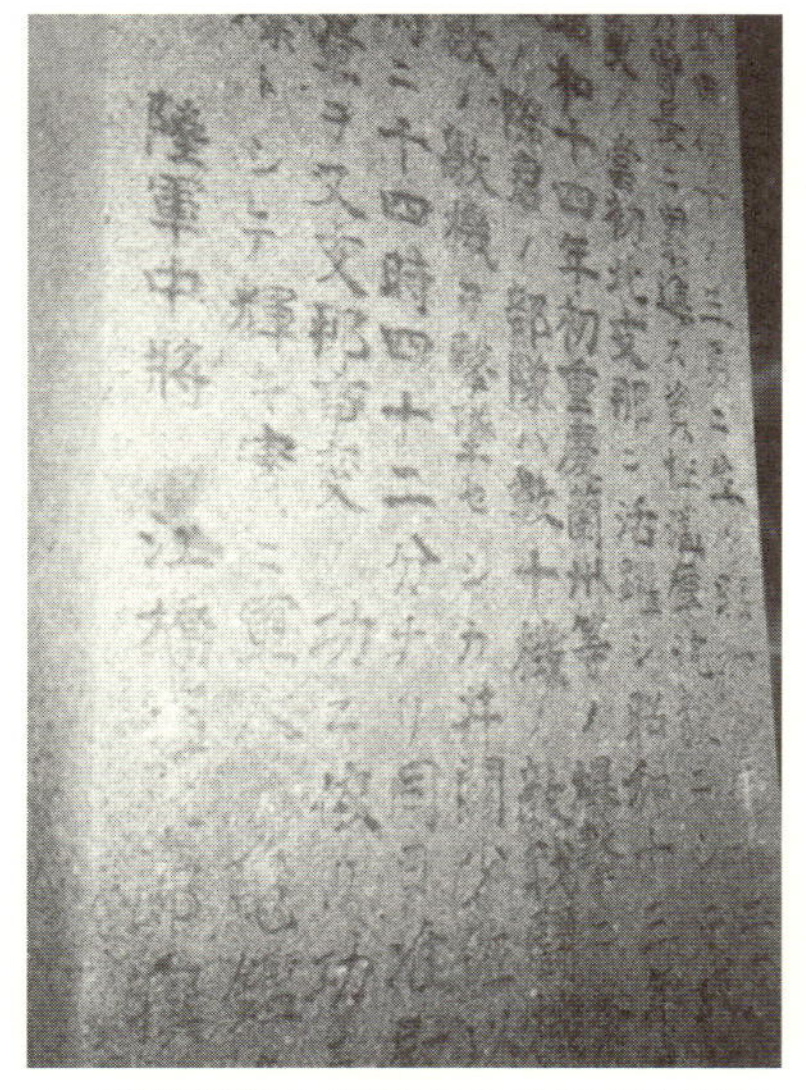

▲…蘭州爆撃で1939年2月23日に戦死した航空兵の碑（浜松市内）

▲…伊式重爆機（イタリア製）＊14

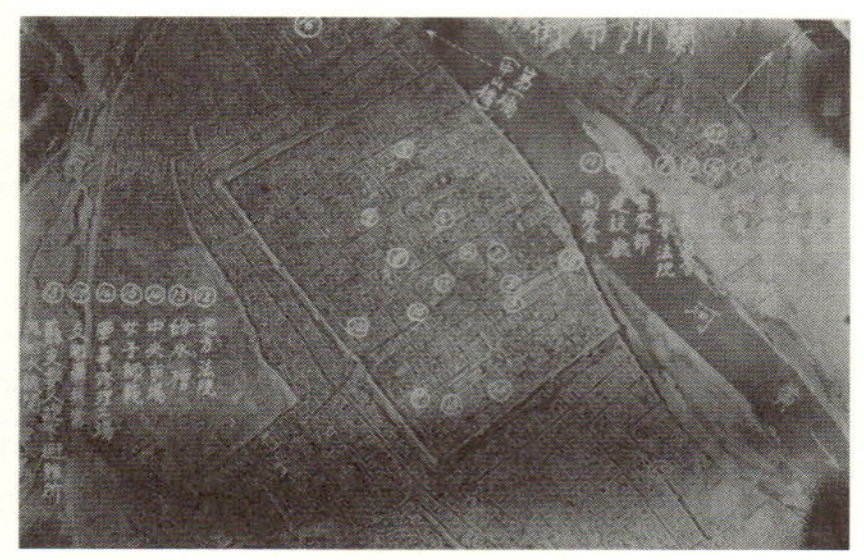

▲…蘭州の標的（飛行第98戦隊）＊13

▲…蘭州爆撃（飛行第98戦隊）＊13

▲…蘭州爆撃（1941年8月31日・飛行第12戦隊）＊16

のは二〇日に墜落した第九八戦隊の「上田機」である。展示会には日記・地図・護身符・大尉の家族写真もあったという。機内で発見された七人の死体は、文史資料では「鬼子」と記されている。

蘭州の東方にある平涼に対して、三月七日に飛行第十二戦隊、三月一五日に第九八戦隊が爆撃した。『侵華日軍暴行総録』（甘粛省の項）によれば、三月七日には市街に六〇弾が投下されて死者七人・負傷者一人、三月一五日には飛行場と市街が爆撃され、七四弾の投下によって、死者六人・負傷者二人の被害がでた。

さらに、一九三九年一二月二六日から二八日にかけて、飛行第六〇戦隊が蘭州を爆撃した。三日間の爆撃で二〇〇〇弾余りが投下され、七五人が爆死し、五五人が負傷した。五一七戸・一八三五人が家を失った。一九四一年八月三一日には飛行第十二戦隊が蘭州を爆撃した。死者は七人、負傷者は一〇人だった。これが蘭州への最後の大規模な空爆となった。

重慶

一九三八年二月から一九四三年八月にかけて重慶への爆撃がおこなわれた。国民政府の拠点となった重慶に対し、日本軍は戦略爆撃をおこなった。その空爆は市街地への無差別爆撃となり、多くの市民が死傷した。この爆撃で一万一九〇〇人近い市民が爆焼死し、一万四〇〇〇人余りの市民が負傷し、破壊された家屋は三万軒余りという。

重慶爆撃については前田哲男『戦略爆撃の思想』があり、爆撃の状況やその背景が記述されている。ここではそれに加え、西南師範大学歴史系・重慶市檔案館編『重慶大轟爆』、重慶抗戦双書編纂委員会編『抗戦時期重慶的防空』、『侵華日軍暴行総録』、『飛行第六十戦隊小史』などから陸軍爆撃隊による重慶爆撃の状況をみていきたい。

陸軍部隊による重慶への爆撃は四期にわたるものだった。

第一期は一九三八年一二月末から一九三九年一月にかけてである。

一九三八年一二月二六日、飛行第六〇戦隊と飛行第九八戦隊が重慶への攻撃を計画した。しかし、密雲のために飛行第六〇戦隊は爆撃を中止したが、故障機一機が全爆弾を投下した。飛行第九八戦隊は市街地東部へと推測による爆撃をおこなった。

陸軍の重爆撃部隊（飛行第十二戦隊・第六〇戦隊・第九八戦隊）は一九三九年一月七日・一〇日・一五日と三次の重慶

爆撃をおこなった。

一月七日には密雲のなか、長江に沿って街や港への推測を含めての爆撃をおこなった。爆弾は巴県の土主場・青木関・魚界灘、璧山の蒲元郷などに投下された。死者は四人、負傷者は七人だった。一月一〇日には巴県の土主場・双河場・鹿角場・馬家店などに投下した。

一月一五日には市街地の三門洞街・国府路・曽家岩・学田湾・中四路や江北の青草項・漑瀾渓・陳家橋・劉家台・人和鎮などを爆撃した。爆死者は一一九人、負傷者は一一六人に及んだ。

第二期の爆撃は一九四〇年六月から八月にかけての爆撃である。爆撃は海軍機と共同しておこなわれ、陸軍航空部隊からは飛行第六〇戦隊が参加した。

このときの爆撃で陸軍が製造した「カ四弾」という燃焼弾が使われた。この爆弾は弾体のなかに黄燐溶液を吸い込んだゴム片と火炎剤を詰めこみ、炸裂すると火炎弾となったゴム片が百メートル四方に飛び散るというものだった。人体にあたると、皮膚を貫いて内部でくすぶり続けたという（『戦略爆撃の思想』上二九九頁）。

六月六日、飛行第六〇戦隊は白市駅飛行場を爆撃し（死者四人・負傷六人）、重慶北東の梁山飛行場も爆撃した。六月一〇日、海軍機は市街を爆撃し、第六〇戦隊は梁山飛行場を爆撃した。

六月一一日、重慶市街と江北への爆撃がおこなわれ、第六〇戦隊は江北市街や金陵兵工廠を爆撃した。投下爆弾は百発を超えた。この日の重慶爆撃による死者は六四人、負傷者は一七二人だった。

六月一二日にも市街地への爆撃がおこなわれ、飛行第六〇戦隊は江北市街を爆撃した。江北の野猫洞・沙家溝・梁沱河・鵨鷹岩・打魚湾・東昇門・楊家渓・木関沱・金沙門・覲陽門・問津門・演武庁・上横街・平児院・火神廟・新城菜園・放生池街・三山廟・荒林街・四楞碑・水府宮・宝蓋寺などが被爆した。市街各地で火災が発生し、電話線が切断され、たくさんの難民が出た。この日の重慶市街と江北市街への爆撃によって、死者は二二二人、負傷者は四六三人におよんだ。

六月一六日、飛行第六〇戦隊は重慶市街を爆撃した。この日の爆撃で陝西路・新街口・左営街・中正路・神仙洞街・観音岩・中一路・国府路・学田湾・大渓溝・林森路・儲奇門・人和街・張家花園・双渓溝・曽家岩が被爆した。死者は四〇人・負傷者は五〇人であり、市街各所が焼かれた。

六月二四日、飛行第六〇戦隊は北碚市街を爆撃し、海軍機は重慶市街・江北を爆撃した。爆撃による死者は二一人、負傷者は六七人だった。北碚の街道・金鋼碑・果園・水嵐埡・魚塘湾・毛背沱などが被爆した。六月二五日の爆撃では、飛行第六〇戦隊は重慶に向かうが、故障機が発生したため、梁山飛行場を爆撃した。

六月二九日には飛行六〇戦隊が重慶大学や周辺の工場地帯を爆撃した。この日の爆撃による死者は一二人、負傷者は一九人だった。

七月二二日、重慶が密雲であったために、飛行第六〇戦隊は付近の要地への爆撃指令によって合川の工場地帯を爆撃した。七月三一日に飛行第六〇戦隊は北碚と銅梁を爆撃した。海軍機は市街・江北を爆撃した。北碚では南京路・上海路・中山路・中正路・体育場・黄桷鎮などが被爆した。爆撃による死者は六二人、負傷は二二六人だった。

八月二日、飛行第六〇戦隊は璧山を爆撃した。この日、璧山・広安・瀘県・隆昌・大竹などが爆撃された。死者は五七人・負傷者は一〇三人だった。八月三日、飛行第六〇戦隊は銅梁を爆撃した。死者は七人、負傷者は九人だった。

八月一九日・二〇日と飛行六〇戦隊は海軍機と共同して重慶市街を爆撃した。一九日の爆撃では、第六〇戦隊は二五〇kg爆弾九〇発・カ四弾（燃焼弾）五三発を投下した。

陸海軍の爆撃により、市街の大梁子・中華路・林森路・花街子・厚慈街・和平路・百子巷・棉絮街・魚市街・関廟街・草葯街・鼎新街・木貨街・守備街・十八梯・第三模範市場・較場口・演武庁・金紫門・磁器街・至軽宮・康寧路・棗子嵐埡・中二路・飛来寺・燕喜洞・神仙洞・中一路・民生路・南区公園・国府路・学田湾・武庫街・両浮支路・張家花園・春森路・牛角沱・大田湾・浮図関・菜園項・羅家湾・両路口など七〇か所余りと江北の廖家台が被爆し、火災が発生した。市街の「新民報」・川東師範学校・国民党軍事委員会・政治部・中央組織部・ソ連・イギリス・フランス大使館・仁愛医院など多くの施設が被害を受けた。死者は一八一人、負傷者は一三二人、家を失った人は二〇〇〇人に及んだ。この日の爆撃は「八・一九大爆撃」と呼ばれている。

八月二〇日には市街の繁華街に大量の燃焼弾が投下された。会仙橋・小梁子・蒼平街・機房街・大梁子・夫子池・臨江路・天官街・望龍門・西二街・西三街・西四街・陝西街・白象街・打銅街・東水門・復興路・模範市場・小什字・行街・千厮門・順城街などが被爆した。各地に火の手があがり、銀行区も火災に襲われて大きな被害を受けた。外国施設や南岸・江

▲…重慶爆撃（飛行第60戦隊・1941年8月31日）＊21

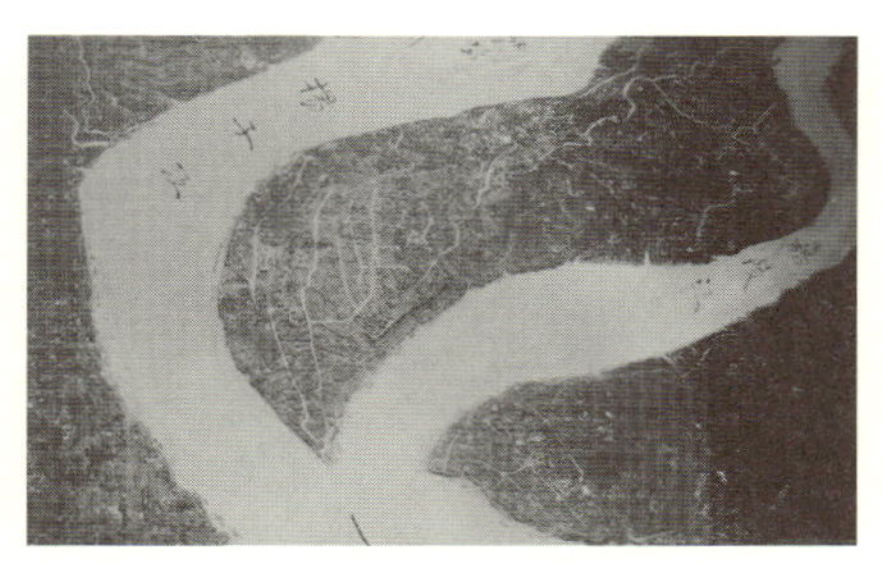

▲…重慶爆撃用写真（飛行第60戦隊）＊12

▲…重慶爆撃（飛行第60戦隊・1941年9月1日）＊21

▲…重慶爆撃（飛行第12戦隊・1941年8月30日）＊16

北も被弾した。死者は一三三人、負傷者は一四八人に及んだ。

重慶防空司令部調査によれば、この八月一九日・二〇日の爆撃による投弾数は八〇〇発余り、死者は三一四人、負傷者は二八〇人、破壊家屋は八一四五軒という。この二次の爆撃は重慶の都市機能の多くを破壊するものだった。さらに八月二一日、飛行第六〇戦隊は南充・梁県を爆撃した。

陸軍爆撃部隊による第三期の爆撃は一九四一年八月中旬から九月はじめにかけておこなわれた。

一九四一年八月一一日、飛行第六〇戦隊が重慶を爆撃した。この日、両路口・大田湾・国府路・曽家岩・学田湾・南岸・江北が爆撃され、被害は

▲…重慶 磁器口爆撃（飛行第98戦隊・1941年8月30日）＊14

死者五七人、負傷者六五人だった。

八月一七日・一九日と飛行第六〇戦隊は自流井の製塩所を目標に爆撃をおこなった。一七日の自流井への爆撃では、郭家坳・竹湯元・光大街・土地坡・黄葛坡・夏洞寺・王家塘・五営村・鳳凰項、貢井の篠渓街などが被爆した。死亡者は三六人、負傷者は六九人だった。一九日の爆撃は居住区に対しておこなわれ、死亡者は二四人、負傷者は四六人だった。

八月二七日、飛行第六〇戦隊は重慶市街北西の工場・倉庫群を爆撃した。

八月三〇日には飛行第六〇戦隊・第十二戦隊・第九八戦隊と海軍機による重慶爆撃がおこなわれた。飛行第六〇戦隊は蔣介石の軍事会議場を狙って爆撃した。南岸の老君洞・向家坡・黄桷埡・汪家花園や黄山の蔣介石官邸・雲岫楼が爆撃された。市街地や小龍坎・沙坪項なども爆撃された。この爆撃によって死者三三人・負傷者八八人の被害がでた。

八月三一日には飛行第六〇戦隊と海軍機が重慶を爆撃した。市街国府路・上清寺・中三路・学田湾などが被爆し、死者四二人・負傷者二三人が出た。益世報編集部と印刷工場が全壊した。

九月一日には飛行第六〇戦隊は大波口製鉄所を爆撃した。それにより、労働者九人が死亡し、一五人が負傷した。

この八月の攻撃は昼夜を問わない爆撃であり、市民を疲労させた。警報は頻繁に鳴り、市民は防空壕での執務や地下での工場生産を強いられた。

最後に、陸軍爆撃隊による第四期の重慶攻撃についてみておこう。

この攻撃は一九四三年八月二三日に飛行第五八戦隊によっておこなわれた。この戦隊は一九三八年八月に公主嶺で飛行第十二連隊から分離・編成された部隊である。爆撃によって重慶郊外の小龍坎・石門・馬王場・黄泥湾・陳家坪・烟灯山・邵家湾・聯芳橋などが被爆し、中央工業学校試験所・石門紡績工場も被害を受けた。死者は一五人、負傷は三二人だった。

以上が、陸軍部隊がかかわった重慶への爆撃とその被害状況である。海軍部隊は継続的に重慶を爆撃してきたが、陸軍部隊が共同することでその破壊力は倍増し、多くの市民が死傷したことがわかる。しかし、これらの爆撃は重慶市民の抵抗意識を破壊できなかった。

中国各地への爆撃は市街地への爆撃を含むものが多く、学校・宗教施設・医院など非軍事施設も爆撃され、非戦闘員が多数死傷した。そのような日本軍による爆撃は人道に対する罪であった。

梁山

重慶の項でみたように、重慶への爆撃の際に梁山への爆撃がおこなわれた。ここで梁山への爆撃状況についてみておきたい（『侵華日軍暴行総録』四川省の項）。

飛行第六〇戦隊は一九四〇年六月六日に梁山を攻撃し、飛行場・県城・天笠郷・城西郷を爆撃した。六月一〇日には飛行場・県城・城西郷・天笠郷・仁賢郷を爆撃した。六月二五日には県城・天笠郷を爆撃した。一九四一年八月三一日には飛行場・県城・聚奎郷などを爆撃し、爆死者五人、爆傷者八人をだした。

一九四三年以後、軽爆隊の飛行第九〇戦隊による攻撃が続いた。一九四三年五月二九日には飛行場・県城・城西郷・天笠郷などを爆撃した。一九四四年五月三〇日には県城・城西郷・安勝郷を爆撃し、七人の死者と六人の負傷者が出た。八月二九日には飛行場・県城・城北郷・擂鼓坪などを爆撃、死者四人・負傷者六人をだした。

一九四四年九月二五日には飛行第六〇戦隊が飛行場・県城・城北郷を爆撃した。

中国側資料には梁山へと細菌弾が投下されたという記事がある。一九四三年八月八日に日本軍機が梁山に侵入し、爆弾二〇発と細菌弾四発を投下したという。病院側は細菌弾であるとみなし、消毒をおこなったが、翌年、細菌弾投下地域で病気が発生し、柏家・石安・福禄・城東などで一二三人が死亡した（『侵華日軍暴行総録』一二一〇頁）。

成都

成都への空爆についてみてみよう（『侵華日軍暴行総録』四川省の項）。

一九四〇年七月二四日、飛行第六〇戦隊は、市街東南の春照路から芷泉街、紗帽街から拱背橋の一帯に爆弾と燃焼弾を投下した。各所で火災が起きた。現場から死体が収集されたが、顔が焼け焦げたもの、黒焦げになったもの、手足の無いもの、血肉を失い頭骨だけになったものなど悲惨な状況だった。諸葛井の李一家四人の爆死や幼子を抱いたまま爆死した女性など、死亡した市民は一〇二人、負傷者は一三三人に及んだ。救出隊員の死傷者は一五三人となった。

飛行第六〇戦隊は一九四四年九月・一〇月にも成都の新津飛行場などを爆撃し、同年一〇月には飛行第十六戦隊・第九〇戦隊が成都の飛行場を攻撃した。

▲…江西省・南昌爆撃＊4

4 河南省 信陽、湖南省 平江・衡陽

信陽

一九三八年九月から一〇月にかけて飛行第六〇戦隊は湖北省の武漢攻略に向けて各地で爆撃をおこなった。江西省の徳安・南昌、湖北省の英山・麻城・咸寧、河南省の信陽などでは市街地が爆撃された。

飛行第六〇戦隊がかかわったとみられる九月末の信陽の北方、邢集での爆撃をみてみよう。

日本軍機による邢集・花山寨への爆撃による死傷者は一〇〇人を越えた。熊徳元はそのときに精神を破壊され、「飛行機が来たぞ！　来たぞ！　逃げろ！」と叫ぶようになり、二年後に死亡し、家族は離散した（『日軍侵華暴行実録二』五七八頁）。

平江

一九三八年一〇月一九日、飛行第六〇戦隊は湖南省の平江を攻撃した。

日本軍機は平江の主要な街路・建物を爆撃し、機銃掃射もおこなった。この攻撃により市内には血と肉が飛び散り、市街地から出火し、街は瓦礫の山となった。爆死者は二〇〇人、負傷者は五〇〇人を超えた。北街の彭家祠堂・傷兵医院では六〇人余りの重症者が爆死した。人びとは二〇メートル余り吹き飛ばされ、善彗庵の屋根や高灯の柱に飛び散った。宋家塘では防空壕が直撃され、壕内の約五〇人が死亡した。体はばらばらになり、その惨状は正視できないものだった。また、東街北や北門の烏龍廟に燃焼弾が投下され、六〇〇棟余りが焼失し、市民はさまざまな財産を失った（『日軍侵華暴行実録四』一八三頁）。

衡陽

湖南省の衡陽市は日本軍による空襲を数多く受けたところである。『日軍侵華暴行実録四』には衡陽市四一次、衡山県二三次の空襲を受けたとある（三一〇頁）。

飛行第六〇戦隊・第九八戦隊は一九三八年一一月に衡陽飛行場を爆撃した。同時期、衡陽市街も爆撃された。市街の北生街・両頭忙・帝主宮・堰塘巷などが被爆し、死傷者は一〇〇〇人ほどになった。

飛行第六〇戦隊は一九三八年一一月、衡山を攻撃した。一一月八日の爆撃で衡山市街は廃墟となった。死傷者は一〇〇〇人以上とみられる（『日軍侵華暴行実録四』三〇一・三一〇頁）。

その後、飛行第十二戦隊は一九四一年九月に、飛行第六二戦隊は一九四二年五月・七月に、飛行六〇戦隊は一九四三年七月末から八月にかけて衡陽の飛行場・停車場などを攻撃した。飛行第九〇戦隊・第十六戦隊も衡陽飛行場への攻撃をおこなった。飛行第九〇戦隊は一九四四年七月、衡陽の占領にむけて市街を爆撃した。

5　浙江省　金華・衢県、福建省　建甌

金華・衢県

日本軍による一九四一年の爆撃をみれば、軽爆隊の飛行第七五戦隊は一九四一年四月一七日に義烏北方の列車、四月二三日に金華駅を爆撃した。飛行第十四戦隊は一九四一年五月、浙江省各地を爆撃した。一九四一年五月一五日には金華駅を爆撃し、鉄路と車両を破壊した。死傷者は二〇人余りだった。同日、飛行第十四戦隊は義烏市街、五月一六日と二二日には蘭谿市街、五月一七日には衢県市街、五月一八日には広信市街・新昌市街、五月二〇日には歙県市街、五月二一日には麗水市街などを爆撃した。

五月一七日の衢県での爆撃の状況をみると、投弾と機銃掃射によって三〇人余りが死亡した（『侵華日軍暴行総録』浙江

▲…金華駅爆撃（飛行第75戦隊・1941年4月23日）＊20

▲…義烏北方列車爆撃（飛行第75戦隊・1941年4月17日）＊20

省の項）。

一九四二年の日本軍による浙贛作戦では、五月から六月にかけて、飛行第六二戦隊や第九〇戦隊などが衢県や玉山などを爆撃した。

衢県は日本軍によって占領され、住民は避難した。この避難民の中に高熊飛さんがいた。高さんは一九三九年、金華で生まれたが、金華への空襲が激しくなるなかで衢県へと移動していた。衢県への攻撃とともに逃避するが、日本軍が撤退したために衢県にもどろうとした。しかし住居は爆弾で壊され住むことができなかった。そのため福建省に移動し、戦時の省都となっていた永安に移るが、一九四三年一一月の日本軍の空爆によって右腕を失った。四歳のときのことである。その後、差別をのりこえて就職し、結婚した。

高さんは無差別爆撃への謝罪と賠償を求めて次のように語る。「わたしの右腕は日本軍の飛行機の爆弾でなくなってしまいました。そのため、その後のわたしの人生には大きな困難が待ち受けていました。この原因をつくった戦争を心の底から憎み、二度と再び戦争が起こらないようにしたい」（『中国人戦争被害者の証言』五八頁）。

爆撃は高さんのような苦しみを持った数十万人の人々をつくった。高さんは衢県に戻らなかったが、日本軍は衢県から撤退するにあたり、ペストやチフスなどの細菌を撒布した。

なお、飛行第十四戦隊は一九四一年一月一八日に南寧市街（現・広西壮族自治区）を爆撃した。この爆撃で四三〇人が死傷した。それは南寧への空爆で、最大の被害を与えた爆撃である（「新華網」二〇〇五年三月二日付）。

建甌

建甌へは一〇〇回を超える爆撃があった。そのなかで、一九四二年七月一一日の大爆撃と一九四三年一〇月二日の禄馬巷防空壕直撃事件が忘れがたいものとされる。

一九四二年七月一〇日・一一日と建甌の飛行場と市街への攻撃をおこなったのは飛行第九〇戦隊だった。一九四三年一〇月二日の建甌への爆撃は飛行第十六戦隊がおこなった。

一九四二年七月一一日の爆撃は銘三路の大同旅社付近への燃焼弾投下から始まり、その後、市街地へと爆弾と燃焼弾が投下された。逃げ惑う人々へと機銃掃射がおこなわれた。爆撃によって中山路・中正路・銘三路・三条主街が大きな被害を受けた。爆撃後の焦土に慟哭の声が響いた。この爆撃により三五四棟が被災し、死傷者は二八五人となった。

一九四三年一〇月二日の日本軍機七機による爆撃の際、禄馬巷ではある夫婦の養女の結婚を祝って人々が集まっていた。警報が鳴り、人々は防空壕に入ったが、その防空壕を爆弾が直撃した。この防空壕への直撃で八七人が死に、生き残ったのは二人だけだった。李添炎の家族は四代七人が死亡し、楊益三の家族は三人が死亡した。このように二～三人が死亡した家族が多かった。死体は損傷し判別できない状態だった（『日軍侵華暴行実録四』五〇九頁～）。

飛行第十六戦隊の一〇月二日の記録には、第三中隊六機が建甌攻撃、続いて第二撃とあるだけである。飛行第十六戦隊は九月から建甌飛行場攻撃を始めた。市街地も爆撃したとみられる。

6　雲南省　昆明・保山

昆明

日本軍は一九四〇年、ベトナムから中国に至る鉄路を断った。これに対し一九四一年、中国側は雲南からビルマにいたる支援路をつくりあげた。これを滇緬公路という。昆明や保山はその沿線にある拠点都市だった。日本軍はこの支援ルー

表4-1　昆明への爆撃

年月日	機数	爆撃隊	爆撃先	死者	重症者	軽傷者	難民	全壊	半壊	小壊
1938.9.28	9	海軍	潘家湾・苗圃・長耳街、市街・昆華中学・師範	119	173	60				
1939.4.8			巫家壩飛行場・甸営村		30余					
1940.5.9			巫家壩飛行場・香条村							
1940.9.30	27		市1・2・3・5・6区	12	170	80	294	286	123	56
1940.10.7	18		市西南、柳壩村	41	15	38	66	114	31	11
1940.10.13	27		市西北、大西門・文林街・銭局街一帯	67	13	127	899	236	147	78
1940.10.17	18		市東南区	4	2	4		38	39	13
1940.10.28	9		市東北、小菜園	16	7			12	9	13
1941.1.3	18		市東南区、養済院一帯	41	36	65	85	61	24	12
1941.1.5	9		市中心、円通街・平政街一帯	12	24	15	172	43	21	9
1941.1.22	18		市南区、鳳壩村・玉皇閣付近	27	14	30		58	6	8
1941.1.29	15		市2・3区、民生民権街・福照街・文林街一帯（東北・西区）	54	45	37	267	432	189	115
1941.2.26	27		市中心、臨江里・大東門・東庄一帯（東南）	103	45	46	168	85	43	21
1941.4.8	18	60F	市1・2・3区、正義路・武成路など	26	17	21	1600	1161	125	159
1941.4.26	18	60F	南岳廟、飛行場	14	15	11	20	100	40	40
1941.4.29	18	60F	中心区、瓦倉庄など	78	53	66	1026	483	643	192
1941.5.8(7)	18	60F	北郊外、沙溝壩・湾子壩	68	14	55		16		
1941.5.11	9		南郊外、席子営	11						
1941.5.12		60F	東南区一帯、雲南大学	3	9	8	665	87	46	13
1941.7.5			茨壩	4	6				2000	
1941.8.10	18		市1・2・3・4区、大西門内外、小虹山など 茨壩・馬街子工場区	28	37	4	1262	598	136	52
1941.8.12			茨壩・黄土坡	28	5	1			100	
1941.8.13			市中心、街道	43	19	3			935	
1941.8.14			市東南区	17	15	22			228	
1941.8.17	27		市1・2区	15	10	16	652	899	343	156
1941.12.18	10		東郊外	147	176	42			49	
1943.4.28		12F98F	飛行場、村庄	57	44				273	
1943.5.15		12F98F	飛行場、苜宿村	24	3	40			207	
1943.9.20		60F	飛行場、苜宿村	9	15	11				
1943.12.18		60F	飛行場	7	3					
1943.12.22		60F	飛行場	5	3	5			56	
1944.12.21		90F	飛行場	不明						
1944.12.24		90F	飛行場	不明						

註　「昆明市政府呈報敵機空襲轟爆損失表」、「民国28年至33年各属空襲災情賑済表」（『日軍侵華罪行実録 雲南部分』所収）から作成、『侵華日軍暴行総録』、「抗戦時期昆明的防空」（「雲南日報」2004年9月7日付）、戦隊史などで補足。60FのFは戦隊の略。

昆明の統計では、爆撃の死者は900人、負傷者は1500人を超えた。

史料により、数値が異なる際には、筆者の判断でどちらかを採用した。

▲…昆明爆撃、100 kg弾 135 発（飛行第 60 戦隊・1941 年）＊12

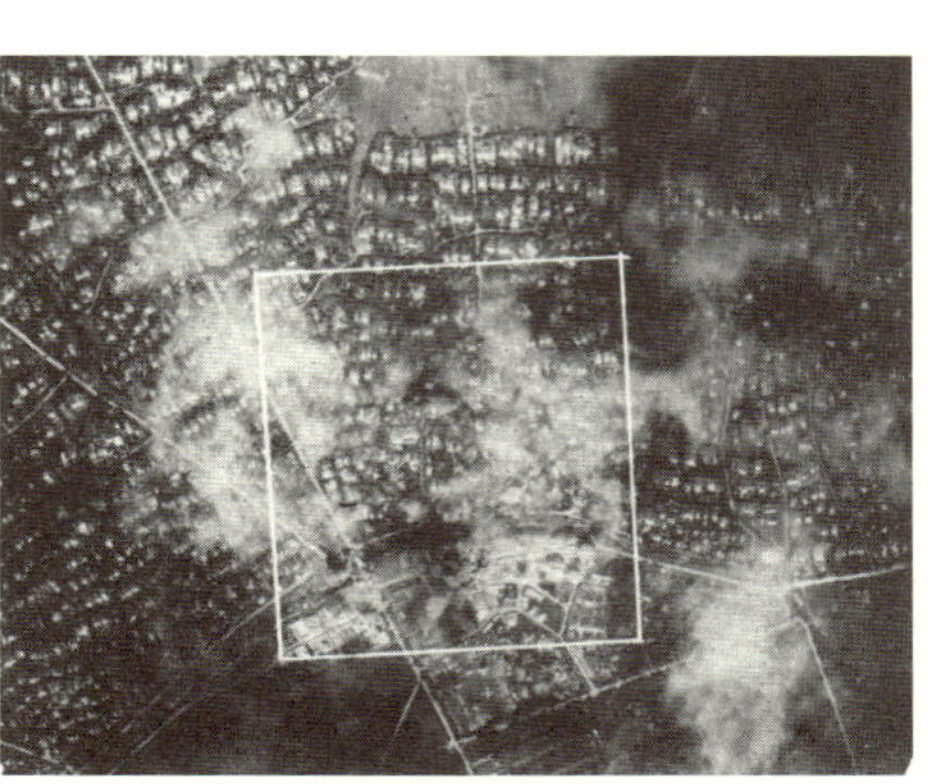

▲…昆明爆撃（飛行第 98 戦隊・1943 年）＊14

トを破壊するために空爆をおこなったが、市民への無差別爆撃を含むものだった。

昆明への爆撃は当初、海軍部隊がおこなっていたが、陸軍部隊も攻撃をおこなうようになった。一九四一年四月から五月にかけては、飛行第六〇戦隊が爆撃をおこなった。

飛行第六〇戦隊による一九四一年四月八日の爆撃は昆明の市街を狙っておこなわれた。その爆死者は二六人、負傷者は三八人だった。四月二六日には市街と小西門外の趙家堆・梁家河などが爆撃され、爆死者七人、負傷者九人がでた。四月二九日には市街爆撃がおこなわれ、爆死者七八人・負傷者九九人がでた。五月八日には北部郊外が爆撃され、爆死者六九人・負傷者六九人がでた。五月一二日には南区が爆撃され、死亡者三人・負傷者一七人がでた。

一九四三年四月二八日には飛行第十二戦隊と飛行第九八戦隊が飛行場と周辺の村を爆撃した。それにより、爆死者五七人・負傷者四四人がでた。五月一五日にも爆撃をおこなった。九月二〇日には飛行第六〇戦隊が昆明飛行場を爆撃した。五月一五日の爆撃とあわせて死者は三三人、負傷者は六九人だった。さらに飛行第六〇戦隊は一二月一八日と二二日に昆明飛行場を爆撃し、死者一二人・負傷者一一人がでた。

一九四四年一二月には飛行第九〇戦隊が昆明飛行場を攻撃した。

日本軍機による昆明の爆撃は六七次におよび、爆死した民衆は一四三〇人ほど、負傷は一七〇〇人以上となるという。ここでみた陸軍部隊の爆撃だけでも死者数と負傷者数はそれぞれ三〇〇人ほどとなる（『侵華日軍暴行総録』雲南省の項による）。

表４‐２　5.4 爆撃　保山県立初級中学死亡者名簿

	名前	年齢
1	王文英	13
2	周礼	15
3	王希周	14
4	董紹賢	13
5	段従信	14
6	張仁	14
7	楊慶端	15
8	趙承緒	16
9	楊茂春	17
10	李炳榮	13
11	賽啟雄	13
12	楊国順	14
13	楊洧	14
14	楊自華	15
15	李潔	13
16	王国佐	16
17	林自強	17
18	楊鐘文	15
19	段従賢	14
20	陸之漢	14
21	張学建	13
22	趙学全	15
23	冶虞	15
24	王超	14
25	段福海	13
26	安建榮	16
27	董麟	15
28	鄭朝陽	15
29	李淑媛	17
30	王惠蘭	16
31	范榮華	15
32	童昭融	15
33	杜風英	14
34	段連芳	17

註　保山県教育局「抗戦時期教育人員及其家属傷亡調査表」から作成。『日軍侵華罪行実録雲南部分』325 頁所収。運動場２人、校外門２人を除き、他は教室内で爆死。

一九四〇年冬の昆明への爆撃の体験者鄒硯儒さんはつぎのように語る。吹き飛ばされた身体の一部が木・電線・屋根の上などに残り、街は死体で満ち、慟哭が天に響いた。日本侵略者に人間性は無い。爆撃が終わると機銃掃射もあった。歴史を忘れてはいけない。日本人は南京大虐殺をいまだ認めない。警戒が必要だ（「雲南日報」二〇〇一年七月一八日付）。

保山

一九四二年五月四日の保山爆撃による死傷者は二〇〇〇人に及んだ。現地では五・四保山大爆撃と呼ばれている。

保山市内には日本軍による占領から逃れて中国各地やビルマから逃れてきた難民も

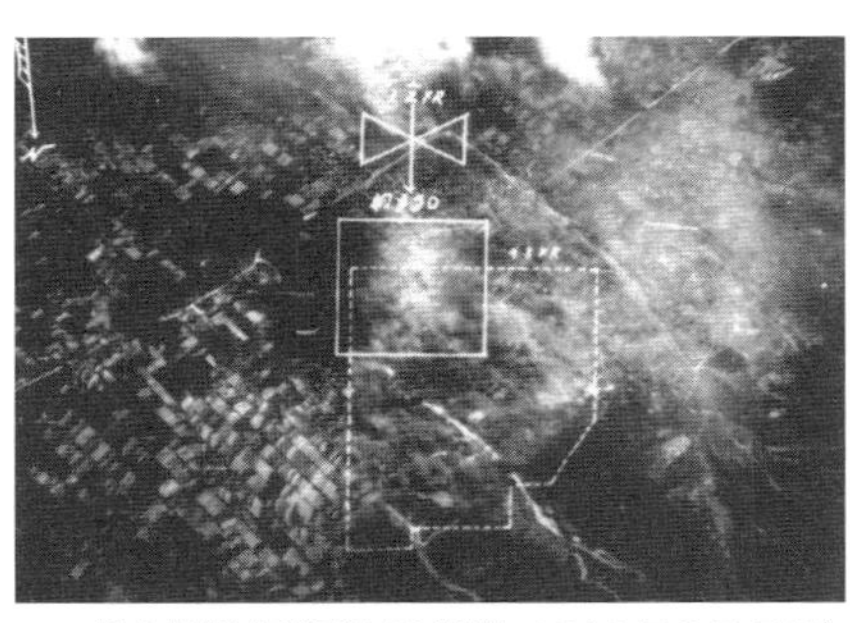

▲…保山爆撃（飛行第 12 戦隊・1942 年５月５日）＊17

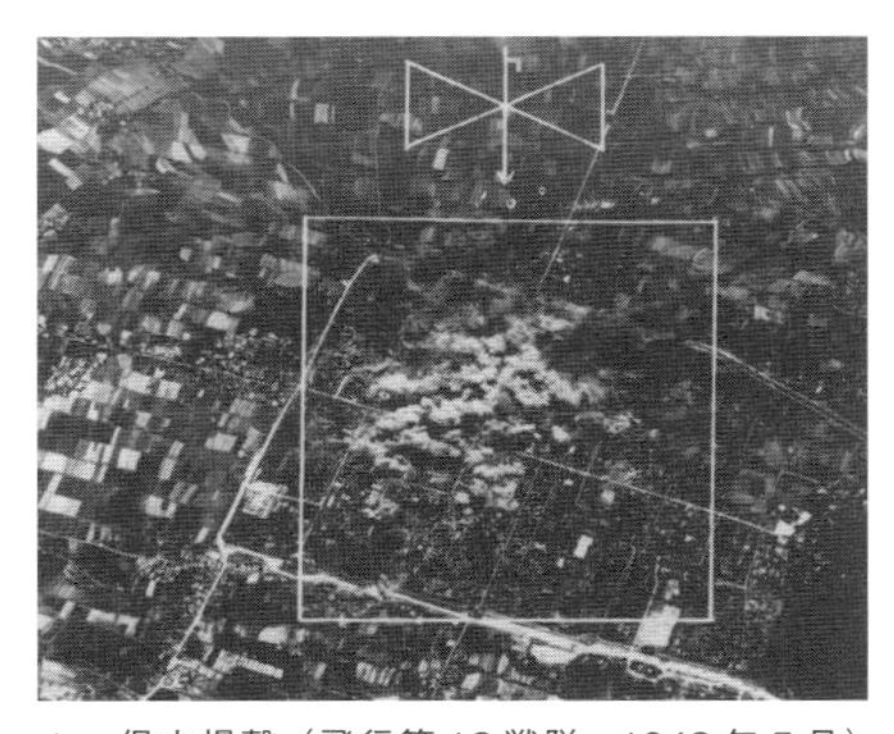

▲…保山爆撃（飛行第 12 戦隊・1942 年５月）＊17

いた。市場には、人びとが集まり、中学校は運動会を開催していた。

そこに日本軍機があらわれ、はじめに城南地域を爆撃し、つぎに城北地域を爆撃した。雲南省立保山中学の校舎は被爆し、校長の段宝光をはじめ学生三〇人ほどが死亡した。保山県立中学も爆撃され、中学生三〇人ほどが死亡した。馬里街にあった女子部の校舎には燃焼弾が投下され、すべてが焼失した。その際、女子第五班の学生三〇人ほどが燃焼弾によって焼け死んだ。学校前の広場では五〇人ほどが爆死した。華僑中学も爆撃され、多くの教師・学生が死傷した。運動会場の公園も爆撃され、学生一〇〇人余り、観衆三〇〇人余りが死傷した。

爆撃で一家が全滅した家庭もあった。上巷街の孔憲章の一家は燃焼弾により一二人中一〇人が死亡した。鉄楼街の李尚武の一家は一四人中一三人が死亡した。旧県街の店で子どもに乳を飲ませていた女性は顔を吹き飛ばされ、座ったまま血を流していた。ビルマから逃れてきていた三家の華僑の父母六人が手や頭を吹き飛ばされ、死亡した。花摘みに行っていて難を免れた子どもたちは血と肉にまみれた父母を見て泣き叫んだという。

このような日本軍による爆撃は五月五日・一三日・二三日・二四日にもおこなわれ、この五月の爆撃による保山市民の死亡者は三八二八人、負傷者は四一八人に及んだ。爆撃後、コレラが流行した（『侵華日軍暴行総録』雲南省の項）。

一九四二年五月はじめの保山爆撃は飛行第十二戦隊と第九八戦隊によるものである。『日軍侵華罪行実録 雲南部分』には、保山県が五月四日、五日の爆撃後に作成した八〇〇人ほどの死傷者の名簿と各家屋の被害状況の一覧が掲載されている。また、五月四日の爆撃による保山県立初級中学での死亡者の名簿があり、一〇代前半の若い世代が教室などで生命を失ったことがわかる。名簿は一人ひとりの生命の尊厳の地平から爆撃をとらえ、批判する視点の確立を語りかける。

7 重慶爆撃被害の証言

最後に爆撃被害者の証言をみておこう。重慶爆撃の被害者・劉吉英さんは二〇一一年六月三日、浜松市内で次のように証言した。

わたしは重慶中心部から三〇〇キロほどの万県で育ちました。生まれたのは一九三二年二月で、現在七九歳です。日本軍の空襲にあったのは一九四一年八月三一日、当時九歳でした。父は木船での運送業を営み、一〇〇トンほどの船で、重慶から宜昌市や沙市へと綿糸や塩・米などを運搬していました。日本軍が重慶を爆撃するようになると、父は木船にわたしたち姉妹を避難させ、わたしたちは船の上で暮らすようになりました。そのため、小学校に行くことができなくなりました。一九四一年二月、結婚していた上の姉に双子の娘が生まれ、上の姉一家に船に乗り、姪をあやすこともありました。

一九四一年八月一五日、父は万県の中心部の港に船をつけ、税の支払いに行く途中、日本軍の爆撃にあいました。父の腿と尻に爆弾の破片が突き刺さり、父は万県の赤十字病院に入院しました。わたしは何度か、お見舞いに行きました。

八月三一日、姉と見舞いに行くため、渡し船を降りて階段を上がった時に、空襲の警報を聞きました。皆と逃げ、広場のような場所に着いたとき、日本軍が街中にたくさんの爆弾を投下しました。ものすごい音とともにまっ黒い煙がたちのぼり、周囲からは鳴き声や叫び声が聞こえてきました。

自分の足に手が触れたとき、ぬるぬると暖かいものを感じ、見れば左足のひざが血まみれになっていました。爆弾で肉が割け、白い骨の部分が露出していました。わたしは痛さと疲れで立っていることができず、地面に倒れ、意識を失いました。わたしは赤十字病院に運ばれました。万県郊外の洞窟を利用した病院に移されましたが、左ひざの痛みはとても苦しいものでした。十分な治療も受けることはできず、二か月ほどたつと、退院させられました。

日本軍の爆撃により父は重傷を負い、わたしも左ひざに重傷を負いました。万県への爆撃によって父の仕事の船も全壊し、わが家は全財産を失いました。姉の双子の姪の命も奪われました。日本軍の爆撃はわたしたちの運命を完全に変えたのです。

わたしは今もうまく歩けません。当初、左足の膝の部分は曲がったままで、伸ばせない状態でした。わたしは劣等感を持ち、人生に希望を持てませんでした。就職を申し込んでも、何度も採用を断られました。自殺しようと、長江に飛び込んだこともありましたが、救け出されました。

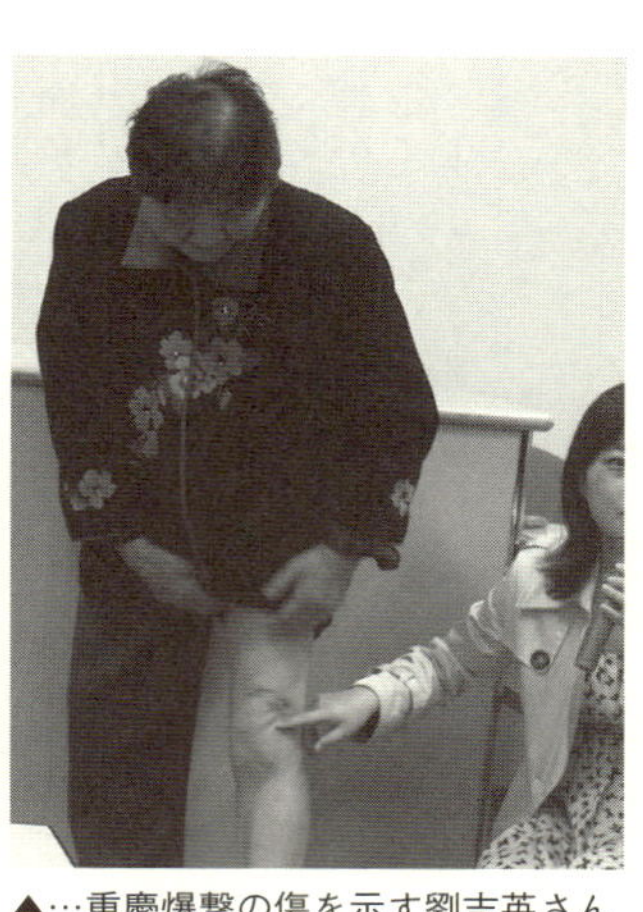
▲…重慶爆撃の傷を示す劉吉英さん

▲…重慶爆撃で左腕を失った張開俊さんの写真

三〇歳のころ、左足の膝が激しく痛んだため、レントゲンを撮ったところ、爆弾の破片が残っていることがわかりました。破片を摘出し、左膝を伸ばした状態にするために手術を受けましたが、膝を曲げることができなくなり、不便さはかわりません。右足で自分の体重を抱えてきたため、右足のひざとくるぶしが骨増殖症になりました。結婚できたのは三一歳の時でした。二人の子どもが生まれましたが、左足が不自由なため、妊娠はとても辛いものでした。いまでは二人の孫がいますが、その孫の顔をみると、姉の双子を失った父の悔しさを思います。

日本軍の爆撃で、わたしはわずか九歳で左足の膝に大きなけがを負い、心にも深い傷を受けました。しかし、日本政府は爆撃の被害者に謝罪していません。

わたしは重慶市に住む劉鳳蘭さんの介護で来日しました。劉さんの母である張開俊さんは一九四〇年五月三〇日の重慶爆撃で左腕を肩の付け根から失っています。張さんは原告ではありません。裁判の原告以外にもおびただしい数の被害者がいます。無数の中国人が言語に絶する大きな苦しみを味わったのです。わたしは、日本の裁判所がこの重慶爆撃の加害と被害の事実を認め、日本政府が被害者に謝罪と賠償を命じることを求めています。このような爆撃被害者の心の痛みを癒すことが、中日友好につながると思います（浜松集会での証言と二〇一一年六月に東京地方裁判所に提出された意見陳述書による）。

劉吉英さんとともに劉さんを介護して重慶からきた劉鳳蘭さんは母親の写真を示して爆撃の被害について話した。爆撃

表４-３　重慶爆撃

年月日	爆撃機数	投弾数	爆撃地域	死者	傷者	被害家屋（間）
1938. 2.18	9	12	広陽項・江北		3	3
1938.10.4	9	50 余	広陽項・市街・南岸	24	39	3
1938.11.8	1	5	広陽項・江北	0	0	0
1938.12.26	○　9		合川・重慶東部推測投下	0	0	0
1939.1.7	○　31	81	広陽項・市街・巴県・璧山	4	7	13
1939.1.10	○　30	53	巴県・大渓溝	17	38	103
1939.1.15	○　36	69	市街・江北	119	116	92
1939.1.16	18	58	淑徳中学	死傷 300 余		20 余
1939.3.29	18		梁山等	259	286	2840
1939.5.3	45	166	市街（商業・銀行）・南岸大火災	673	350	1068
1939.5.4	27	126	市街全区大火災	3318	1937	3803
1939.5.12	27	116	市街・江北・南岸火災	62	348	362
1939.5.25	3 次 39	110	市街・双河場・広陽項	404	516	560
1939.6.9	3 次 27	77	市街・南岸	25	19	125
1939.6.11	2 次 27	133	市街・南岸	180	85	114
1939.6.30	27	136	梁山	70	15	
1939.7.5	21	37	市街・南岸・広陽項	42	71	437
1939.7.6	3 次 18	46	市街・南岸・広陽項	2	92	118
1939.7.24	2 次 18	132	市街・郊外・江北	27	58	205
1939.7.31	2 次 18	38	市街・広陽項飛行場	7	5	77
1939.8.2	2 次 18	85	市・広陽項	80	134	45
1939.8.3	2 次 18	59	市街・広陽項	12	8	21
1939.8.4	2 次 18	81	市街・広陽項	4	22	60
1939.8.23	26	50	小龍炊付近・巴県	3	10	6
1939.8.28	2 次 36	102	郊外茶亭・土湾・沙坪項ほか	33	47	45
1939.8.30	24	60	白市駅・広陽項	52	37	80
1939.9.1	20	28	広陽項、梁山も	17	1	0
1939.9.3	3 次 54	88	郊外沙坪項ほか・中央大学等	27	23	16
1939.9.28	30	15	広陽項飛行場	2	4	8
1939.9.29	18	10	広陽項、梁山も	0	1	0
1939.10.4	47	33	郊外江北石馬郷	1	2	3
1939.10.5	25	21	巴県・広陽項・白市駅	1	0	0
1939.10.13	2 次 36		梁山	28	30	1765
1939.12.18	26		梁山（～ 12.19）	8	4	29
1940.4.15	3 次		白市駅飛行場	10	多数	
1940.4.22	26	100	梁山	10	30	100
1940.4.25	○　28	40	白市駅・市街・南岸・江北	4	1	67
1940.4.30	○　27	95	広陽項・白市駅・梁山飛行場	40	47	36
1940.5.18	54		白市駅・梁山・市街			
1940.5.19	6 次 63	756	梁山（～ 5.21）	62	23	292
1940.5.20	24	70 余	広陽項・梁山		1	5
1940.5.21	3 次 73	170	広陽項・白市駅（～ 5.22）	15	9	100 余
1940.5.22	2 次 54	140	白市駅・飛行場	37	10	280 余
1940.5.26	136	210	白市駅・化竜橋・紅岩嘴一帯・永川	64	103	25 軒
1940.5.27	3 次 99	137	郊外磁器口・土湾・小龍坎・北碚	152	201	16 棟・118

1940.5.28	3次99	400	市街・江北・南岸火災	208	373	
1940.5.29	2次63	180	郊外土湾・小龍坎・沙坪項ほか	68	95	64
1940.5.30	27	129	広陽項・合川・涪陵	1	4	4
1940.6.6	○ 36	348	白市駅･梁山（市街飛行場）	5	6	
1940.6.10	○ 54	97	市街・江北・磁器口･梁山	9	20	296
1940.6.11	○ 126	310	市街・江北・金陵兵工廠	64	172	657
1940.6.12	○4次117	318	市街・江北	222	463	1112
1940.6.16	○4次116	262	市街・江北・南岸等	40	50	670余
1940.6.17	3次75	370	広陽項・白市駅飛行場	12	13	132
1940.6.24	○ 126	318	市街・江北・北碚	21	67	828
1940.6.25	○4次125	92	白市駅・新市区・梁山市街飛行場	20	48	200
1940.6.26	3次130余	216	市街・	19	124	629
1940.6.27	3次90	113	近郊李子項・土湾･沙坪項	51	125	44
1940.6.28	3次90	157	市街･大坪・沙坪項・江北新村ほか	77	128	646
1940.6.29	○4次117	196	市街重慶大学・小龍坎・沙坪項・江北	12	19	505
1940.7.4	3次89	203	沙坪項・中央大学・重慶大学	12	9	18
1940.7.5	2次90	100	綦江	287	245	350
1940.7.8	3次89	248	市街	98	81	734
1940.7.9	3次90	298	市街・江北	45	92	468
1940.7.16	2次54	134	市街・江北	10	21	255
1940.7.22	○4次126	570	合川･綦江	640	315	
1940.7.31	○ 90	328	市街･江北･北碚･銅梁	62	226	90軒345
1940.8.2	○4次120余		壁山･広安･隆昌ほか	57	103	
1940.8.3	○ 36	250	銅梁	7	9	
1940.8.9	2次90	349	市街･南岸･江北	253	226	800余
1940.8.11	3次90	338	市街・近郊江北浮図関･南岸海棠渓ほか	123	147	300余
1940.8.12	—	—	警報・大梁子防空壕窒息事故	9	40	
1940.8.17	2次54	139	永川･富順	147	257	
1940.8.18	30	9	市臨江門ほか	14	12	12
1940.8.19	○2次135	402	市街･江北	193	147	2224
1940.8.20	○4次126	422	市街･南岸・江北・白市駅	149	186	5921
1940.8.23	2次81	284	南岸海棠渓ほか	12	37	348
1940.9.12	2次47	138	浮図関・嘉陵新村・南岸・市街	25	32	19棟208
1940.9.13	3次44	89	市街・南岸	2	2	21棟333
1940.9.14	2次57	120余	大渓溝・大渡口	26	77	44棟103
1940.9.15	2次39	72	市区・	38	19	115
1940.9.16	2次68	177	市街・南温泉・九龍坡ほか	38	38	8棟226
1940.10.6	2次42	191	市街・南岸･梁山	74	156	30棟339
1940.10.10	2次31	71	北碚・廟嘴	6	9	54棟85
1940.10.16	3	11		4	4	29
1940.10.17	18	57	市街	25	17	437
1940.10.25	2次44	117	市街・南岸	46	42	316
1940.10.26	33	77	市街	15	33	252
1940.12.11	6	29	梁山	18	9	46
1941.1.14	2次18	33	合川･重慶郊外	死傷数10		数10
1941.1.22	2次19	23	西郊外	4	2	40

1941.3.18	2次18	20	郊外小龍坎	0	2	15
1941.5.3	63	147	市街・江北	4	23	50余
1941.5.9	3次80	180	市街・江北	34	43	200余
1941.5.10	54	179	市街・江北	11	29	100余
1941.5.16	3次63	172	市	11	26	100余
1941.5.20	12	77	梁山（～5.21）	18	77	39
1941.6.1	27	169	市街	32	59	19棟364
1941.6.2	27	278	市街・江北	124	86	150棟660
1941.6.5	3次24	82	市街・江北・大防空壕窒息事故	1115	813	19棟1030
1941.6.7	2次31	82	市街・南岸・江北	41	9	15棟427
1941.6.11	3次72	154	磁器口・歌楽山・巴県ほか	4	11	9棟7
1941.6.14	2次34	77	市街	4	22	12棟224
1941.6.15	27	59	市街・港・南岸港	53	41	120余
1941.6.16	27	341	梁山	1	11	27
1941.6.20	3		永川攻撃途中に機銃掃射			
1941.6.28	25	43	南温泉	3	21	16棟
1941.6.29	63	152	市街・南岸	186	64	543
1941.6.30	48	138	市街・江北・南岸	14	34	8棟309
1941.7.4	2次28	65	市街・江北・梁山も	12	12	104
1941.7.5	21	80	市街・江北・南岸	4	42	10棟181
1941.7.6	3次23	81		2	4	数十
1941.7.7	2次41	80	市街	56	65	11棟187
1941.7.8	4次52	90	市街・南岸・巴県	67	180	19棟329
1941.7.10	2次51	149	南岸・浮図関・肖家湾・江津・涪陵	15	40	50棟197
1941.7.18	27	87	南区馬路・濫泥湾・木牌坊ほか	2	14	6棟29
1941.7.28	36	35	中三路・羅家湾・江北ほか	4	6	20余
1941.7.29	71	149	遺愛祠・黄家山・平安街ほか	17	29	173棟76
1941.7.30	5次130	190余	市街・南区・南岸・江北ほか、梁山も	78	92	200余
1941.8.8	2次106	323	彭家花園・南岸・江北	101	138	291棟232
1941.8.9	62	313	市街・郊外・江北	40	65	10余棟
1941.8.10	4次87	239	市街・巴県	66	104	数十棟
1941.8.11	○2次26	127	市街・南岸・江北・涪陵・巴県	57	65	10棟
1941.8.12	4次99	316	市街・化龍橋・涪陵・合川	46	100	
1941.8.13	6次102	273	市街・江北・	139	151	
1941.8.14	2次100	248	市街・大渓溝・双渓溝・南岸ほか	248	17	35
1941.8.17	○ 36	267	自流井市街	36	69	129
1941.8.19	○2次47		自流井市街	24	46	360
1941.8.22	81	150	市街・郊外小龍坎ほか	8	37	100数10棟
1941.8.23	54	180	郊外沙坪項・磁器口、梁山も	11	12	100余棟
1941.8.27	○ 27		市街・北西工場			
1941.8.30	○ 175	480	市街・南岸・沙坪項・涪陵・要人住宅	33	88	
1941.8.31	○ 137	148	市街・梁山	42	23	
1941.9.1	○ 27	130	大渡口	33	68	67棟
1941.9.24	3		郊外機銃掃射			
1943.2.24			梁山			
1943.5.20	25	87	梁山市街飛行場	3	9	34

1943.5.29	36	44	梁山飛行場市街	2	3	
1943.6.5	18	40	梁山飛行場	13	8	4
1943.8.8	9	24	梁山　細菌弾 4（翌年流行死者 123 人）			
1943.8.23	54	126	市街・小龍坎·巴県、万県	21	18	77
1944.5.10	9	37	梁山	1	2	1
1944.5.30	18	109	梁山市街飛行場	7	6	3
1944.8.29	9	30	梁山飛行場	4	6	
1944.9.25	○　9	30	梁山飛行場·県城	0	3	
1944.10.27	27	100	梁山飛行場·県城	3	5	

参考文献
西南師範大学歴史系・重慶市檔案館編『重慶大轟爆』重慶出版社 1992 年
重慶抗戦双書編纂委員会編『抗戦時期重慶的防空』重慶出版社 1995 年
李秉新·徐俊元·石玉新編『侵華日軍暴行総録』河北人民出版社 1995 年
羅泰琪『重慶大轟爆紀実』内蒙古人民出版社 1998 年
重慶市文化局・重慶市博物館・重慶紅岩革命紀念館編『重慶大轟爆図集』重慶出版社 2001 年
註　これらの文献で、死傷者や爆撃機などの数値が異なるときには筆者の判断でどちらかを採用した。
梁山·自流井への空爆についても表に入れた。日本の飛行戦隊の部隊史も参考にした。
爆撃機数の欄の○は陸軍飛行第 60 戦隊の攻撃が確認できるものを示す。

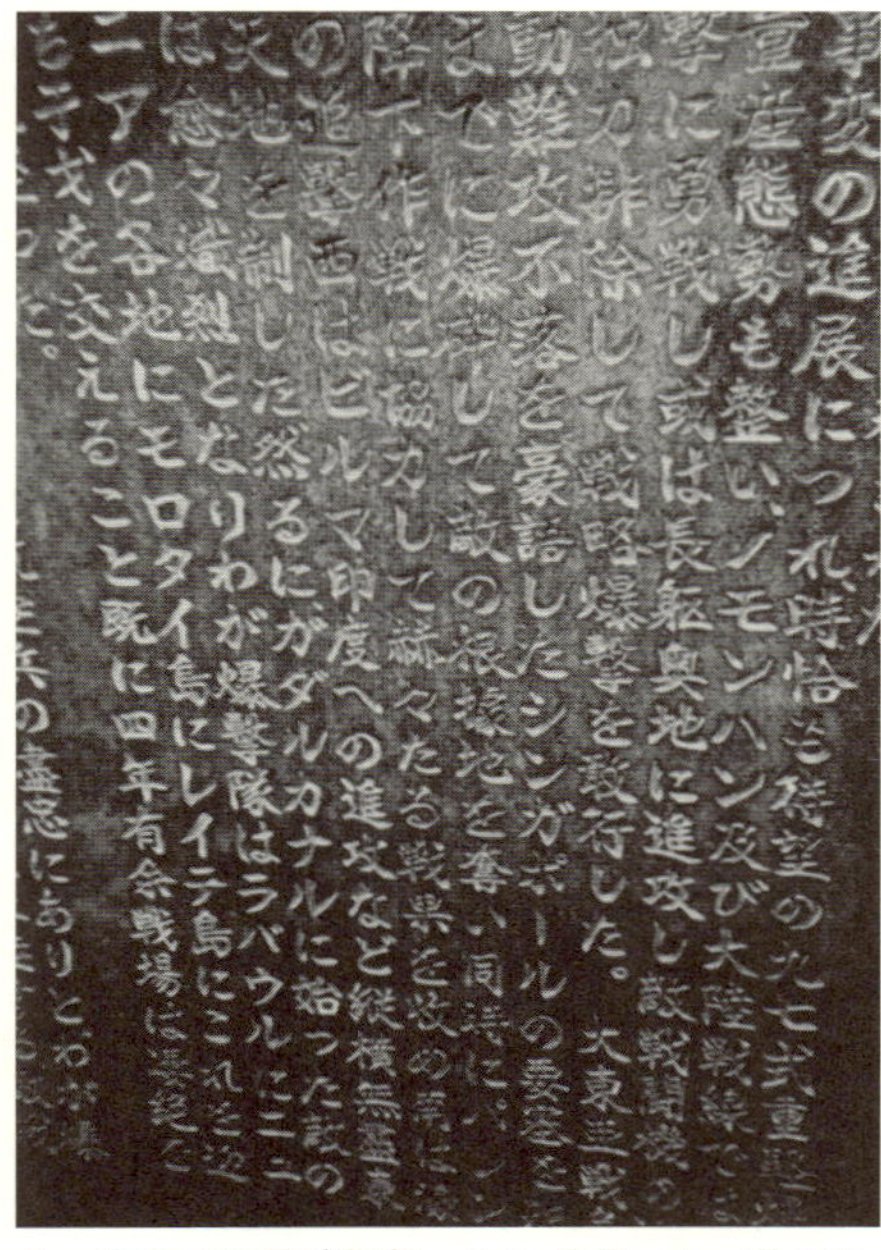
▲…中国での戦略爆撃、シンガポール、ビルマ、インドなどでの爆撃を記す「陸軍爆撃隊発祥之地」の碑文（航空自衛隊浜松基地資料館近く）

▲…航空自衛隊浜松基地資料館の「栄光の間」（2000 年）

は多くの人々に苦しみ、悲しみを与えた。爆撃による加害への謝罪や賠償はないまま、現在に至っているのである。

一九四一年八月三一日の重慶爆撃は、陸軍の飛行第六〇戦隊と海軍機によるものだった。浜松をはじめ日本から派兵された部隊によるアジアでの空襲加害の歴史をふまえ、日本各地での米軍による空襲被害について考えたい。


以上、陸軍爆撃部隊のアジア各地での爆撃の経過と中国での被爆の状況をみてきた。

浜松から派兵された飛行部隊は派兵先で強化・増殖され、侵攻作戦の支援や戦略爆撃をおこなった。中国の市街地への爆撃もおこなった。それによって多くの市民が死傷した。その攻撃は無差別の爆撃をともなうものであり、戦争犯罪であった。残されている各戦隊の爆撃写真からは無差別の市街爆撃を知ることができる。

王群生さんは、重慶爆撃の際には幼少であったが、一九三九年、罪のない重慶市民が血と汗を流している風景を見て、「戦争とは何か、侵略とは何か、正義とは何か、平和とは何か」を考え始めたと語った。そして、軍国主義の魂を呼び起こそうとする動きを批判し、爆撃の事実を示すことで、平和の花をいたるところに咲かせたいと呼びかけた（二〇〇二年八月六日広島集会）。

航空自衛隊の浜松基地の資料館には、爆撃隊の戦死者について展示された部屋があり、その場所は「栄光の間」とされていた。その資料館の入口近くには飛行第七連隊の門柱を利用した「陸軍爆撃隊発祥之地」の碑がある。その碑文には、中国での戦略爆撃やシンガポール、ビルマ、インドへの爆撃の歴史が肯定的に刻まれている。この展示や碑文には、過去の戦争を反省する視点、その戦争の責任を追及する姿勢、不再戦への決意、爆撃によって死を強いられた人びとへの思いが欠落している。

いま、あらたな戦争と派兵の時代となり、過去の侵略戦争を正当化する動きが強くなっている。いま一度、戦争体験者の戦争批判の思いを継承し、浜松の軍事基地を起点とした派兵と戦争の歴史をとらえ直したい。その歴史は人間の非人間化と大量破壊兵器による殺戮の歴史であり、繰り返してはならないものである。ここでみてきた中国での爆撃の事例は、爆撃の歴史の一部である。今後の調査により、その実態はより明らかになるだろう。その調査は、空からのテロリズムを終焉させるという民衆の歴史の実現にむけての作業である。

〔参考文献〕

『飛行第十二戦隊中国要地爆撃写真集』一九三八年九月三〇日～一九三九年四月二九日　防衛省防衛研究所図書館蔵
『飛行第十二戦隊中国要地爆撃写真帳』一九三八年七月～一九三九年三月　同館蔵
『飛行第十二戦隊写真帳』其の一、其の二　一九四一年・四二年　同館蔵
『飛行第六〇戦隊関係写真帳』同館蔵
『南西進攻六〇Ｆ参考写真集』同館蔵
『飛行第三十一戦隊関係写真帳』同館蔵
『支那事変飛行第九十戦隊写真帖』同館蔵
『支那事変写真帳（飛行第四四戦隊・六〇戦隊・七五戦隊）』同館蔵
高瀬士郎『第一野戦補充飛行隊』同館蔵
「飛行第十二戦隊（戦闘規定、参考綴、教育計画）」伊藤公雄　靖国偕行文庫蔵
「飛行第六十戦隊戦闘規範」一九三九年一〇月一日同文庫蔵
浜松教導飛行師団「昭和十九年度十月以降研究企画」一九四四年九月二五日 同文庫蔵
飛行第十二戦隊戦友会会報『無題の便り』一～三三号 一九五五～一九九三年
防衛庁防衛研修所戦史部『中国方面陸軍航空作戦』朝雲新聞社一九七四年
「航空記事」陸軍航空本部内星空会
陸軍航空碑奉賛会『陸軍航空の鎮魂・総集編』一九九三年
近現代史編纂会編『航空隊戦史』新人物往来社二〇〇一年
伊澤保穂『日本陸軍重爆隊』徳間書店一九八二年
粕谷俊夫『山本重爆撃隊の栄光』二見書房一九七〇年
伊藤公雄『碧空』一九九八年
『支那事変写真全集六 荒鷲部隊』朝日新聞社一九四〇年
本間正七『回想 ああ戦友飛行第十六戦隊教導飛行第二百八戦隊』一九七四年
飛行第六十戦隊小史編集委員会編『飛行第六十戦隊小史』飛行第六十戦隊会一九八〇年
村井信方編『飛行第九十戦隊史』飛行第九十戦隊会一九八一年

飛行第九十八戦隊誌編集委員会『あの雲の彼方に 飛行第九十八戦隊誌』一九八一年
角本正雄編『写真で綴る飛行第九八戦隊の戦歴』一九八五年
飛行第十四戦隊会『飛行第十四戦隊戦記 北緯二三度半』一九九四年
久保義明『九七重爆隊空戦記』光人社一九八四年
飛三十一友の会『飛行第三十一戦隊誌』一九八九年
飛行第七戦隊史編集委員会『飛行第七戦隊のあゆみ』飛行第七戦隊戦友会一九八七年
竹下邦雄編『追悼 陸軍重爆飛行第六十一戦隊』飛行第六十一戦隊戦友会一九七四年
『七三部隊回想録』（飛行第六十二戦隊・第六十三飛行場大隊）一九八〇年
『飛行第十五戦（聯）隊史』飛行第十五戦（聯）隊史編纂委員会一九八七年
『第五十七飛行場大隊写真史』第五十七飛行場大隊会一九八三年
第九十三飛行場大隊戦友会編『シンガポールへの道 第九十三飛行場大隊飛行第二十七戦隊の思い出』一九八七年
『陸軍少年飛行兵史』少飛会一九八三年
『翼をささえて 陸軍少年航空兵第一期技術生徒』白楠会一九八六年
『陸軍航空士官学校』陸軍航空士官学校史刊行会一九九六年
梶川涼子「浦田さんのこと」『市民の意見三〇の会東京ニュース』一八 一九九三年九月
江藤親「『未帰還』だった伯父 改めて『戦死』の悲しみ」「毎日新聞」一九九九年九月二日付
『西安・重慶平和ツアーレポート集』日本機関紙協会京滋地方本部京都平和資料事業センター二〇〇〇年
『戦後補償への道一九九二・八』第七次アジア太平洋地域の戦争犠牲者に思いを馳せ心に刻む会南京集会友好訪中団一九九二年
前田哲男『戦略爆撃の思想』朝日新聞社一九八八年、社会思想社版上下二冊一九九七年
早乙女勝元編『母と子でみる重慶からの手紙』草の根出版会一九八九年
佐藤正人「蘭州空爆・重慶空爆・アフガニスタン空爆」『パトローネ』四八 二〇〇二年一月
村瀬隆彦「静岡県に関連した主要陸軍航空部隊の概要」『静岡県近代史研究』一八・一九 一九九二・一九九三年
粟屋憲太郎編『中国山西省における日本軍の毒ガス戦』大月書店二〇〇二年
林えいだい『重爆特攻さくら弾機』東方出版二〇〇五年
王群生証言（二〇〇二年八月六日広島集会）『七三一部隊細菌戦国家賠償請求訴訟』ウェブサイト

高熊飛証言、松尾章一編『中国人戦争被害者の証言』皓星社一九九八年
李玉梅『昭南・新加坡在日本統治下一九四二―一九四五』新加坡伝統協会一九九二年
許雲樵・蔡史君編『新馬華人抗日史料一九三九―一九四五』新加坡文史出版一九八四年
『日軍侵華暴行実録』一～四 北京出版社一九九七年
李秉新・徐俊元・石玉新編『侵華日軍暴行総録』河北人民出版社一九九五年
洪桂己編『日本在華暴行録』一九二八～一九四五 国史館（台湾）一九八五年
余晴初「抗戦時期日寇轟爆漢中実録」「漢中文史」編集部『抗戦時期的漢中』漢中市政協文史資料委員会一九九四年
中国人民政治協商会議蘭州市委員会文史資料委員会編『蘭州文史資料選輯八』甘粛省新聞出版局一九八八年
西南師範大学歴史系・重慶市檔案館編『重慶大轟爆』重慶出版社一九九二年
重慶抗戦双書編纂委員会編『抗戦時期重慶的防空』重慶出版社一九九五年
羅泰琪『重慶大轟爆紀実』内蒙古人民出版社一九九八年
重慶市文化局・重慶市博物館・重慶紅岩革命紀念館編『重慶大轟爆図集』重慶出版社二〇〇一年
歩平・高暁燕・笪志剛『日本侵華戦争時期的化学戦』社会科学文献出版社二〇〇四年
雲南省檔案館編『日軍侵華罪行実録 雲南部分』雲南人民出版社二〇〇五年
「甘粛展出侵華日軍轟爆蘭州原始檔案」「広州日報」二〇〇五年四月七日付
「檔案資料印証日機轟爆西安史実」「西安日報」二〇〇四年一二月九日付
「南寧四千枚爆弾見証侵華日軍暴行」「新華網」二〇〇五年三月二日付
「八旬老人控訴日軍轟爆昆明罪行」「雲南日報」二〇〇一年七月一八日付
「抗戦時期昆明的防空」「雲南日報」二〇〇四年九月七日付
『証言記録 兵士たちの戦争 重爆撃機 攻撃ハ特攻トス～陸軍飛行第六二戦隊』ＮＨＫ二〇〇九年四月二五日放映

＊ 本書の第三章と第四章は「戦争の拠点・浜松（二）中国侵略戦争と浜松陸軍航空爆撃隊」を二つの章に分割したものである。第三章での陸軍爆撃隊員の記事については、竹内「航空部隊の拠点・所沢」（『軍都としての帝都』所収、吉川弘文館二〇一五年）を参照。

（初出「戦争の拠点・浜松（二） 中国侵略戦争と浜松陸軍航空爆撃隊」『静岡県近代史研究』三〇 二〇〇五年）

第五章……浜松陸軍飛行学校と航空毒ガス戦

浜松市の三方原には陸軍の航空毒ガス戦部隊がおかれていた。この部隊関係者による記録に、知見敏「報われなかった部隊」(『陸軍航空の鎮魂』)、岡沢正『告白的「航空化学戦」始末記』、鈴木清「三方原飛行隊の創設と終焉」(『戦争と三方原』)などがある。また、矢田勝「浜松飛行第七連隊の設置と一五年戦争」(『静岡県近代史研究』一二)、村瀬隆彦「静岡県に関連した主要陸軍航空部隊の概要(下)」(『同』一九)、荒川章二『軍隊と地域』などに記述がある。日本軍は毒ガスを中国戦線で使用したが、中国側の調査・研究には航空機による使用が数多く記されている。

航空毒ガス戦に関する史料は、吉見義明・松野誠也編『毒ガス戦関係資料Ⅱ』に数点含まれている(以下『毒ガスⅡ』と略記)。アジア歴史資料センターに収録された史料の中にも航空毒ガス戦関連のものがある。

以下、これらの記録や史料を利用しながら航空毒ガス戦と浜松の陸軍航空部隊についてみていきたい。

1　陸軍飛行第七連隊の設立と毒ガス戦研究

飛行第七連隊によるガス弾投下訓練

一九二六年一〇月、陸軍飛行第七連隊が立川から移駐した。移駐直後、飛行第七連隊の初代練習部長の春日隆四郎は

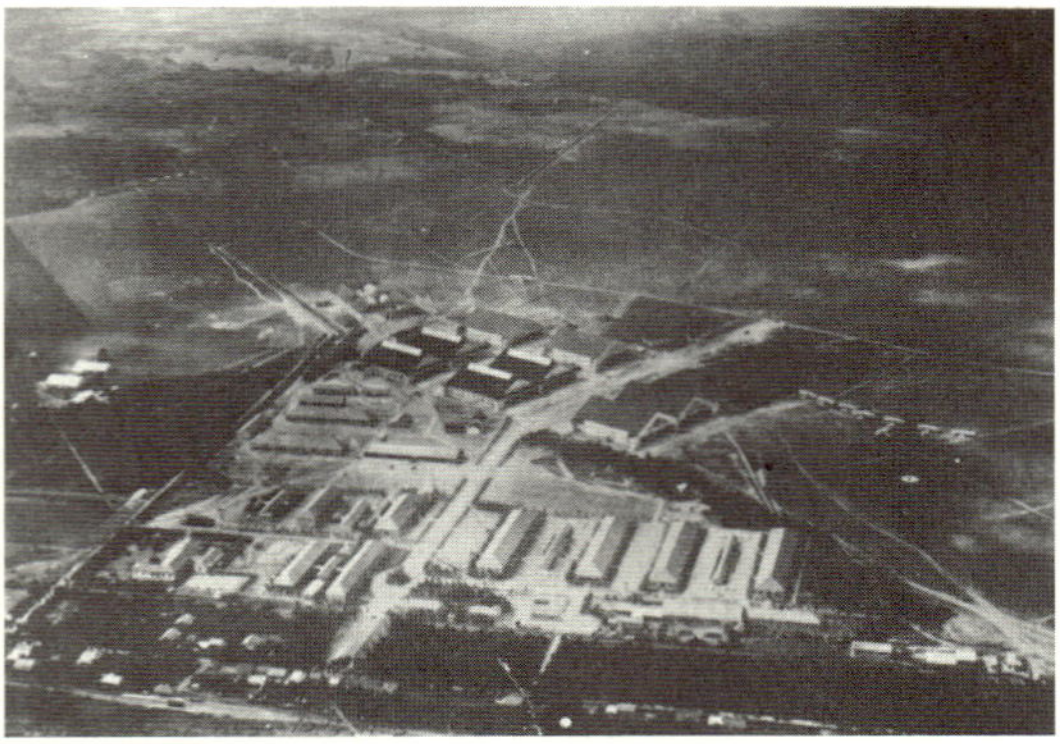

▲…浜松の飛行第７連隊＊12

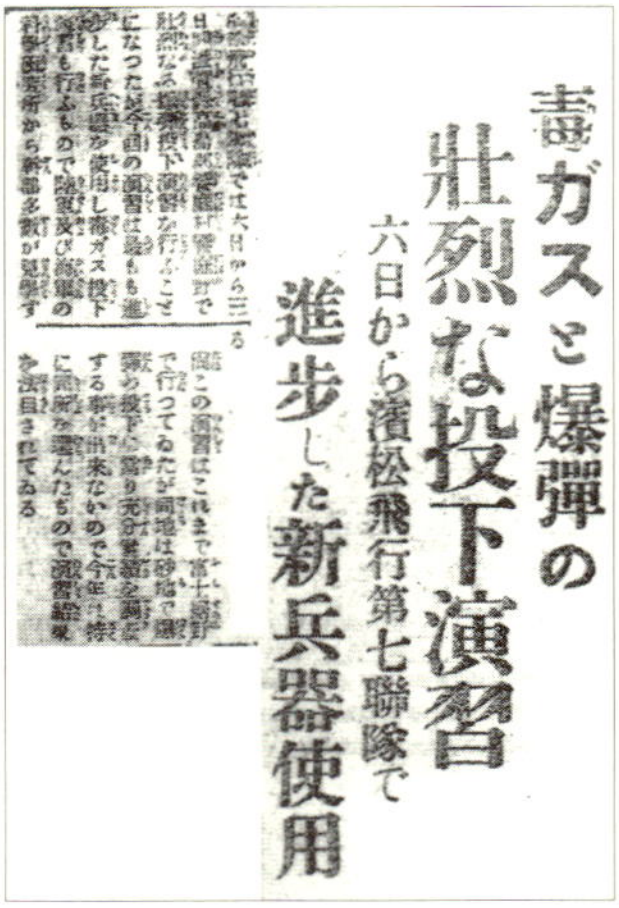

毒ガスと爆弾の壮烈な投下演習
六日から濱松飛行第七聯隊で
進歩した新兵器使用

▲…「浜松新聞」1930年11月3日

浜松在郷軍人会の総会で「空中防備と飛行機に関する通俗的知識」の題で講演し、ガスの空中撒布、「焼夷」弾、細菌弾について言及した（『文化之浜松』一一月号、荒川章二『軍隊と地域』一七八頁）。

一九二七年におこなわれた陸軍の「特別陣地攻防演習」の際に配布された『瓦斯防護教育参考書』（一九二七年六月）には、ガス用法の例として航空機による用法が記され、爆弾と雨下による使用法が示されている。また『陸軍科学研究所化学兵器講義抄録』（一九二八年）には化学兵器用法のひとつとして航空機による用法が記されている（ともに清水勝嘉『生物化学・毒素兵器の歴史と現状』所収史料 一三〇、一七四頁）。

「浜松新聞」は一九二八年九月二八日、二九日付記事でガス爆弾について説明し、ホスゲン、アダムサイト、クロルピクリン、イペリットなどについて紹介した。一九三〇年七月三日付の紙面では第三師団が航空毒ガス戦を想定して師団演習をおこない、一一月三日付では饗庭野（滋賀県）で飛行第七連隊が毒ガス弾を含んだ爆弾を投下する演習をおこなったことを報道した（荒川『軍隊と地域』一七九頁）。

陸軍は一九一〇年代後半から第一次世界戦争での毒ガス戦をふまえて化学戦研究をはじめた。一九二七年にはそれまでの基礎研究をふまえて実戦研究をはじめた。実戦にむけての研究の開始と飛行第七連隊の設立の時期は重なる。ここで紹介した陸軍の史料や浜松の記事から、毒ガスの実戦研究において航空機からの爆弾と雨下による使用が当初から想定されていたことがわかる。

陸軍は一九二〇年代後半、ホスゲンやイペリットの野外実験をくりかえした。新設された爆撃部隊はこれらの毒ガスを航空機で使用することを任務のひとつ

飛行第７連隊

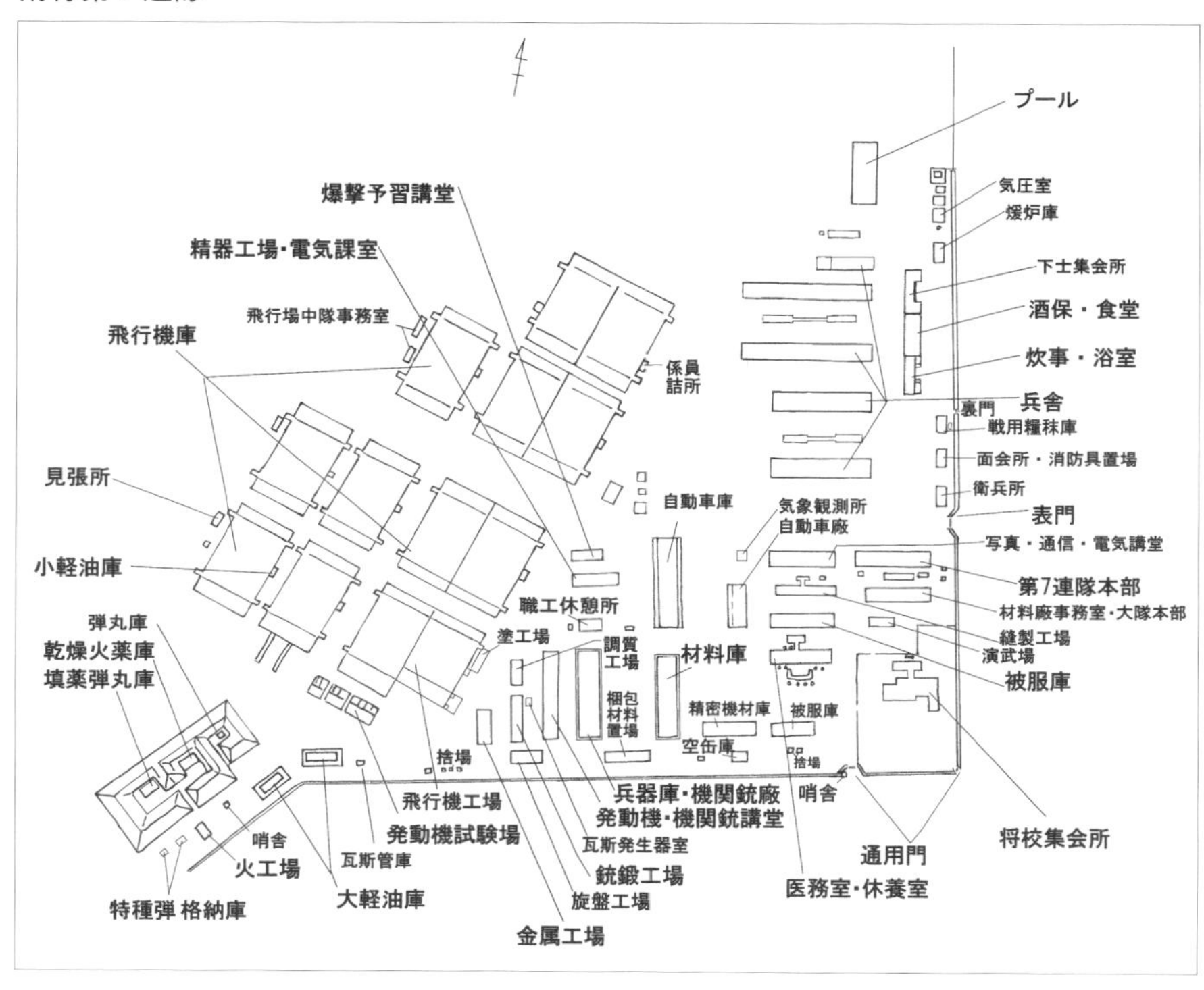

とした。

毒ガスは一九三〇年に起きた台湾での霧社事件で、屏東の飛行第八連隊によって使用された。飛行第八連隊は機銃弾や毒ガス弾で蜂起した先住民族を攻撃した。飛行機から催涙弾と青酸弾を使用し、燃焼弾も投下したのである。

飛行第七連隊は毒ガス戦研究とともに長距離飛行訓練や夜間爆撃訓練をおこない、侵略戦争の準備を重ねていった。一九三一年からの満洲侵略の際には浜松の飛行第七連隊で編成された爆撃部隊が満洲各地の抗日軍を攻撃した。

陸軍の実戦にむけての毒ガス戦研究は一九三三年八月に陸軍習志野学校が開設されたことでいっそう強化された。この学校の設立の目的は化学戦の実戦能力をたかめ、各部隊に派遣する化学戦将校を養成することだった。習志野学校の練習隊では迫撃砲、手撤・車撤などによるガス使用や制毒、気象の研究がおこなわれた。三三年には王城寺原（宮城県）、三四年には相馬ヶ原（福島県）、富士（静岡県）などで毒ガス訓練をおこなった（『毒ガスⅡ』一四頁）。

2　浜松陸軍飛行学校の毒ガス戦研究

浜松陸軍飛行学校の設立は習志野学校と同じ一九三三年八月のことである。浜松陸軍飛行学校は飛行第七連隊の練習部が独立したものであり、爆撃教育を主な任務として設立された。現・航空自衛隊浜松基地の司令部がある地区を拠点とした。浜松陸軍飛行学校では航空毒ガス戦の研究もおこなわれた。航空機による毒ガスの使用は爆弾による投下と雨下（撒布）の二つがあり、浜松でその開発・研究・訓練がおこなわれた。投下毒ガス爆弾は　投下きい弾（イペリット・ルイサイト）、投下あをしろ弾（ホスゲン）、投下あか弾（ジフェニールシアンアルシン）、投下ちゃ弾（青酸）などが開発された。

投下きい弾・投下あをしろ弾

陸軍は一九三二年に九二式五〇kg投下きい弾、九二式五〇kg投下あをしろ弾を制式化した。制式化とは軍での装備の正式な採用の意である。きいはイペリット・ルイサイト（びらん性）である。あをはホスゲン（窒息性ガス）、しろは三塩化砒素（発煙剤）、あをしろはその混合物である。両弾とも一九二七年に陸軍科学研究所が制作をはじめた。きい弾は一九二八年三月に伊良湖（愛知県）と三方原で第一回試験をおこない、二九年七月に王城寺原で静止破裂試験をおこなった。あをしろ弾も同様の経過で審査された（「航空弾薬九二式五十瓩投下きい弾（甲）及九二式五十瓩投下あをしろ弾仮制式ノ件」）。

これらの投下毒ガス弾の試験が三方原でおこなわれたことから、飛行第七連隊が投下を担ったのは確実である。きい弾はその後改良が加えられ、九四式五〇kgきい投下弾など、三四年、三七年、四〇年と改良弾がつくられた。この改良のための研究や試験に浜松陸軍飛行学校が関わった。

投下あか弾

浜松陸軍飛行学校と投下毒ガス弾のかかわりは一九三六年に制式化された九六式一五kg投下あか弾（ジフェニールシア

ンアルシン・くしゃみ嘔吐性ガス）の制作経過にはっきりと記されている（陸軍航空科学研究所「航空機爆薬十五瓩投下あか榴弾考査報告書」一九三七年、『毒ガスⅡ』四一四頁）。

それによれば第一回と第二回の機能試験は陸軍伊良湖試験場でおこなわれた。そこでは一九三三年九月に一一発、三四年六月には三〇発が使用された。第三回は一九三四年九月に浜松で航空機から投下しておこなわれた（三四発）。一九三五年九月には第四回目の試験が浜松でおこなわれ、集団投下による効力試験、静止破裂による効力試験などが実施された。浜松での試験は浜松陸軍飛行学校の協力のもとでおこなわれた。第四回目の試験内容をみると、軽爆三機が毒ガス弾二〇発を一八ヘクタールに投下。その結果、あか弾が風下数百メートルにわたる地域を制圧し、破片効力は相当なものになり、「殲滅的効力」をもつことを確認した。静止破裂試験では一〇発を一ヘクタール内で使用した。

投下ちゃ弾実験

浜松陸軍飛行学校は投下ちゃ弾（青酸）の実用にむけての研究も担った。投下ちゃ弾は九九式が制式化された。その研究経過をみると、投下ちゃ弾の第一回基礎試験は一九三五年九月に、陸軍科学研究所、浜松陸軍飛行学校、習志野学校が協同しておこなった。この実験の結果、効力は「即効的」であり、完成の必要があるとされた。

第二回目の試験は一九三六年九月に集団効力試験としておこなわれた。風速三～四メートル以下で一ヘクタールに一〇～一五発を投下、「殲滅的効力」があると判定された。

第三回目は一九三八年冬期の満洲北部での不凍性ちゃ弾の研究演習であり、陸軍航空技術研究所、陸軍科学研究所、関東軍研究部が協同しておこなった（陸軍航空本部「九五式五十瓩ちゃ弾仮制式制定ノ件」、『毒ガスⅡ』四三六頁）。

投下ちゃ弾の研究はさらにすすめられ、一九四〇年一一月、関東軍化学部が白城子で飛行機を使い、五〇kg投下ちゃ弾の効力試験をおこなった（『毒ガスⅡ』一四頁）。この中国東北部での試験も浜松陸軍飛行学校が担った。

天竜川・イペリット雨下演習

陸軍は投下毒ガス弾を制作するとともに毒ガスを雨下して使用することも検討した。

浜松陸軍飛行学校

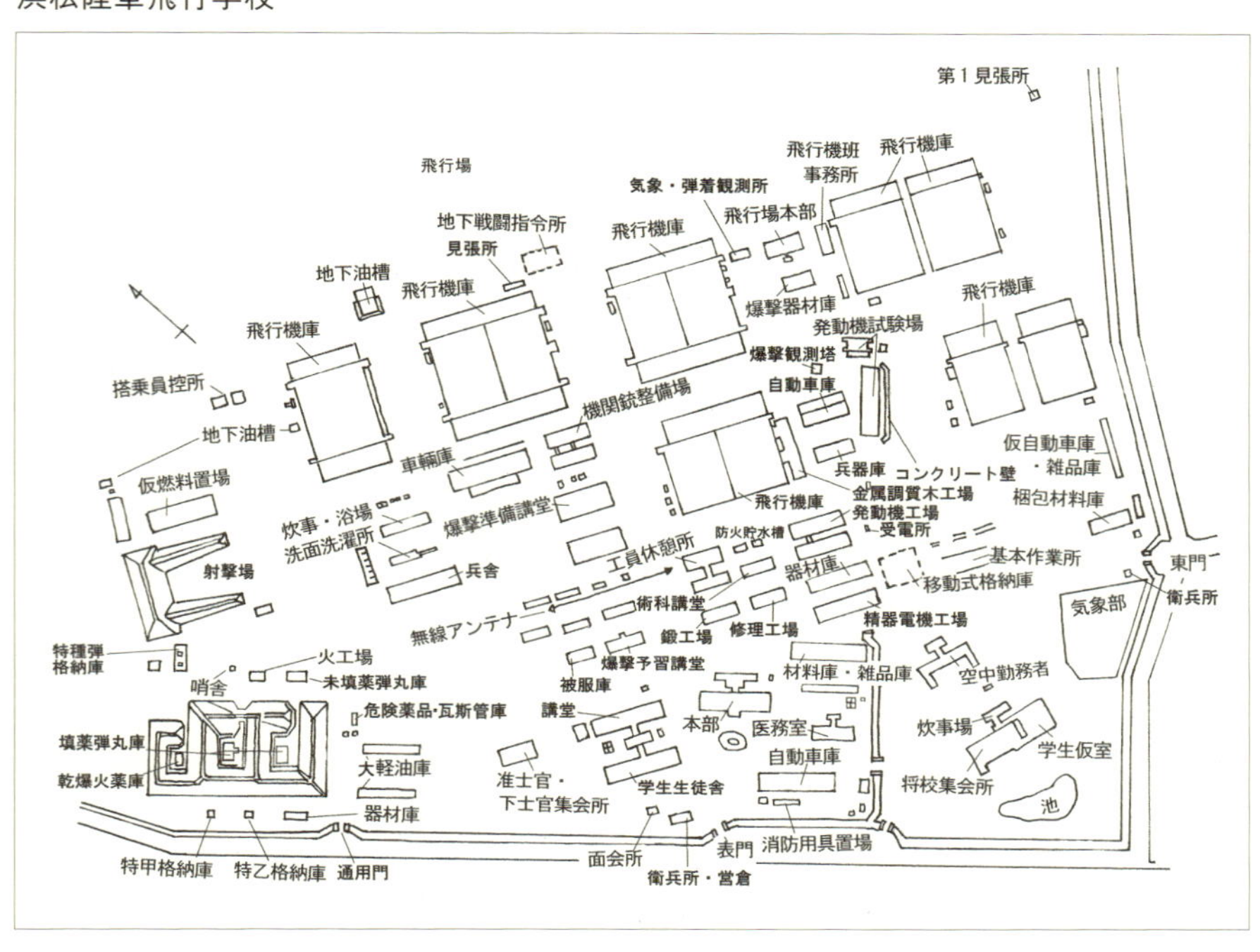

一九三四年九月二一日から二五日にかけて「瓦斯雨下連合研究演習」がおこなわれた。試験場は天竜川河口の中洲であった。この演習は真毒を使ってのはじめての雨下訓練だった。演習は陸軍科学研究所、下志津陸軍飛行学校、陸軍習志野学校によっておこなわれたが、天竜川中洲での演習状況からみて、雨下の実行には浜松の飛行部隊が関与したとみられる。

演習は三機編隊で高度一〇〇メートルからイペリットを雨下し、その被毒状況をみるとともに、防毒の効果を調べるというものだった。訓練報告では大規模な雨下演習の実施と雨下防毒具の開発を提言し、毒ガス雨下戦にむけての研究・開発をもとめた（「瓦斯雨下連合研究演習概況報告送付ノ件通牒」『毒ガスⅡ』五一頁）。

このような演習のなかで、一九三四年に実戦用のガス雨下器が制式化された。この雨下器は「カニ」とよばれた。

研究をすすめるなかで、陸軍航空本部は一九三六年九月に航空毒ガス戦にむけてあらたに試験の分担をきめた（陸軍航空本部「瓦斯ニ関スル研究担任ノ件報告」『毒ガスⅡ』五九頁）。その分担は、浜松陸軍飛行学校が飛行機による毒ガス使用法、下志津陸軍飛行学校が毒ガス防護法、陸軍航空技術研究所は航空化学兵器の考案、

▲…浜松陸軍飛行学校・米軍による「損害評価報告書」＊22

▲…浜松陸軍飛行学校・将校集会所（2002 年）

▲…浜松陸軍飛行学校・弾薬庫跡（2008 年、その後解体）

審査をおこなうというものだった。

このような分担の決定以前から、爆撃を任務としてきた浜松の部隊は飛行機による毒ガス投下、雨下の実験をおこなってきた。この分担によって浜松の部隊の航空毒ガス戦研究は本格的なものになった。一九三六年一二月には下志津の化学戦攻撃部門が水戸へと移管され、浜松陸軍飛行学校の一角に化兵班がおかれた（矢田論文一八頁）。

3　飛行第七連隊と浜松陸軍飛行学校の拡張

このような訓練とともに、飛行第七連隊と浜松陸軍飛行学校の拡張工事がすすんだ。陸軍第三師団経理部がこの拡張工事を担当したが、設計に関わった岩田技師の史料が残されている。その史料から浜松の飛行第七連隊と浜松陸軍飛行学校

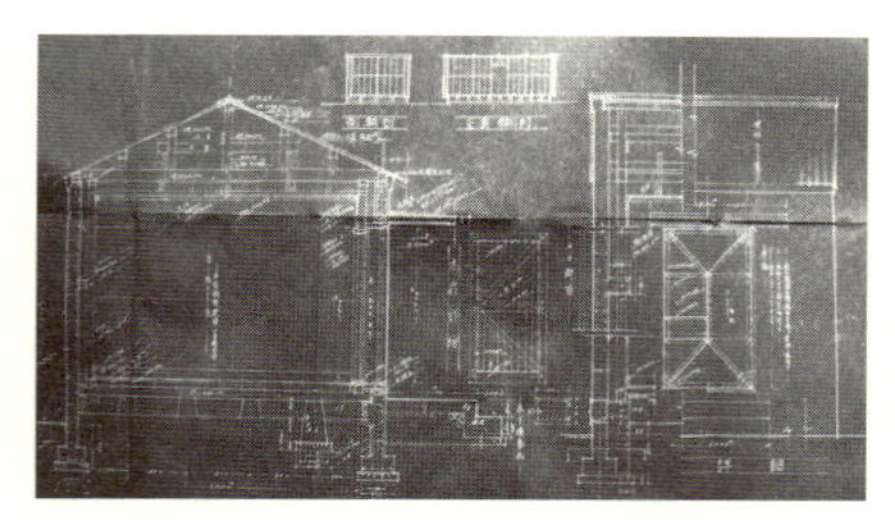

▲…飛行第７連隊 特種弾丸庫設計図＊25

▲…飛行第７連隊 弾薬庫破裂事故12〜３時間後、大軽油庫火災（1933年６月）＊23

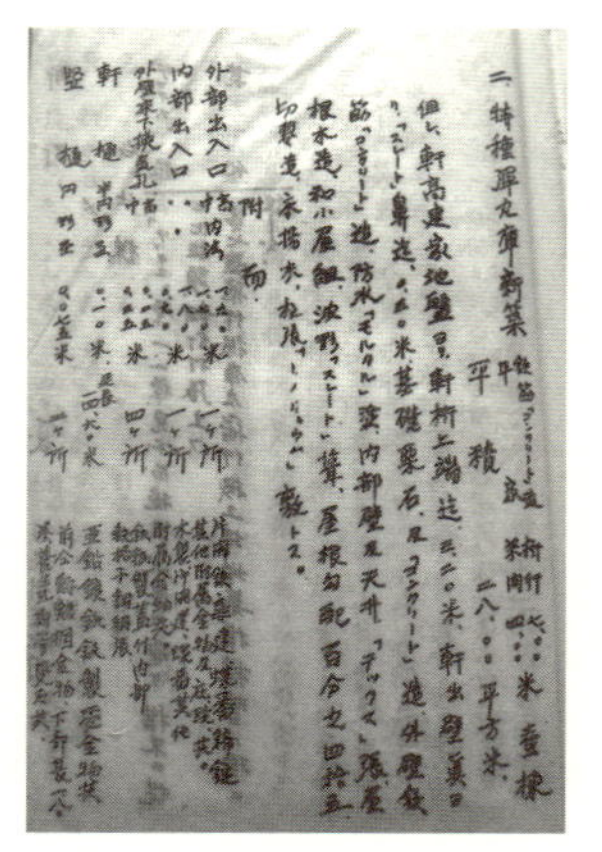

▲…飛行第７連隊 特種弾丸庫新築＊25

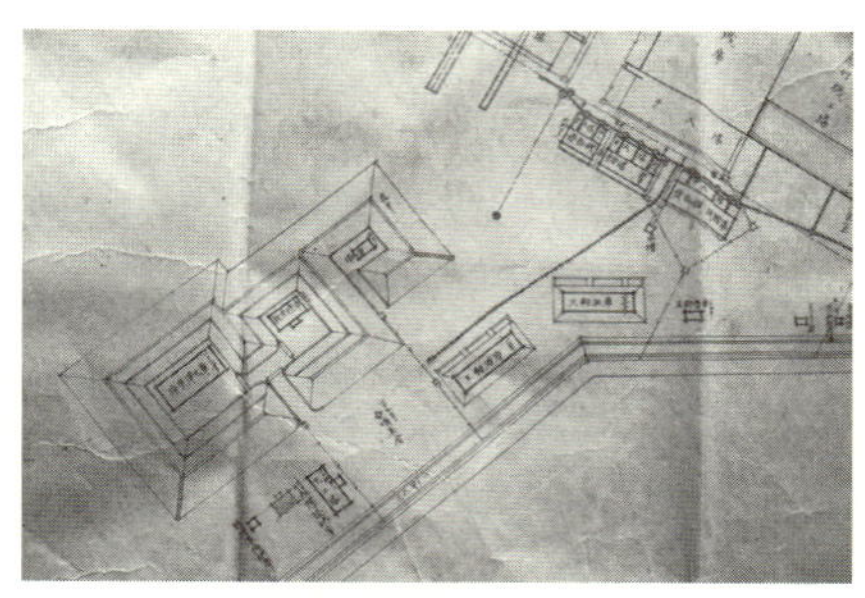

▲…飛行第７連隊 弾薬庫地図＊25

の配置状況や基地拡張工事の具体的な状況を知ることができる。

飛行第七連隊では、「飛行第七連隊第一期工事飛行機庫・発動機試験場計算書」一九二五年、「第七連隊新築飛行機庫参考資料調書」一九三三年、「飛行第七連隊プール新設工事設計書」一九三四年、「飛行第七連隊地下油槽新設工事」一九三四〜三五年、「飛行第七連隊飛行機工場増築其他工事設計書」一九三五年などの文書がある。これらの文書のなかには、飛行第七連隊の飛行機庫や発動機試験場、第七連隊の配置図などがある。

飛行第七連隊では一九三三年六月七日夜、火薬庫で爆発事故が起きた。弾薬庫の爆弾が爆発し、軽油庫にも引火し、飛行機庫を含め大きな被害が生じたのである。この事故の復旧工事の史料が「飛行第七連隊建物火薬爆発被害復旧工事設計書」一九三四年である。この一九三三年の爆発事故の写真が『飛行第五連隊・飛行第七連隊関係写真帖』（防衛省防衛研究所蔵）に残されている。

一九三五年の「飛行第七連隊飛行機工場増築其他工事設計書」は、飛行第七連隊で新た

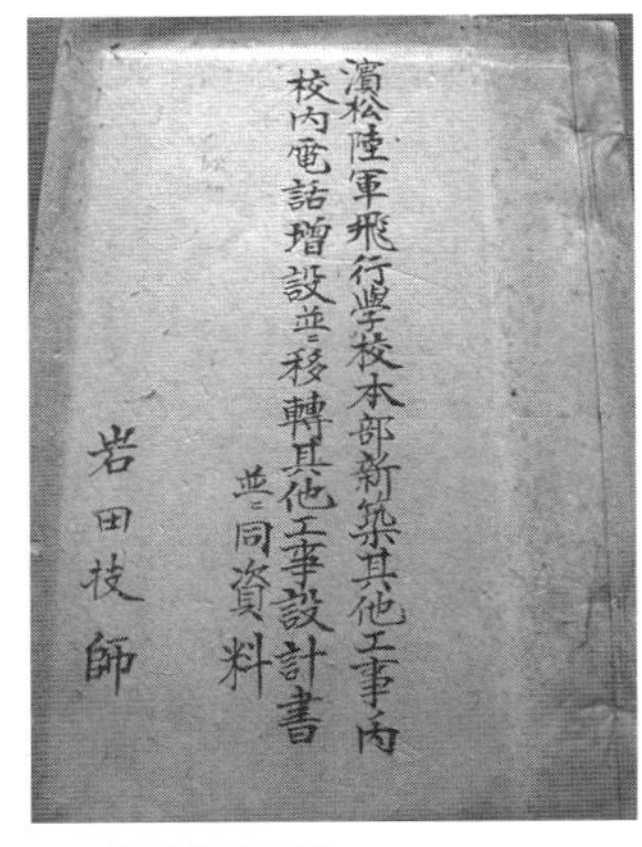
濱松陸軍飛行學校本部新築其他工事内
校内電話増設並ニ移轉其他工事設計書
並ニ同資料
岩田技師

▲…岩田技師史料

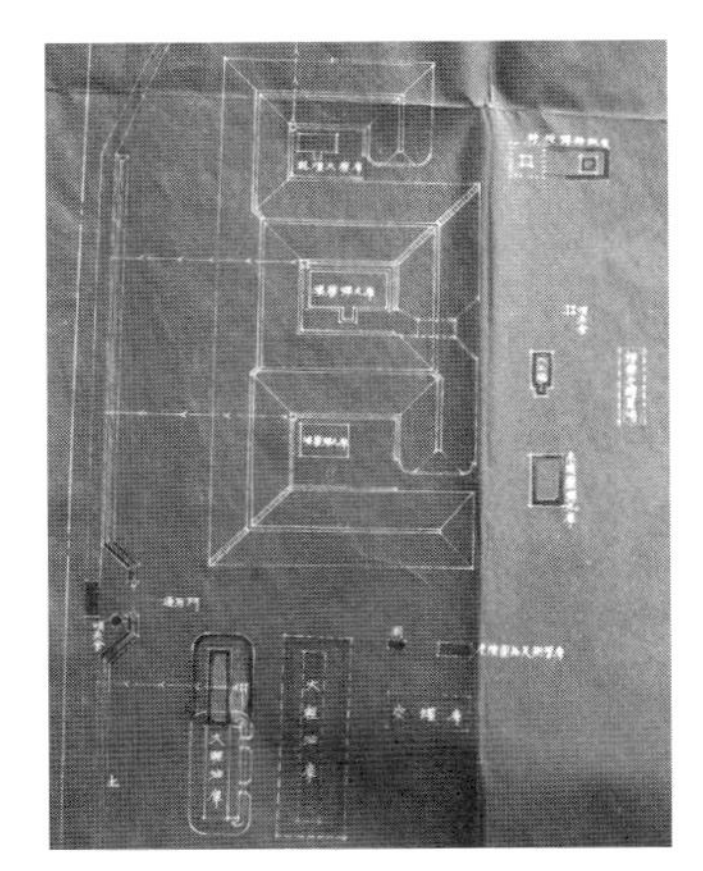

▲…浜松陸軍飛行学校 弾薬庫図＊26

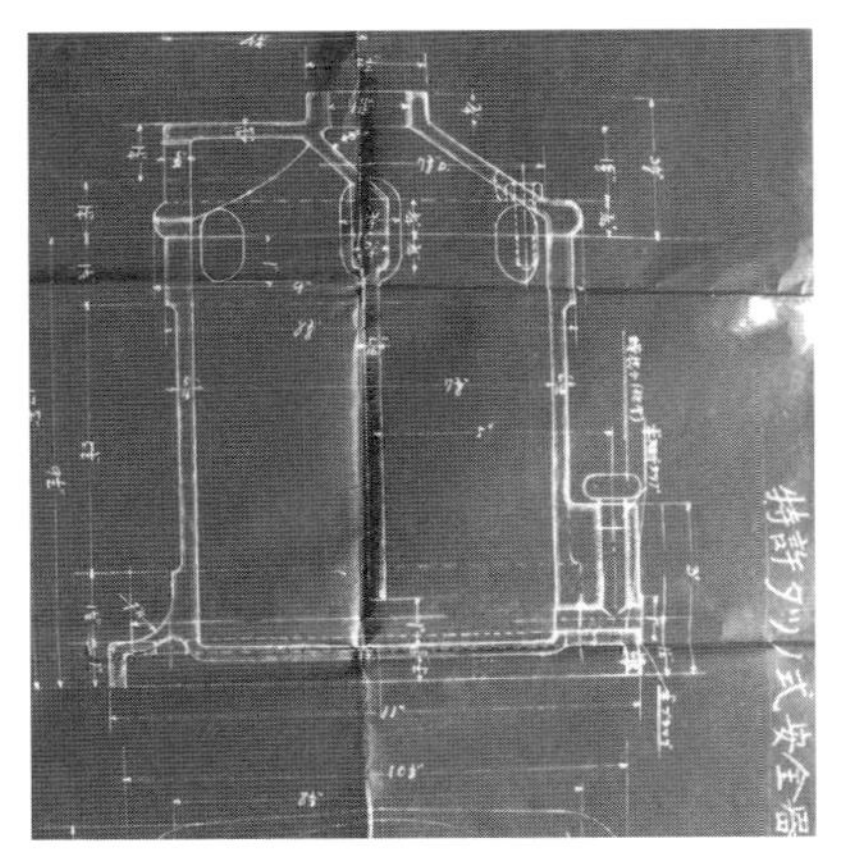

▲…タツノ式安全器図面＊28

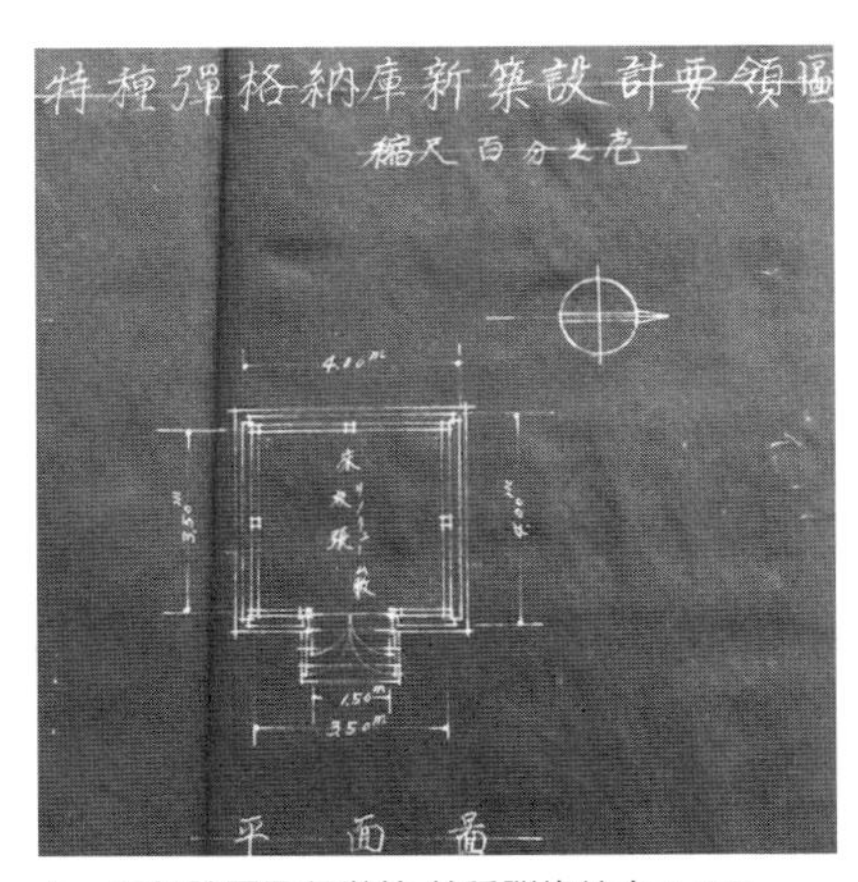

▲…浜松陸軍飛行学校 特種弾格納庫＊26

に飛行機庫、特種弾丸庫、空罐庫、旋盤工場、鍛工場、瓦斯発生器室、銃工場、調質工場、医務室・休養室、下士官浴室、炊事場浴室、兵舎などの新築・増改築がなされた際の文書である。この史料からは、特種弾丸庫（毒ガス弾）の構造や配置場所が判明する。

浜松陸軍飛行学校の文書に

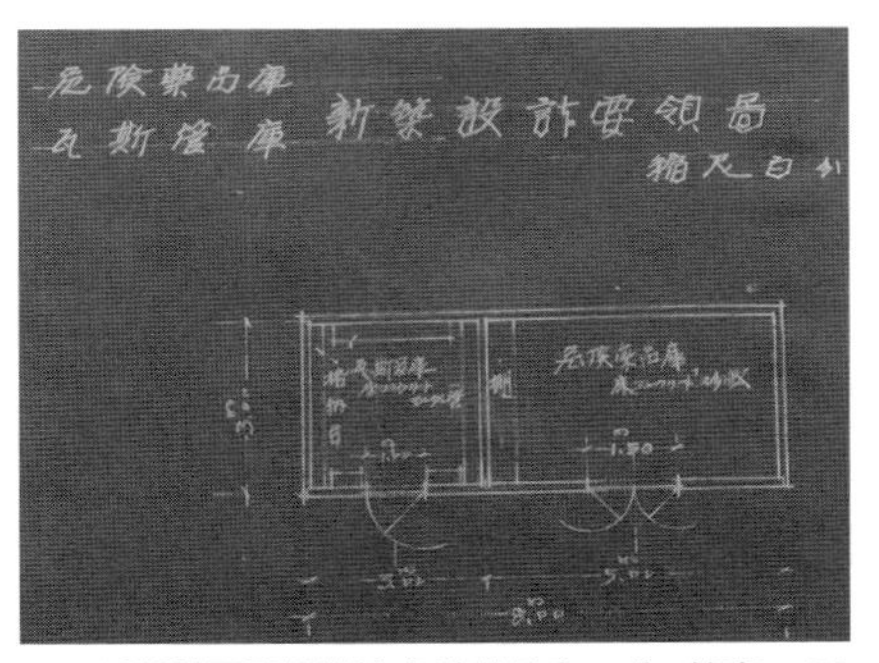

▲…浜松陸軍飛行学校 危険薬品庫・ガス管庫＊26

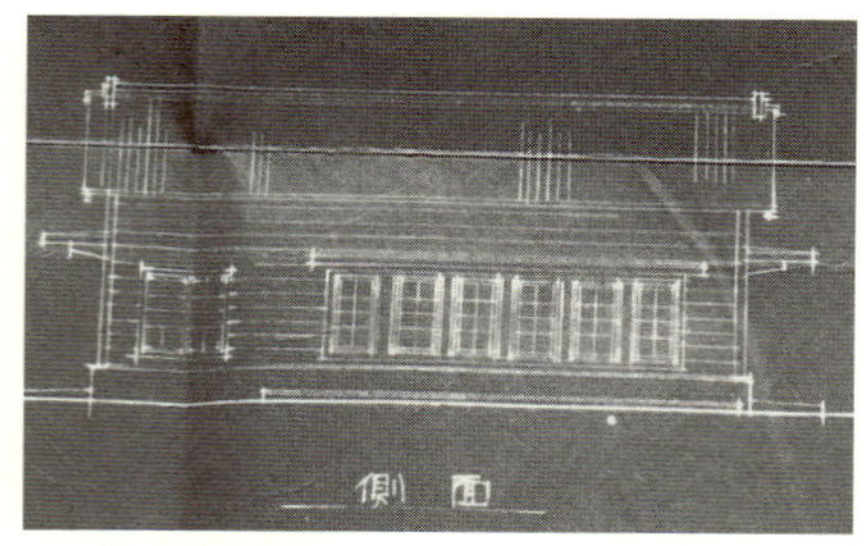

▲…訓練講堂側面＊27

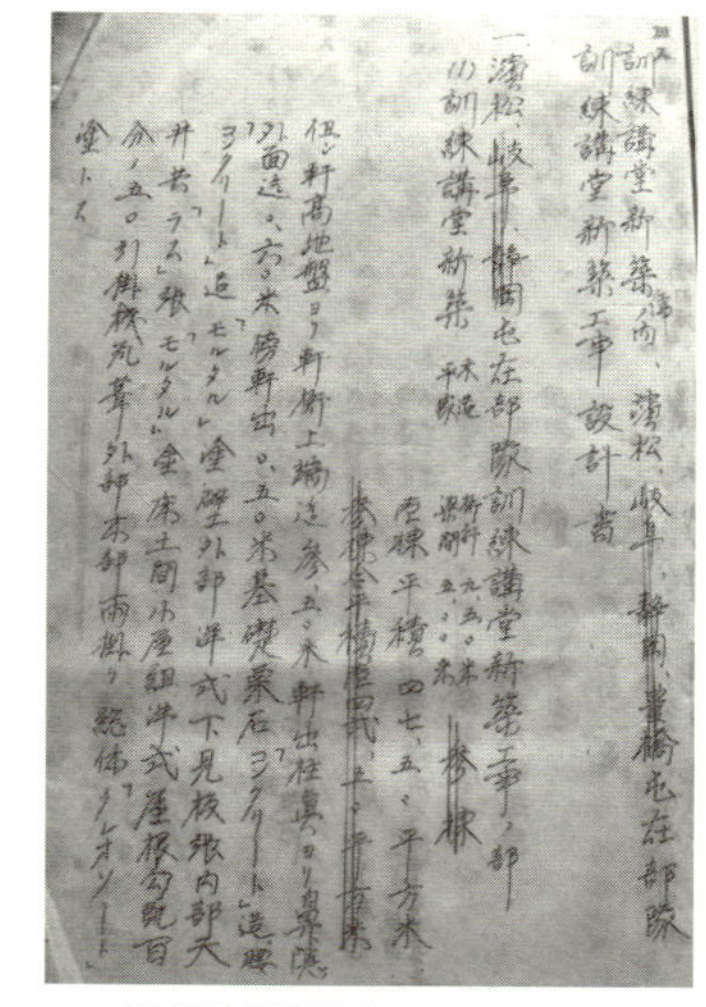
訓練講堂新築(浜松、岐阜、静岡、豊橋屯在部隊)
訓練講堂新築工事設計書
一、浜松、岐阜、静岡屯在部隊訓練講堂新築工事ノ部

▲…訓練講堂設計書＊27

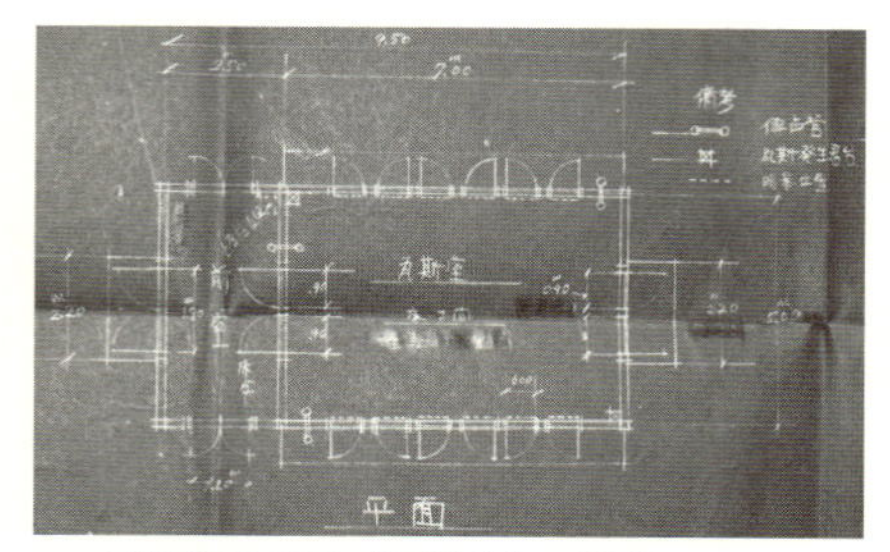

▲…訓練講堂平面・「瓦斯室」の記載＊27

▲…静岡市内に現存する訓練講堂（2016年）

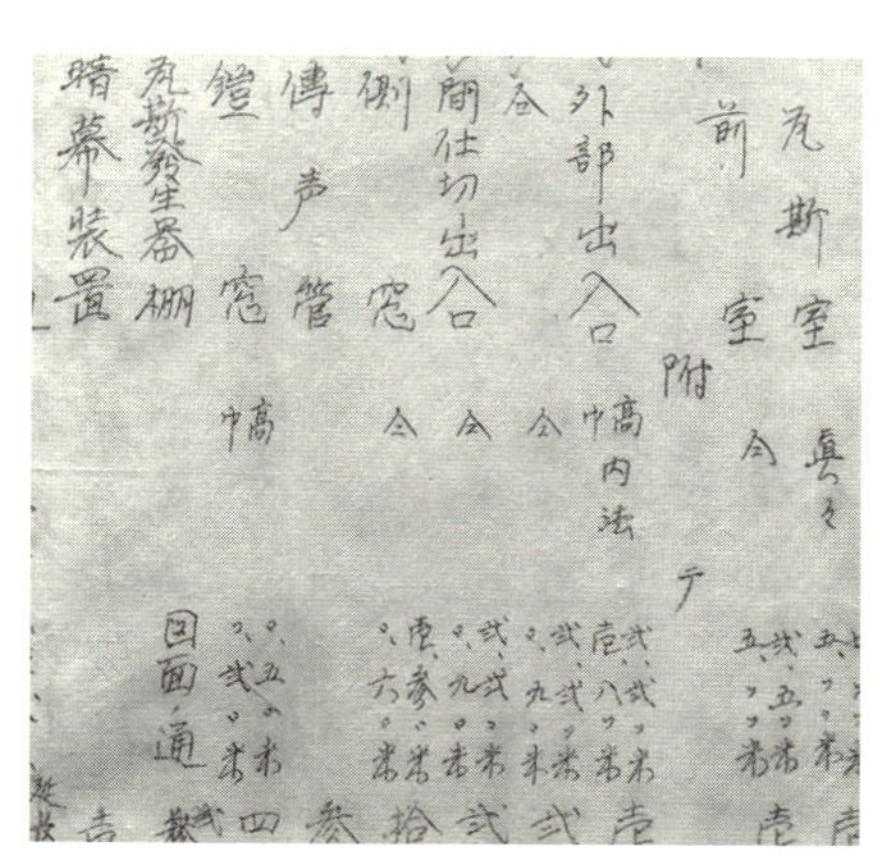
瓦斯室
前室
外部出入口
間仕切出入口
伝声管
鎧窓
瓦斯発生器棚
暗幕装置

▲…訓練講堂内部配置＊27

は「浜松陸軍飛行学校本部新築其他工事ノ内校内電話増設並ニ移転其他工事設計書並ニ同資料」一九三五年、「浜松陸軍飛行学校本部新築其他工事ノ内飛行機庫新築其他工事設計要領書」一九三六年などがある。

「浜松陸軍飛行学校本部新築其他工事ノ内校内電話増設並ニ移転其他工事設計書並ニ同資料」一九三五年は、浜松陸軍飛行学校の本部などの建設工事にともなう校内での電話増設工事の文書である。ここには浜松陸軍飛行学校の配置図や本部、学生生徒舎、飛行機庫、金属調質木工場、発動機工場、鍛工場、職工休憩所、精器工場、自動車庫、爆撃予習講堂、兵舎、修理工場、炊事浴室、変電所など建物ごとの図面がある。各建屋の配線図から、建物内部の状況が判明する。

「浜松陸軍飛行学校本部新築其他工事ノ内飛行機庫新築其他工事設計要領書」一九三六年は「本部新築其他工事」での飛行機庫、飛行機庫関連の機関銃置場、地下油槽、気象弾着観測所、兵器庫、材料庫、見張所、被服庫、危険薬品庫、瓦斯管庫、火工場、未填薬弾丸庫、特種弾丸庫、特種弾丸庫周囲警戒柵、哨兵舎、道路、給水消火設備、排水設備などの工事のための図面を含む文書である。特種弾庫の図面も含まれている。収録された陸軍飛行学校の配置図面からは弾薬庫周辺の状態がわかる。

浜松の練兵場に建設された毒ガス訓練用の訓練講堂の設計書が「訓練講堂新築工事ノ内浜松屯在部隊訓練講堂新築工事設計書」一九三五年である。この浜松の毒ガス訓練講堂は静岡や岐阜に建設された訓練講堂と同形式の構造である。訓練講堂は練兵場北側の民有地と練兵場の自動車練習道路の間に建築された。設計図から、内部には瓦斯室や瓦斯発生器棚、伝声管などがあり、周囲には警戒柵（鉄条網）が張られていたことがわかる。同時期、静岡市の練兵場に建設された訓練講堂は現存している。

「特許タツノ式安全器」という東京の龍野製作所が製作した安全器（毒ガス容器）の図面も残されている。

このように第三師団経理部岩田技師史料からは、飛行第七連隊と浜松陸軍飛行学校の配置、飛行機庫・本部建物・兵舎などの内部構造、特種弾の格納場所、特種弾庫の構造、毒ガス訓練講堂の構造などが判明し、当時使用されていた毒ガス容器の形態なども知ることができるのである。

4　満洲でのイペリット雨下訓練

満洲での毒ガス訓練

一九三五年一月、陸軍習志野学校は満洲の北安鎮付近で「冬季研究演習」を実施した。この演習の目的は野戦ガス隊の運用研究であった（教育総監部「満洲国内ニ於テ陸軍習志野学校冬季研究演習実施ノ件」）。この北安での実戦演習をふまえ、中国東北部で習志野学校による化学戦演習がおこなわれていった。

一九三五年一二月から三六年二月にかけての「冬期北満試験」は、陸軍技術本部、陸軍科学研究所、陸軍軍医学校など陸軍の各部から出張しておこなわれた。この試験には浜松陸軍飛行学校からも大槻剛山（陸軍航空兵少佐）、高木清（陸軍技手）が参加した（軍務局兵務課「昭和十年度冬季北満試験研究ノ為出張ニ関スル件」）。

陸軍習志野学校は一九三六年八月に関山（新潟県）でガス雨下実験をおこなった（陸軍習志野学校「秘密書類送付ノ件」）。同年八月下旬には習志野学校から将校二～三人が関東軍へとガス教育のために派遣され、約一か月間、各部隊を巡回した（関東軍「関東軍瓦斯教育ノ為教官要員派遣ニ関スル件」）。

陸軍の毒ガス戦研究には海軍からの参加もあった。一九三七年一月に孫呉でおこなわれた陸軍習志野学校による毒ガス野外試験を陸軍科学研究所と化学兵器を協同研究していた海軍艦政本部員の鶴尾定雄（海軍中佐）、海軍技術研究所所員の築田収（海軍少佐）が見学した（海軍省「陸軍習志野学校研究演習見学ニ関スル件」）。

海軍は一九二二年に化学兵器委員会を設立し、二三年には海軍技術研究所内に化学兵器研究部を設置した。三〇年には平塚火薬廠に出張所を置き、三四年にはそれが化学研究部となった。相模海軍工廠で化学兵器を生産した。

新兵器開発実験も中国東北部でおこなわれた。三七年六月上旬から約一か月間、雨季にかけ、関東軍は公主嶺で「ケ」装置試験と普及教育をおこなった。「ケ」装置とは離着陸制限機である。この試験には陸軍航空技術研究所などからの参加があり、浜松陸軍飛行学校からは村岡信一（陸軍航空兵中尉）が参加した（関東軍「飛行機「ケ」装置試験及普及教育ニ関スル件」）。

浜松陸軍飛行学校は部隊員を毒ガス研究の演習に参加させるとともに、毒ガス投下弾の実験をおこなったが、浜松・満洲間の航法訓練もおこなった。一九三六年四月の訓練は九三式重爆二機が自動操縦装置を用い、夜間飛行を含めた長距離飛行訓練をおこなうというものだった（陸軍航空本部「満洲ニ対スル航法訓練実施ノ件申請」）。

飛行ルートは浜松・大刀洗・平壌・奉天・チチハル・牡丹江であり、往復距離は約三九〇〇キロメートルとなる。飛行することで気象情報の収集、無線通信の使用、ラジオの聴収、満洲空輸会社からの気象情報の収集などをおこなった。このときの飛行研究の報告が「飛行第七連隊満洲飛行所見抜粋」である。この報告書は浜松陸軍飛行学校が「昭和十一年度召集佐尉官」に向けて示した講義録集のなかに収められている。この講義録集には「図上戦術講義録」（伊藤航空兵大尉、大坪航空兵少佐）などもあり、対ソ戦を想定した戦術が記されている（陸軍航空本部「秘密書類調整配布ニ関スル件」）。

一九三七年には毒ガス弾の投下研究を経て、九七式五〇kg投下きい弾、九七式一五kg投下あか弾、九七式五〇kg投下あをしろ弾などがつぎつぎに制式化された。さらに投下ガス弾の改良研究もおこなわれた。きい弾、あをしろ弾、あか弾、ちゃ弾の試験研究状況から、浜松陸軍飛行学校が全てのガス投下弾の開発実験に関与していたことがわかる。浜松での毒ガス演習は、証言や記録によれば、三方原爆撃場や天竜川河岸、掛塚の天竜川河口などでおこなわれた。

一九三七年の南京攻撃の際、第十軍司令部は第二案としてイペリットや「焼夷」弾による空爆で南京市街を廃墟とする案を示した。この攻撃の利点は味方の犠牲が少ないこととされた。この戦術は採用されなかったが、第二案として毒ガス案が存在したことは、軍中枢に航空毒ガス戦実施への志向が強いものとしてあったことを示している（第十軍司令部「南京攻略ニ関スル意見」一九三七年一一月、『毒ガスⅡ』二七七頁）。

毒ガス雨下演習

投下毒ガス弾の研究とともに毒ガス雨下の研究もすすめられた。すでにみたように一九三四年九月にはイペリット雨下演習が天竜川河口でおこなわれた。

一九三七年五月末から六月はじめに、浜松で「特爆真毒演習」がおこなわれた。この真毒を使った演習用に五月一五日から六月三〇日にかけて防毒被服七〇個が浜松の部隊へと貸与された。貸与品目は九五式防毒面、防毒衣、防毒袴、防毒手袋、防毒靴、防毒衣袴用包布などである（陸軍航空本部「防毒被服貸与ノ件」）。

一九三八年五月には関東軍へと教育用ガス雨下器が特別支給された（関東軍「教育ノ為瓦斯雨下器特別支給ノ件」）。また、「第二次関東軍特種演習」が一九三八年一一月二六日から一二月七日の間、ハイラルでおこなわれた。この演習は浜松陸軍飛行学校によるガス雨下の研究であった。この演習は関東軍研究部、陸軍科学研究所、陸軍習志野学校の参加のもと、浜松陸軍飛行学校が高空からガスの雨下をおこない、その効力をみた。演習では真毒が使用され、高度雨下定数に応じての真毒雨下網の設定、一九三七年の三方原での真毒雨下実験の補足研究、航空用ガス攻撃資材の研究などがテーマだった。浜松陸軍飛行学校は双発軽爆撃機Ⅱ型の五機を使い、編隊で雨下をおこない、予期命中点、雨下器からの流出時間、擬液の落下時間を計り、到達時間を調べた。浜松陸軍飛行学校が雨下器、雨下測定器、検知板、雨下風測器材を用意し、関東軍が真毒を用意した。

演習指揮官は小川小二郎（中佐）、研究審査官は岡田猛次郎（少佐）、桜井肇（少佐）、許斐専吉（少佐）、安部勇雄（大尉）、渥美光（大尉）、松崎廉（少尉）、高木清（技師）らであった（陸軍航空本部「関東軍特種演習参加並ニ瓦斯雨下研究演習実施ニ関スル件」）。

『毒ガス戦関係資料集Ⅱ』の年表では一一月のハイラル付近の演習は「液体青酸寒地試験」とされている（一四頁）。このハイラルでの演習で、浜松陸軍飛行学校は液体青酸を含む雨下実験をおこない、実戦での毒ガスの活用方法を研究したのである。

一九三八年は浜松陸軍飛行学校の協力で航空部隊専用の毒ガス戦用資材の研究がさかんにおこなわれた年であった（木下健蔵『消された秘密戦研究所』二八六頁）。

毒ガス弾や雨下の研究と併行して実戦にむけてガス兵の配置もおこなわれ、一九三九年二月には航空兵にガス兵を支給する記事もみられる（鉄砲課「航空兵隊演習用小銃弾薬支給定数ノ件」）。三九年八月には陸軍浜松飛行学校へと九五式防毒面や防毒服が交付された（衣糧課「防毒被服交付ノ件」）。

ガス防護の研究は下志津陸軍飛行学校でおこなわれた。その後、ガス防護研究は水戸陸軍飛行学校に移管された。一九四〇年二月、水戸にきい剤の支給や防毒具の貸与がなされ、同年三月にもあか筒二〇〇やきい剤四〇〇kg、催涙筒二〇〇などが支給された（陸軍航空本部「瓦斯教育並ニ研究用器材貸与ノ件」、同「瓦斯教育用弾薬特別支給ニ関スル件」）。この水戸のガス防護部門はさらに浜松へと移管された。

満洲への毒ガス輸送

一九四〇年五月には関東軍へとちゃ剤が大量に輸送された。関東軍の化学戦部隊はチチハルに拠点をおいた。ちゃ一号が三〇トン分、五〇kg塩素ボンベに二〇kgごと、填実されて、三~四回にわけて輸送された（陸軍科学研究所「化学兵器下付ノ件」）。

関東軍への化学兵器の支給は増加し、一九四〇年六月にはきい一号（丙）一〇トンをはじめ、あを、あか、きい弾（砲弾）も送られた（関東軍「試験研究用兵器交付ノ件」）。一九四一年七月にはちゃ号二〇トンをはじめ大量のきい、あか弾が送られた（関東軍「兵器特別支給ノ件」）。このときの毒ガス輸送は七月中旬にチチハルでおこなわれる予定であった訓練のためである（関東軍「化学戦研究演習用弾薬特別支給ノ件」）。

このような毒ガスの大量の輸送は、関東軍化学部や第一特種自動車連隊（毒ガス車撤部隊）が編成され、中国東北部での毒ガス戦の訓練が強化されたことによるものである。一九四〇年四月に習志野学校がおこなった毒ガス砲弾試験では中国人三〇人が実験材料とされ、二九人が死亡した（斉藤美夫による、『細菌戦与毒気戦』四四二頁）。

浜松から満洲までの航法訓練も回を増した。一九四〇年二月の航法訓練には浜松・明野・下志津の飛行学校からの動員があった。浜松飛行学校の計画をみると、浜松からチチハルに行き、極寒期での日満航法、耐寒研究、在満部隊の研究、資料収集をおこなうとされ、航空兵団の演習にも参加した（陸軍航空本部「日満航法訓練ニ関スル件」）。このような浜松から満洲までの航法訓練の増加は、長距離侵攻にむけての訓練でもあった。

このような訓練がおこなわれるなか、一九四〇年四月八日、浜松で誤爆事故がおきた。

浜松陸軍飛行学校は三方原爆撃場で編隊による高度五〇〇〇メートルからの爆撃効力試験をおこなっていた。この試験中に三〇kg爆弾九発を爆撃場外（浜名郡小野口村新田、現・平口新田）に投下した。そのため住民に即死四人、入院後死亡一人、重傷一人、軽傷五人の被害がでた（軍事課「浜松市附近ニ於ケル爆弾事故ニ関スル件」）。

白城子「冬季航空研究演習」

一九四〇年一一月一三日から一二月八日にかけて、関東軍の「冬季航空研究演習」が白城子演習場でおこなわれた。この演習は浜松陸軍飛行学校と連合しておこなわれ、高空戦闘爆撃、夜間爆撃、航空化学戦を主とするものであった。演習の拠点をチチハルにおき、平安鎮を前進基地とした。

演習内容は、七〇〇〇メートル以上の高空度からの各種爆弾による爆撃効果、部隊によるガス弾投下とガス雨下、凍結地での鉄道施設の爆撃、寒地での爆撃機の高空装備などであった。

この演習の統監は浜松陸軍飛行学校の山瀬少将であり、浜松陸軍飛行学校からは重爆撃機七機、双発軽爆撃機五機の各一中隊が参加、第一飛行集団、航空兵団、陸軍科学研究所、陸軍航空技術研究所なども参加した。関東軍化学部からも一〇〇人が参加した。関東軍化学部はこの演習で毒ガス兵器の効力の調査研究をおこなった。機密保護と防諜警戒のために憲兵が増加配備された（陸軍航空統監部「浜松陸軍飛行学校連合研究演習見学希望ノ件照会」）。

投下・雨下の研究

一九四二年五月に出された「化学戦重要数量表」（『毒ガスⅡ』八〇頁）をみると、人と馬の呼吸器・皮膚・眼への中毒度、効力、効果発生時間、回復時間が記されている。「投下、雨下ニ関スル事項」をみると、第二〇表には投下ガス弾の効力（一〇〇式あをしろ弾・きい弾・ちゃ弾）について記され、二一表・二二表には雨下についての事項が記されている。ここに記された投下、雨下に関するデータの多くが浜松陸軍飛行学校での毒ガス戦研究によるものである。

一九四一年には航空部隊用きい剤撒布筒が完成した（一式五〇kg撒布筒、『毒ガスⅡ』八五頁）。すでに一九三四年には九四式ガス雨下器が制式化されていたが、この撒布筒はイペリット（含ルイサイト）の雨下器であった。新型の撒布筒とともに一式五〇kg投下雨下弾も制式化された。

浜松陸軍飛行学校は関東軍から本土にむかう中継基地でもあったという（元軍属横山輝一郎さん談二〇〇一年）。横山さんは一九三九年一月に関東軍野戦航空廠の要員として浜松飛行学校に入学し、光学兵器教育をうけた。中国へと送られる爆撃機の装備品は浜松飛行学校の精電工場で整備、供給されていた。三九年七月、診察のために医務室を訪れた際、イペリットを爆弾に注入する際にこぼしてしまい、両下肢がびらんした少尉を目撃したという。

浜松陸軍飛行学校は一九三八年七月、陸軍航空部隊全般の運用に関する教育・研究を担うようになった。一九三九年に浜松陸軍飛行学校鉾田分校（茨城県）が設立されたが、一九四〇年一二月には軽爆部門を分離し、鉾田陸軍飛行学校として独立した。同年一二月、浜松陸軍飛行学校に落下傘部隊の母体となる「挺身練習部」が設置された。

白城子陸軍飛行学校は所沢で編成され、一九四〇年一月末、白城子へと移駐した。同年八月には航空化学戦に関する教育任務が加えられた(『陸軍航空の鎮魂』総集編二七頁)。白城子は中国東北部における航空化学戦教育の拠点として位置づけられた。

浜松を出自とする重爆隊の飛行第九八戦隊は一九四一年に関東軍特種演習に参加、七月、「平房移動演習」に参加した。この平房での「演習」と七三一部隊との関係は不明であるが、浜松陸軍飛行学校が毒ガスの雨下や毒ガス弾の投下の演習に深く関与したことからみて、細菌の雨下や細菌弾の投下などにもその技術が利用されたとみられる。

5　中国戦線での航空毒ガス戦

中国戦線では航空機からの毒ガス弾の投下や雨下もおこなわれた。以下、中国戦線での航空毒ガス戦の実態についてみていく。浜松から編成された部隊と毒ガス戦との直接の関係については明らかではないが、浜松での航空毒ガス戦の訓練は実戦に活用された。

一九三七・三八年

中国側の史料をあつめた『細菌戦与毒気戦』(以下『細・毒』と略記)や『侵華日軍的毒気戦』(以下『侵・毒』と略記)には、一九三七年七月からの日本軍による航空毒ガス戦についても記されている。

七月二七日、河北省宛平の盧溝橋で日本軍機が二弾を投下、内一発は不発であり、毒ガス弾だった(『細・毒』六四九頁)。八月一五日、浙江省寧海での空襲で毒ガス弾が投下され(『侵・毒』一八三頁、『細・毒』六五〇頁)、九月二七日には江蘇省江陰で江防要塞に毒ガス弾が投下された(『細・毒』六五〇頁、『侵・毒』一九〇頁)。九月二七日には広東の虎門要塞付近へと毒ガス弾が投下された(『細・毒』六五〇頁)。

一九三八年の状況についてみると、第一軍参謀部の『機密作戦日誌』(『毒ガスⅡ』二八三頁)には、一九三八年四月、山西省での迫撃砲による特種発煙弾の使用についての指示が、第一軍と航空兵団に出されている。それにより、投下毒ガス弾も使用されていったとみられる。一九三八年六月には山西省離石で軍機から毒ガス弾を投下（「抗敵報」一九三八年六月三〇日、『侵・毒』二〇三頁）、六月二六日には安徽省舒城で毒ガス弾が投下された（「新華日報」一九三八年六月二七日、『細・毒』六五五頁、『侵・毒』二五八頁）。三八年秋には山西省楡社県河峪鎮輝教村で日本軍機が毒ガスを撒いた（粟屋憲太郎編『中国山西省における日本軍の毒ガス戦』一七七〜一七八、二一三頁、歩平 高暁燕 笪志剛『日本侵華戦争時期的化学戦』三九九頁）。三八年には、同省武郷県蟠龍鎮でも毒ガスが撒かれた（『中国山西省における日本軍の毒ガス戦』二〇二、二一〇、二一三頁）。

一九三八年の武漢戦では航空弾として五〇kgきい弾一五〇〇発が用意され、上海に一〇〇〇発、南京に五〇〇発が配備された（青木喬大佐「武漢作戦ノ為爆弾集積表」（『毒ガスⅡ』三九八頁））。このように集積された毒ガス弾は実際に使用されたとみられる。武漢戦での江西省星子付近での航空毒ガス戦についてみると、九月一一日東孤嶺、一四日西孤嶺で毒ガス弾を投下（『細・毒』四二一頁、六六一頁、『侵・毒』二七二頁、三六二頁）、九月二〇日には江西省瑞昌・長江南岸呉家脳・大脳山陣地へと毒ガス弾が投下された（『細・毒』四二二、六六三頁、『侵・毒』二七〇、三六三頁）。紀学仁編『日本軍の化学戦』は武漢戦で日本軍航空兵がたびたび毒剤爆弾を投下したとしている（以下『紀・化学』と略記、八六頁）。

一〇月二八日、河北省阜平では撤退時に毒ガス弾を使用した（「新華日報」一九三八年一〇月三一日、『侵・毒』一六七頁）。

一九三九年

一九三九年の時点で中国各地へと航空用毒ガス投下弾が配備されていたことについては、つぎの史料からわかる。

第三飛行集団への配備状況をみると、九二式五〇kgきい弾（甲）が彰徳に二四六発、運城に二七六発、南京に九〇〇発、九七式一五kgあか弾は南苑に一八〇〇発となっている（第三飛行集団兵器部「北支ニ於ケル航空弾薬現況調査表」「中支ニ於ケル航空弾薬現況調査表」一九三九年一一月二五日調、『毒ガスⅡ』四〇〇頁）。

消費状況は一九三九年七月に華北できい弾六六発、九月に一二発が使われている（第三飛行集団兵器部「北支ニ於ケル航空弾薬消費調査表」一九三九年一一月末、『毒ガスⅡ』四〇一頁）。

一九三九年五月の参謀総長閑院宮載仁からの指示には、華北の山西省などの僻地に限定し、雨下はせずに黄剤などの特

中国での航空毒ガス戦

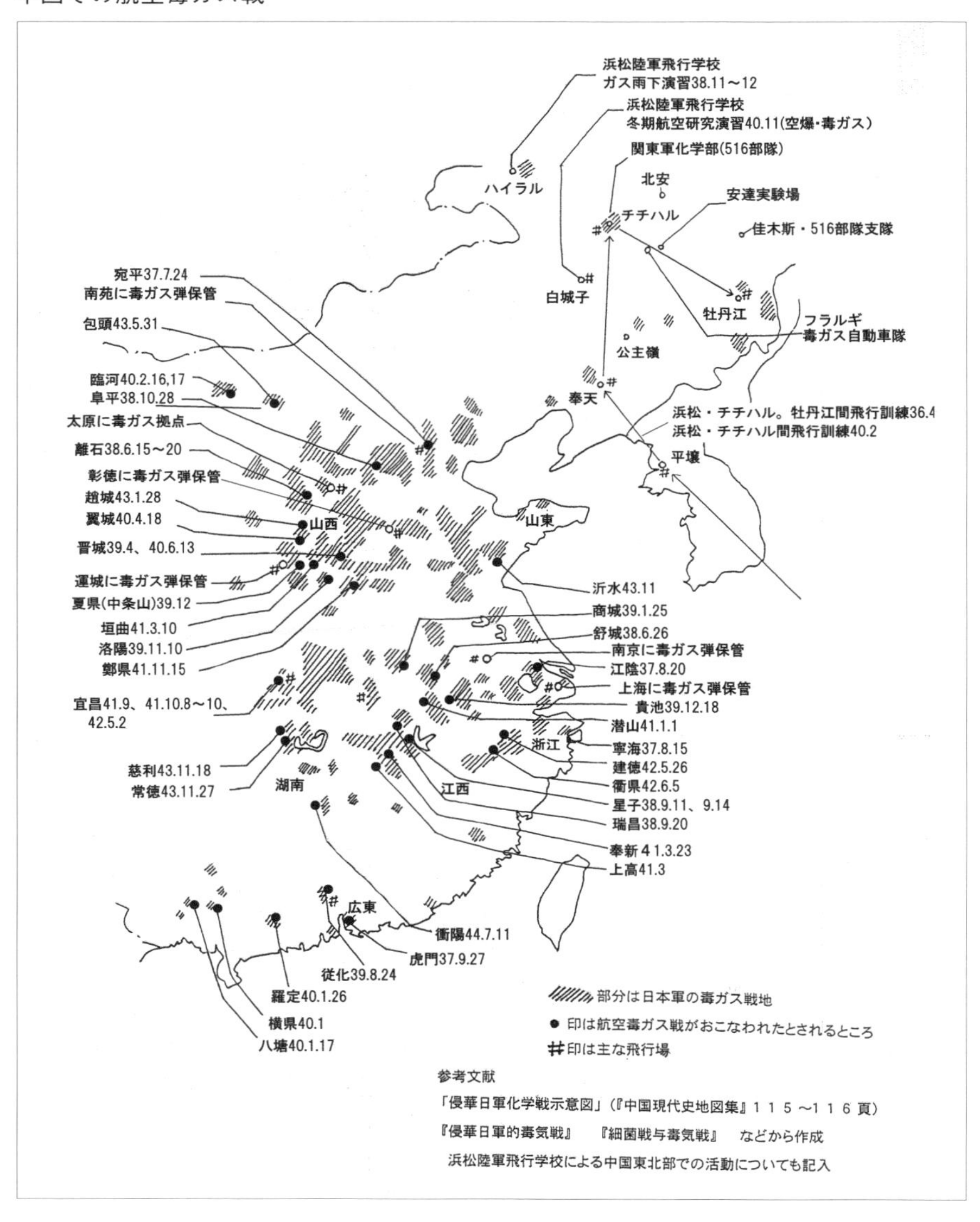
浜松陸軍飛行学校
ガス雨下演習38.11～12
浜松陸軍飛行学校
冬期航空研究演習40.11(空爆・毒ガス)
関東軍化学部(516部隊)
ハイラル
北安
安達実験場
チチハル
佳木斯・516部隊支隊
白城子
牡丹江
フラルギ
毒ガス自動車隊
公主嶺
奉天
浜松・チチハル。牡丹江間飛行訓練36.4
浜松・チチハル間飛行訓練40.2
平壌
宛平37.7.24
南苑に毒ガス弾保管
包頭43.5.31
臨河40.2.16,17
阜平38.10.28
太原に毒ガス拠点
離石38.6.15～20
彰徳に毒ガス弾保管
趙城43.1.28
翼城40.4.18
山西
山東
晋城39.4、40.6.13
運城に毒ガス弾保管
夏県(中条山)39.12
垣曲41.3.10
洛陽39.11.10
鄭県41.11.15
沂水43.11
商城39.1.25
舒城38.6.26
南京に毒ガス弾保管
江陰37.8.20
上海に毒ガス弾保管
貴池39.12.18
潜山41.1.1
寧海37.8.15
建徳42.5.26
衢県42.6.5
星子38.9.11、9.14
瑞昌38.9.20
奉新41.3.23
上高41.3
宜昌41.9、41.10.8～10、
42.5.2
慈利43.11.18
常徳43.11.27
湖南
江西
浙江
広東
衡陽44.7.11
虎門37.9.27
従化39.8.24
羅定40.1.26
横県40.1
八塘40.1.17
部分は日本軍の毒ガス戦地
● 印は航空毒ガス戦がおこなわれたとされるところ
印は主な飛行場
参考文献
「侵華日軍化学戦示意図」(『中国現代史地図集』115～116頁)
『侵華日軍的毒気戦』 『細菌戦与毒気戦』 などから作成
浜松陸軍飛行学校による中国東北部での活動についても記入

種資材を使用してその作戦上の価値を研究することが記されている（「大陸指四五二号」『毒ガスⅡ』二五八頁）。

一九三九年の航空毒ガス戦の状況についてみると、一月二五日、河南省商城・南門外で三機がびらん性ガス弾一〇弾余りを投下（「廖磊致重慶軍事委員会電」一九三九年一月二五日『細・毒』四九六頁、『侵・毒』三二〇頁）、三月末には山西省晋城などで毒ガス弾を投下した（『細・毒』五一八頁）。

八月二四日には広東省従化羅洞で六機がイペリット弾三〇余りを投下（「新華日報」一九三九年八月三〇日付、『侵・毒』三四六頁）、一〇月には上海で黒色の毒粉を散布（『細・毒』六五一頁）、一一月一〇日には河南省洛陽付近で窒息性ガス弾を投下した（「新華日報」一九三九年一一月一七日付、『細・毒』四九八、六七八頁、『侵・毒』三三二頁）。

一九三九年一一月から一二月にかけて山西省夏県付近では毒ガス空襲がおこなわれた。このとき不発弾が回収され、米軍の検査により不発弾がルイサイト、イペリットであったことがわかっている（吉見義明「明らかになった日本軍による毒ガス戦」『時効なき戦争責任』二二〇頁）。

一二月三日の山西省晋城の店頭・担山・朱家庄一帯ではイペリット弾が四回、投下された。それにより被爆者の顔は赤くはれて水泡ができ、びらんし、窒息した（「新華日報」一二月二四日付、『紀・化学』二二六頁、『細・毒』五二四、六八二頁、『侵・毒』二二九頁）、一二月中旬山西省中条山でも毒ガス弾が投下された（『細・毒』六八二頁）。

一九三九年に日本軍が山西省で航空機からきい弾を投下したことは確実である。

一九四〇年

一九四〇年一月には中国南部の広西省八塘、広東省羅定、横県などで使用された（『細・毒』六三三、六八四頁、「新華日報」一九四〇年二月四日付、『侵・毒』三四七、三五〇頁）。

一九四〇年二月一六・一七日には内モンゴルの臨河で毒ガス弾が国民党陣地などに投下された（『紀・化学』二二六頁、「中国ニ於ケル日本軍ノ毒瓦斯戦ノ一般的説明」『毒ガス戦関係資料』五三一頁、「新華日報」一九四〇年二月二四日付、『細・毒』五四九、六八五頁、『侵・毒』三三一頁）。

四月一八日には山西省翼城で日本軍機二〇機が空爆し、催涙弾を投下（「新華日報」一九四〇年四月二二日付、『侵・毒』

二二二頁）、六月一三日には晋城の外山村付近で三機が毒ガス弾を投下した（「新華日報」六月一七日付、『侵・毒』一二三頁）。山西省での航空毒ガス弾攻撃は一九三八年六月、三九年四月、一二月に続くものであり、これらの攻撃は抗日拠点の破壊をねらったものであった。

一九四〇年七月二三日付の参謀総長載仁による支那派遣軍司令官への指示をみると、特種弾の使用を認め、雨下はしないが、使用の事実を秘匿し痕跡を残さないようにと指示している（「大陸指六九九号」『毒ガスⅡ』二六〇頁）。この指示のもとで航空用投下弾も使われていったとみられる。

一九四一年のイペリット攻撃

一九四一年一月一日、安徽省潜山で日本軍機二機がびらん性ガス弾を投下（「李宗仁致蒋介石電」一九四一年一月一二日、『細・毒』五六六、六九九頁、『侵・毒』二六三頁）、三月一〇日には山西省垣曲で毒ガス弾を投下（「新華日報」一九四一年三月一七日付、『侵・毒』二二九頁）、一九四一年三月下旬には江西省奉新の華林・白茅山一帯の中国陣地、上西の石頭街に毒ガス弾を投下した（「岡村寧次侵華任内用資料」『侵・毒』二八七頁）。

我軍攻入宜昌
敵機竟投毒彈
（中央社宜昌[illegible]十日下午五時急電）我攻入宜昌城之各路部隊，正對城內殘敵積極掃蕩之際，敵忽派飛機三十餘架，於十日下午三時飛抵宜昌市空，向城內市區濫肆轟炸，並不顧人道，投擲毒氣彈多枚，因是我官兵中毒者頗多。

▲…「新華日報」1941 年 10 月 11 日

一九四一年九月から一〇月の湖北省での宜昌戦では日本軍機がイペリット弾を大量に使用した。毒ガス弾は九月中旬には東寺山地区、一〇月八・九・一〇日には茶店子地区や宜昌などに投下された。とりわけ一〇日の宜昌空爆は三六機による大規模なものだった。このイペリット攻撃によって中国側の死者は四〇〇〇人をこえた（「日本軍使用毒気証明書」「新華日報」一九四一年一〇月一一日付、『細・毒』四三九、六〇〇、六〇一、七〇六、七〇七頁、『侵・毒』三〇三頁、『紀・化学』一八〇頁）。宜昌戦でのイペリット使用についての報告はアメリカ人記者ジャック・ベルデンのものもある（前掲、吉見論文二一三頁）。宜昌へは一九四二年五月二日、イペリットが雨下された（『侵・毒』三〇六頁）。

一九四一年一一月一五日には河南省鄭州の韓垌・胡垌にイペリットが雨下さ

れた（「新華日報」一九四一年一一月一九日付、『侵・毒』三三五頁）。一二月三一日にもイペリットが雨下され、中牟付近の五里舗の中国軍守備地が汚染され、中国軍第一一〇師第三二八連の七〇人あまりが被毒し、重症者三人が重慶第五陸軍病院に送られた（『紀・化学』一八八頁）。

一九四二～四四年

一九四二年の浙贛戦でも航空毒ガス戦がおこなわれた。五月二六日、浙江省建徳の白沙陣地に八機が毒ガス弾を投下した。また三機が新安江での渡河の際に毒ガス弾を投下して支援した（『紀・化学』一九二頁、『細・毒』五五九、七一五頁、『侵・毒』一八七頁）。六月五日には浙江省衢県東山、前渓口一帯の中国軍第二六師第七六団の陣地に毒ガス弾を投下した（『細・毒』五六一、七一七頁、『侵・毒』一八八頁）。

一九四三年春の山西省での太行作戦では航空機からあか弾（嘔吐性）が投下された。報告では飛行機と歩兵による協同使用が評価され、毒ガス使用の効果は十分とされている（山砲兵三六連隊本部「十八春太行作戦第一期戦闘詳報」『毒ガスⅡ』三七二頁）。

華北での航空毒ガス弾攻撃は一九四三年一月二八日の山西省趙城（「三二年度敵軍用毒情況」『侵・毒』二三七頁）、五月三一日の内モンゴルの包頭（「新華日報」一九四三年六月一八日付、『細・毒』五四一、七二七頁）、一一月下旬の山東省沂水（「解放日報」一九四四年一月一七日付、『侵・毒』二五二頁、『紀・化学』二六五頁）などがある。

一九四三年の湖南省・常徳戦でも航空毒ガス戦がおこなわれた。一一月一八日、慈利では軍機から四次にわたって中国軍第五八師に対し毒ガス弾を投下した。一一月二七日には、常徳で一二機が爆撃し、毒ガスを雨下した（「三二年度敵軍用毒情況」「三二年冬常徳会戦倭寇使用毒気調査」『細・毒』七三三頁、『侵・毒』三四二、三四三頁、『紀・化学』二〇五頁）。

一九四四年七月一一日には湖南省衡陽（虎形山）で飛行機と砲による毒ガス攻撃があった（「新華日報」四四年七月一三日付、『侵・毒』三四五頁）。

日本軍による航空毒ガス弾投下の状況を中国国民党軍政部『抗戦八年来敵軍用毒経過報告書』（一九四六年）からみると、一九三八年二回、一九三九年二二回、一九四〇年一一回、一九四一年三〇回、一九四二年六回、一九四三年七回、一九四四年一回の計七九回となっている（『紀・化学』三三四頁）。

「侵華日軍毒襲兵器使用次数情況統計」（『侵・毒』七一頁）をみると、毒ガス爆弾は一九三七年一七、一九三八年三六、一九三九年四六、一九四〇年四一、一九四一年五八、一九四二年一四、一九四三年一三、一九四四年二の計二二七回となっている。ここで示されている毒ガス爆弾は毒ガス砲弾とは別に集計されていることから、航空機からの投下弾が多数とみられる。

このように『細菌戦与毒気戦』『侵華日軍的毒気戦』に収められた年表や史料からは、軍用機による毒ガス戦の四〇回ほどの事例をみることができる。なかには、イペリット弾やイペリットの雨下攻撃とみられるものもある。

浜松陸軍飛行学校は航空毒ガス戦の研究を担った部隊であり、実戦と併行して中国東北部で関東軍化学部と協同し、研究をすすめた。中国での投下や雨下を担った隊員の多くが浜松や鉾田で訓練をうけた。浜松の陸軍航空部隊の爆撃や雨下の技術と訓練は航空毒ガス戦という戦争犯罪に使用されたのである。

防衛庁防衛研修所戦史部『中国方面陸軍航空作戦』をみると、宜昌での戦闘で一九四一年九月八〜九日と軍用機による攻撃が加えられ、一一日には「敵の宜昌奪回企図は封殺」と判断されたことが記されている。中国側史料から航空用投下毒ガス弾（イペリット）使用が明らかである。毒ガスの使用が戦況を一転させたわけだが、『中国方面陸軍航空作戦』ではその使用について一言もふれていない。同書にある部隊配置からみて、毒ガス弾を投下したのは飛行第七五戦隊（軽爆）とみられる。

同書での部隊配置の記事から、一九四二年の浙贛戦では飛行第六五戦隊（軽爆）あるいは飛行第九〇戦隊（軽爆）、一九四三年一一月の常徳戦では飛行第十六戦隊（軽爆）、一九四四年七月の衡陽攻撃では飛行第十六戦隊あるいは飛行第九〇戦隊が毒ガス戦にかかわったとみられる。しかしこれらの部隊による毒ガス弾使用についての確証はなく、今後の調査課題である。

6 三方原教導飛行団の設立

浜松陸軍飛行学校化学戦教導隊

一九四二年八月、航空毒ガス戦防護部門は浜松陸軍飛行学校へと移管され、浜松陸軍飛行学校内に攻撃と防護を統合した部隊である化学戦教導隊がおかれた。

この部隊には白城子陸軍飛行学校からの移駐者が多かった。隊内には高級将校が多く、下士官は九州出身者が多かった（軍属・通信担当、鈴木清「三方原飛行隊の創始と終焉」『戦争と三方原』二二〇頁、以下引用にあたり『鈴木』と略記）。

一九四三年の冬（正月ころ）浜松陸軍飛行学校は饗庭野で擬液を用い雨下実験をおこなった。この実験は雪の上に探知盤をおき、高度差をかえて雨下器から模擬毒ガス液を撒布するというものだった。探知板（約四〇センチメートル平方）の上に何グラム投下されたのか計り、実戦での使用方法を研究した（鈴木清さん談）。

一九四三年三月、三方原爆撃場での「特種研究爆撃」の際に飛行機墜落事故がおきた（『飛行第六十戦隊小史』一〇七頁）。この「特種研究爆撃」は毒ガス弾の投下研究とみられる。

三方原教導飛行団の設立

一九四四年一月二九日付の大陸指第一八二二号、大本営陸軍部「化学戦準備要綱」での毒ガス戦の指示は航空機による攻撃を重視するものだった（『毒ガスⅡ』二七一頁）。このような動きのなかで、一九四四年六月、浜松陸軍飛行学校内の化学戦教導隊は三方原教導飛行団の形で独立し、三方原の飛行場の一角へと移駐した。この部隊は航空毒ガス戦の実戦を担う秘密部隊であり、教導飛行隊、教導防護隊、化学隊などで編成されていた。飛行隊の主要機種は九九式襲撃機であった（丹治高司「私の三方原教導飛行団」）。この部隊がおかれたところは現在、航空自衛隊の官舎となっている。

三方原教導飛行団は、状況によっては「参謀部」を編成し、航空毒ガス戦の実行を予定していた。隊はイペリットを二〇〇リットルドラム管に入れて約二〇トンを保管したという（岡沢正『告白的「航空化学戦」始末記』三五・五五頁。以下引用にあたり『岡沢』と略記）。

初代団長（一九四四年六月〜四五年二月）は山脇正雄（中将）、二代団長（四五年二月〜四月）は林勇蔵（少将）、三代団長（四五年四月〜八月）は岡田猛次郎（大佐）であった。山脇正雄は関東軍化学部の部隊長から三方原教導飛行団の団長になった。

岡田も化学戦研究を担ってきた人物であり、満洲から配属され、一九四四年の開隊時は副団長だった。飛行隊長は久米登起男（中佐）、教導（防護）隊長は知見敏（少佐）だった（『岡沢』三一頁）。教導（防護）隊長の知見は航空化学戦の重要性を主張してきた人物であり、三方原教導飛行団創立に尽力し、戦後は戦犯容疑で米軍に喚問された（『岡沢』三三頁）。

三方原教導飛行団には総務部（総務課・人事課・会計課）、教育部（飛行隊・防護隊）、研究室・医務室などがあり、敗戦時には将校五三、准士官四九、兵三九六、軍属若干名など約五〇〇人の将兵がいた。飛行機は一〇機ほど所有していた

三方原教導飛行団

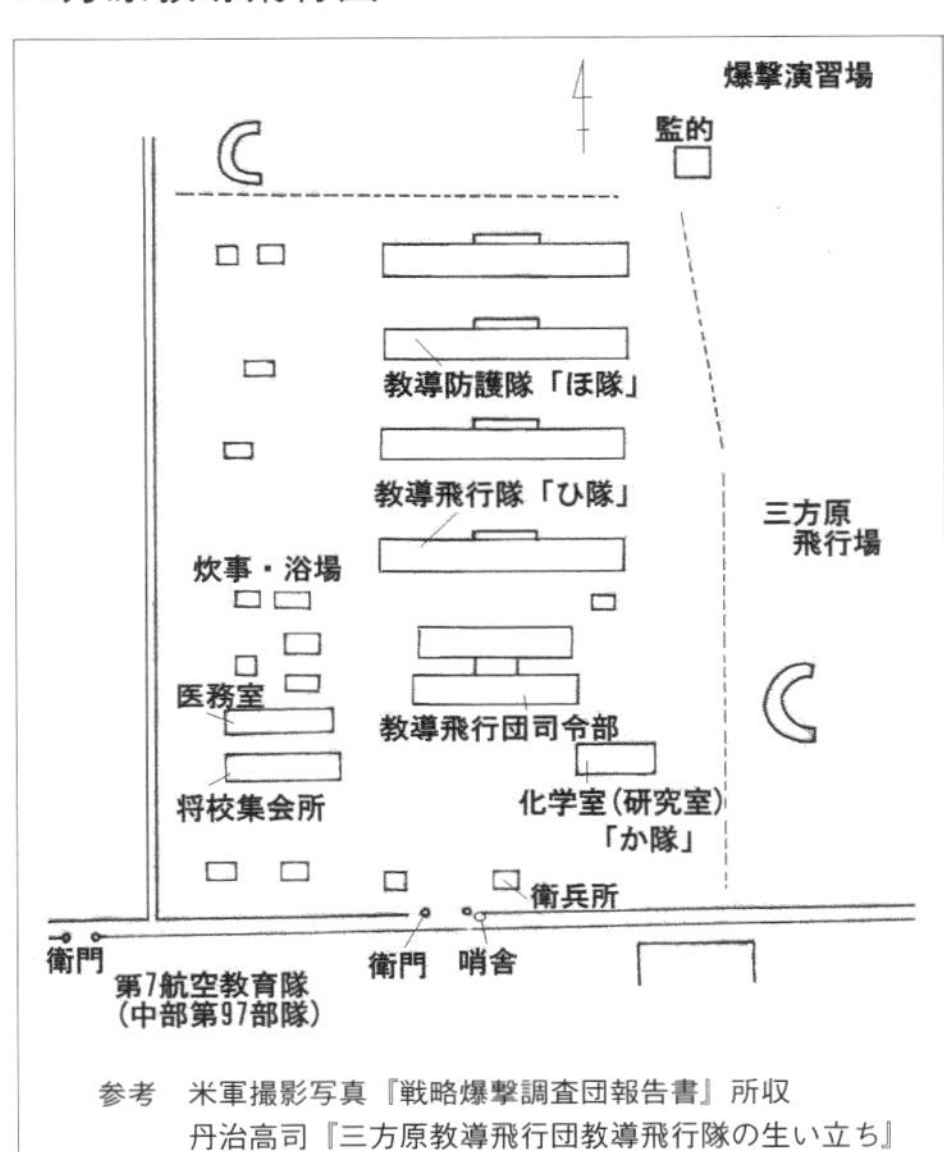

▲…三方原教導飛行団・教導飛行隊第１隊（1944年９月）＊29

▲…99式襲撃機＊15

▲…浜松陸軍飛行学校の地下指令室（2002年）

▲…三方原教導飛行団跡（1992年）

（『岡沢』三五頁、知見敏「報われなかった部隊」一一四頁、以下引用にあたり『知見』と略記）。

一九四四年六月、浜松陸軍飛行学校は実戦部隊へと再編され、浜松教導飛行師団となり、同年にはこの師団から陸軍航空最初の「特攻」部隊が編成され、フィリピン戦に投入された。

すでに飛行第七連隊は一九三八年八月、飛行第七戦隊に改編され、四三年には中国からインドネシアへ、さらにニューギニア戦線へと送られた。一九四四年に入ると浜松へ戻り、九州や浜松で雷撃などの攻撃訓練をくりかえすようになり、フィリピン・サイパン・沖縄などの作戦に投入された。

一九四四年に入り、浜松の部隊は爆撃に加え「特攻」戦と航空化学戦を担う部隊へと再編された。このような再編のなかで基地内に地下戦闘指令室がつくられた。この施設は浜松陸軍飛行学校が戦闘部隊とされ、実戦に投入された時代を示すものである。

三方原教導飛行団では航空化学戦用の教育を年四期にわけておこなった。一九四四年九月に学生として入校した岡沢正は一二月、第一期航空化学戦将校学生の卒業天覧演習に参加した。演習は天竜川右岸（笠井町東方）でおこなわれ、九九式襲撃機によってイペリットが雨下され、それを防毒するというものだった。演習を教育総監部（化学監部）、陸軍第六技術研究所など化兵専門家が見学した（『岡沢』三八頁）。

一九四四年の秋、三方原では毒ガスを使った演習がおこなわれた。年に数回は毒ガス演習がおこなわれ、ネズミ・ウサギ・馬などが実験用に使われた。満洲では人間を使ったという証言がある（矢田論文一八頁）。

化学戦普及教育

▲…三方原教導飛行団跡地でイペリット訓練を証言する尾形さん（2000年）

一九四四年一一月から四五年一月の間、化学戦の普及教育のために三方原教導飛行団から中国・フィリピン・台湾へと派遣された。中国では徐州・上海・南京・漢口・広東など各地の前線部隊将校を教育した。中国への派遣機の機長は久米中佐、航法統轄は大関中尉、操縦は高橋准尉、機関は河合・鈴木、通信が鈴木清軍属であった。フィリピンへの派遣機は台湾沖で墜落した（『鈴木』一二三頁）。教育は二〇〜三〇人、四〇〜五〇人毎に教室を持って数日間おこなわれた。イペリットを皮膚につける体験もあった。

一九四五年五月上旬に牡丹江の部隊でおこなわれたガス教育についてみれば、ガスの種類、防毒・撒毒・探毒などの教育をうけている。飛行機からガスが撒かれたときの対応も教育された（藤家武一郎による、『細・毒』二九五頁）。

イペリットの教育体験はジャワのマランでもおこなわれた。陸軍航空士官学校出身の尾形憲さんは三方原教導飛行団跡を訪れた際、浜松は重爆、鉾田は軽爆の拠点とされ、友人の多くが「特攻」で生命を失ったとし、反戦反基地の意思表示をしながら、「ここが、ジャワの第二五航空通信隊に配属され、マランでのガス教育でイペリットをつけたところ」と左腕のびらんの跡を示し、証言した（二〇〇〇年六月）。

疎開と毒ガスの遺棄

一九四五年一月ころから部隊の分散・疎開がはじまった。現官舎のところに大きな防空壕が掘られ、地下司令部がつくられた。疎開先の竜保寺の本堂には通信機の事務書類がおかれ、本堂周辺に壕を掘り、通信用機材を隠した（鈴木清さん談）。三方原教導飛行団は三方原北方の引佐郡下へも疎開した。引佐郡から浜北方面にかけて「本土決戦」用に第一四三師団（護古部隊）が配備されたが、飛行団の疎開部隊はこの部隊と連係していたとみられる。

一九七三年四月の国会で、環境庁は敗戦時に全国一八か所に毒ガスが保有されていたとし、そのうち引佐郡下の二か所

▲…三方原教導飛行団疎開先、基地北方の出ヶ谷（2000 年）

の毒ガス所在地を示した。ここで示された引佐郡下の二か所の毒ガスの所在地は三方原教導飛行団と陸軍航空技術研究所三方原出張所の疎開先である（「第七一国会参議院予算委員会第四分科会会議録第二号」一九七三年四月六日、「旧軍毒ガス等の全国調査について」）。

第一四三師団が駐屯した引佐郡細江町の出ケ谷には疎開兵舎がつくられ、金指の赤十字病院から万城寺にかけて部隊が駐屯した。この部隊は遠州灘に上陸した米軍との戦闘を想定して配置された。浜松北方に展開した護古部隊の任務は主力をもって三方原飛行場を守ることにあり、「挺身部隊」として切り込んでいく任務をもっていた（『引佐町史』下六六八頁）。

「一九四五年一一月に復員したが、出ケ谷に毒ガス缶を入れていたという建屋があり、中川小学校の講堂には部隊が居住し、理科室では毒ガスの研究もおこなわれていたようだ」と住民は語る（安達礼三さん談二〇〇〇年）。出ケ谷の部隊には三方原教導飛行団も含まれていたとみられ、ここに毒ガスが保管されていた可能性は高い。

一九四五年七月、対米毒ガス戦にむけて、三方原教導飛行団で西部派遣隊が編成され、八尾（大阪）の飛行場へと出発した。気賀駅から二トンのイペリットを一般貨車で輸送した。遠州灘へと米軍の陽動部隊が上陸した際には浜松地区への撒毒も考案された（『岡沢』六四頁）。七月二〇日には三方原教導飛行団の飛行隊から「特攻」五〇〇振武隊が編成された（丹治高司「私の三方原教導飛行団」）。

教導隊長の知見敏は八月に入り、千葉の海軍洲ノ崎航空隊に行き、航空毒ガス戦用に海軍天山機の使用の許可を得て、八月一五日に横須賀海軍航空隊での毒ガス戦にむけての打ちあわせにむかうが、敗戦となった（『知見』一一四頁）。

北海道の計根別地区も戦争の拠点とされ、航空毒ガス弾が配備された。一九九六年一〇月に屈斜路湖で発見された遺棄弾は航空用きい弾であり、戦後に棄てられたものである。屈斜路湖には計根別や美幌の航空基地の毒ガス弾が棄てられたという（大久野島公開シンポジウム『悪魔の兵器からの廃絶をめざして』三六頁）。

7　敗戦と戦争犯罪の隠蔽

毒ガスの処分・遺棄

八・一五敗戦直後の一七・一八日の両日、知見は稲垣少佐に命令し、イペリット一六トン、ルイサイト二トンに及ぶ毒ガスを処分させた。兵器、材料、服や書類などの記録類を焼却するなど、毒ガス戦部隊の痕跡を隠蔽する作業がつづいた。知見は九月一六日まで部隊跡に残っていた(『知見』一一四頁)。毒ガスは浜名湖や飛行団近くの溝に棄てられた。八尾でも二トンのイペリットの処分がおこなわれ、信貴山の尼院(朝護孫子寺)の古池に捨てられた。九月下旬、三方原に残っていた黄剤のドラム缶一〇本ほどが湖に捨てられた(『岡沢』六九・七二頁)。

米軍は毒ガス戦についての調査をはじめ、知見は九月一八日に米第八軍の化学戦部長チロッグ少将、一九日に米軍総司令部のウォーレス中尉、二〇日には米極東空軍のバブコップ調査班に出頭し、航空化学戦の沿革や研究について記述した。ここで知見は防護についてのみ示し、攻撃関係については一切を秘匿した。一一月三〇日までに米軍の調査はおわった(『知見』一一四頁)。

第一復員局史料「陸軍習志野学校状況説明書」(『毒ガスⅡ』一七九頁)をみると、習志野学校はガス防護、制毒を主とするものとして描かれ、ガス攻撃(砲撃・撒毒)研究の役割についてはふれていない。戦争犯罪の追及に対して日本陸軍の化学戦担当将校たちは防護のみを示し、攻撃については秘匿する形で対応したのである。

米陸軍化学戦統括部隊の作戦部長ジョン・C・マッカーサー大佐は同部隊長官ウェイト少将にあてた一九四六年五月二九日付の「勧告書」で、日本の毒ガス戦を追及して断罪した場合、米国が今後毒ガスを戦争で使用できなくなり、未来の「自由」を拘束する危険があることを示し、裁判での毒ガス戦追及の中止を働きかけた(吉見義明「戦争犯罪と免責」『戦争責任研究』二六 五頁、前掲大久野島シンポジウム集での粟屋憲太郎発言 一九頁)。

日本側の隠蔽工作と米側の毒ガス免責の意思によって毒ガス戦実施の全貌は隠され、東京裁判では戦争犯罪として訴追されなかった。

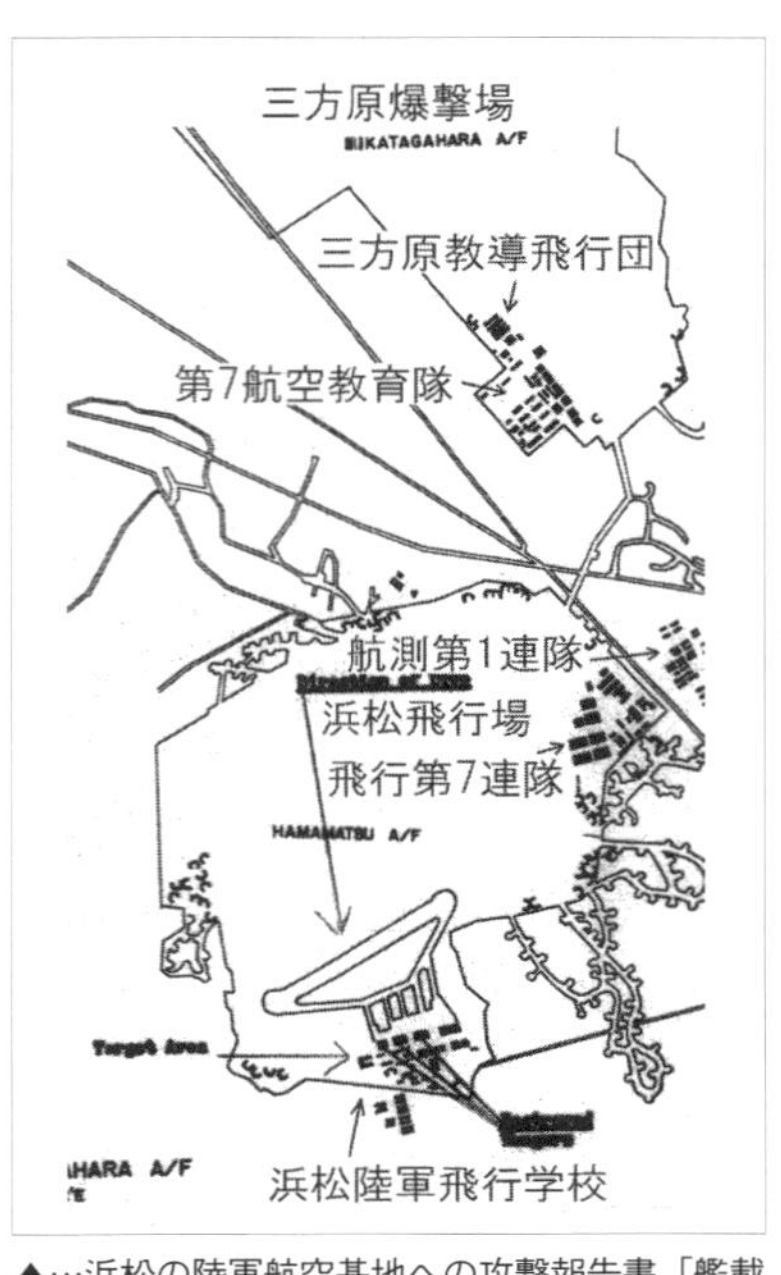

▲…浜松の陸軍航空基地への攻撃報告書「艦載機報告書」（1945年2月16日）に加筆＊22

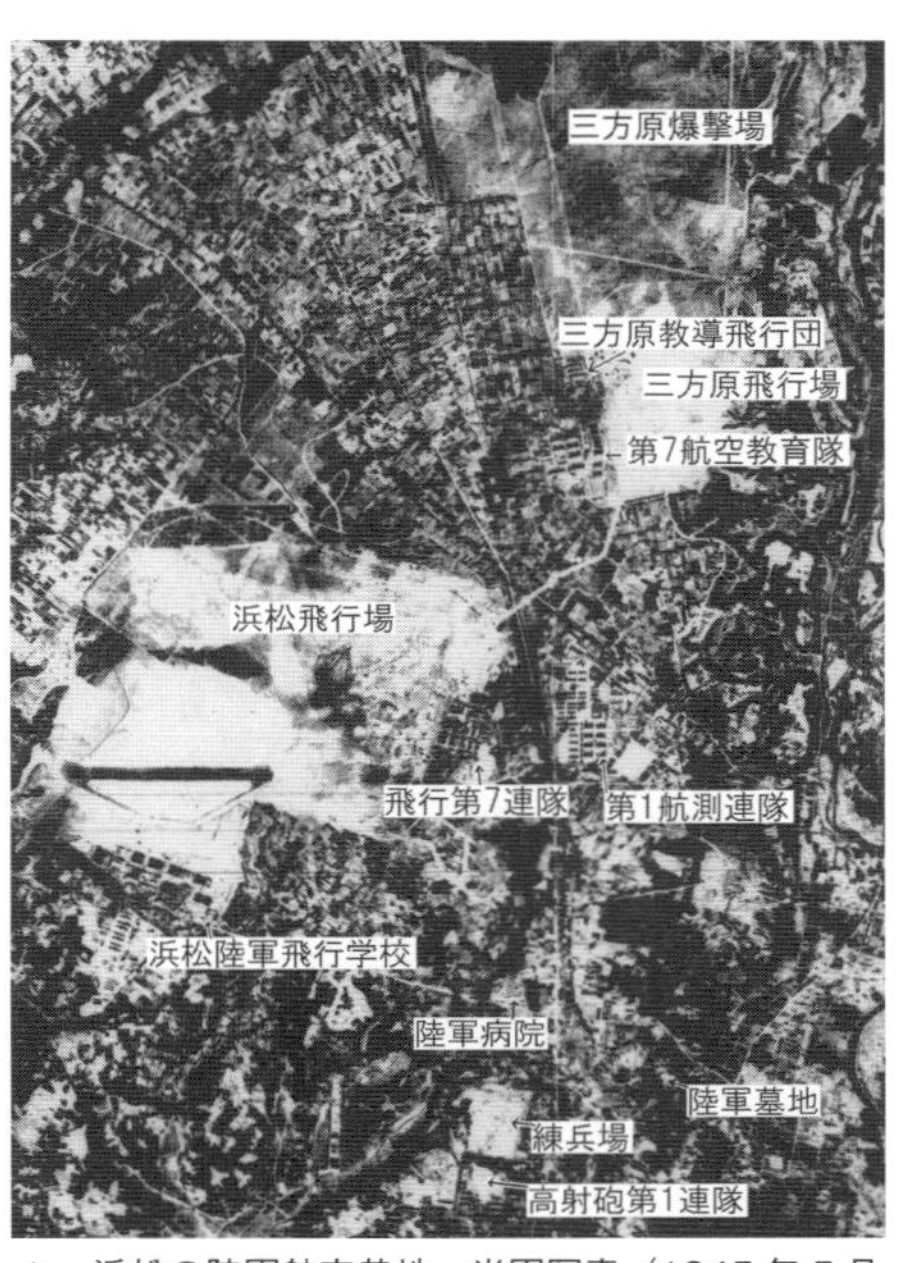

▲…浜松の陸軍航空基地、米軍写真（1945年5月21日）に加筆＊22

毒ガスの再処理

環境省が二〇〇三年にまとめた『昭和四八年の「旧毒ガス弾等の全国調査」フォローアップ調査報告書』などから毒ガスの投棄と戦後の発見の状況をみてみよう（以下『環境省調査』と略）。

毒ガスは浜名湖に投棄されただけでなく、引佐郡三ヶ日町大崎の山林にも埋めた。陸軍航空技術研究所三方原出張所はイペリット缶一本を引佐郡中川付近に埋めた（『環境省調査』一五九、一六三頁）。

一九四七年七月一六日、浜名湖に捨てられた毒ガス缶が浮上し、細江の都田川河口でシジミを採取中の農民がイペリットをあびて死亡、治療にあたった医師も被毒した（「静岡新聞」一九四七年七月一七日付）。一九五〇年ころ、浜名湖の外浦でドラム缶が浮きあがり、泳いでいた子どもたちが被毒した（江間きみ「館山寺基地物語」『平和への祈り』三三二頁）。

一九五〇年になって政府は三か月間、浜名湖を掃海し、毒ガス缶を遠州灘に再投棄した（「毎日新聞」一九七六年八月四日付）。掃海によって発見されたイペリット缶は一〇〇本ほどという。

一九五二年六月一日にも浜名湖でイペリット缶による

被害者が出た。七月一五日には舘山寺北浜名湖岸にドラム缶一個が漂着した。一九五五年一二月には浜名湖でイペリット缶が見つかった。一九六二年三月、六月に毒ガス缶がそれぞれ二個、一九六三年六月にイペリット缶二個が発見された（『環境省調査』一六〇頁）。

一九七六年七月三〇日には三方原教導飛行団の南西部に配置されていた第七航空教育隊（中部第九七部隊）の跡地で道路工事中にイペリット缶が発見された（「静岡新聞」一九七六年八月一日付、『環境省調査』一六三頁）。

このように毒ガスはその姿を示し、日本軍の毒ガス戦を語り続けてきた。隠蔽された毒ガスはその真相の究明を求めているようである。毒ガス攻撃によって被害を受けた人々の尊厳は回復されていない。

毒ガスの研究と実行、航空機による毒ガス爆弾の投下と毒ガスの雨下などについては不明な点が多く、今後の調査課題である。ここでは入手できた史料から、浜松陸軍飛行学校と航空毒ガス戦についてその概略を記した。

最後に、米国戦略爆撃調査団の史料から浜松基地の航空写真と地図を示しておこう。この写真と地図から戦争の拡大により軍事基地が拡張された状況を知ることができる。

［参考文献］

国立公文書館・アジア歴史資料センター史料　http://www.jacar.go.jp/

陸軍航空本部「航空弾薬九二式五十瓩投下きい弾（甲）及九二式五十瓩投下あをしろ弾仮制式ノ件」一九三七年九月

陸軍航空本部「九五式五十瓩ちゃ弾仮制式制定ノ件」一九三九年九月

教育総監部「満洲国内ニ於テ陸軍習志野学校冬季研究演習実施ノ件」一九三四年一一月

軍務局兵務課「昭和十年度冬季北満試験研究ノ為出張ニ関スル件」一九三五年一二月

陸軍習志野学校「秘密書類送付ノ件」一九三六年一月

関東軍「関東軍瓦斯教育ノ為教官要員派遣ニ関スル件」一九三六年八月

海軍省「陸軍習志野学校研究演習見学ニ関スル件」一九三六年一二月

関東軍「飛行機「ケ」装置試験及普及教育ニ関スル件」一九三七年五月

陸軍航空本部「満洲ニ対スル航法訓練実施ノ件申請」一九三六年三月

陸軍航空本部「秘密書類調整配布ニ関スル件」一九三七年六月
陸軍航空本部「防毒被服貸与ノ件」一九三七年五月
関東軍「教育ノ為瓦斯雨下器特別支給ノ件」一九三八年五月
陸軍航空本部「関東軍特種演習参加並ニ瓦斯雨下研究演習実施ニ関スル件」一九三八年一一月
鉄砲課「航空兵隊演習用小銃弾薬支給定数ノ件」一九三九年二月
衣糧課「防毒被服交付ノ件」一九三九年七月
陸軍航空本部「瓦斯教育並ニ研究用器材貸与ノ件」一九四〇年二月
陸軍航空本部「瓦斯教育用弾薬特別支給ニ関スル件」一九四〇年三月
陸軍科学研究所「化学兵器下付ノ件」一九四〇年二月
関東軍「試験研究用兵器交付ノ件」一九四〇年六月
関東軍「化学戦研究演習用弾薬特別支給ノ件」一九四一年六月
関東軍「兵器特別支給ノ件」一九四一年七月
陸軍航空本部「日満航法訓練ニ関スル件」一九四〇年二月
陸軍航空統監部「浜松陸軍飛行学校連合研究演習見学希望ノ件照会」一九四〇年一一月
軍事課「浜松市附近ニ於ケル爆弾事故ニ関スル件」一九四〇年四月

第三師団経理部岩田史料

『飛行第七連隊第一期工事飛行機庫・発動機試験場計算書』一九二五年
『飛行第七連隊新築飛行機庫参考資料調書』一九三三年
『飛行第七連隊飛行機工場増築其他工事設計書』一九三五年
『飛行第七連隊建物火薬爆発被害復旧工事設計書』一九三四年
『飛行第七連隊プール新設工事設計書』一九三四年
『飛行第七連隊地下油槽新設工事関係書綴』『同工事設計書』一九三四年
『飛行第七連隊地下油槽新設工事設計変更書』一九三五年
『訓練講堂新築工事ノ内浜松屯在部隊訓練講堂新築工事設計書』一九三五年
『浜松陸軍飛行学校本部新築其他工事ノ内校内電話増設並ニ移転其他工事設計書並ニ同資料』一九三五年

『浜松陸軍飛行学校本部新築其他工事ノ内飛行機庫新築其他工事設計要領書』一九三六年
『浜松陸軍飛行学校鋸歯型飛行機庫計算書』一九三六年
「爆撃豫習講堂一部模様替設計図」一九三六年
「特許タツノ式安全器」一九三五年二月
＊第三師団経理部岩田史料は二〇一五年に古書店で入手
粟屋憲太郎・吉見義明編『毒ガス戦関係資料』不二出版一九八九年
吉見義明・松野誠也編『毒ガス戦関係資料Ⅱ』不二出版一九九七年
『飛行第五連隊・飛行第七連隊関係写真帖』一九二七年～一九三三年 防衛省防衛研究所蔵
防衛庁防衛研修所戦史部『中国方面陸軍航空作戦』朝雲新聞社一九七四年
飛行第六十戦隊小史編集委員会『飛行第六十戦隊小史』一九八〇年
戦隊史編集委員会『飛行第七戦隊のあゆみ』飛行第七戦隊戦友会一九八七年
『はままつ』航空自衛隊浜松南基地一九八二年
『浜松陸軍飛行学校の思い出』同思い出会編一九九〇年
近現代史編纂会編『航空隊戦史』新人物往来社二〇〇一年
丹治高司「私の三方原教導飛行団」二〇〇八年 浜松市立中央図書館蔵
航空碑奉賛会『陸軍航空の鎮魂』総集編一九九三年
知見敏「報われなかった部隊」航空碑奉賛会編『陸軍航空の鎮魂』一九七八年
岡沢正『告白的「航空化学戦」始末記』光人社一九九二年
鈴木清「三方原飛行隊の創始と終焉」『戦争と三方原』三方原歴史文化保存会一九九四年
清水勝嘉『生物化学・毒素兵器の歴史と現状』不二出版一九九一年
歩平『日本の中国侵略と毒ガス兵器』明石書店一九九五年
紀学仁編『日本軍の化学戦』大月書店一九九六年
吉見義明「明らかになった日本軍による毒ガス戦」『時効なき戦争責任』緑風出版一九九〇年
吉見義明『毒ガス戦と日本軍』岩波書店二〇〇四年
吉見義明「戦争犯罪と免責」『季刊戦争責任研究』二六 日本の戦争責任史料センター一九九九年

粟屋憲太郎『未決の戦争責任』柏書房一九九四年
粟屋憲太郎編『中国山西省における日本軍の毒ガス戦』大月書店二〇〇二年
紀道庄・李録編『侵華日軍的毒気戦』北京出版社一九九五年
中央檔案館・中国第二歴史檔案館・吉林省科学院編『細菌戦与毒気戦』中華書局一九八九年
武月星編『中国現代史地図集』中国地図出版社一九九九年
歩平『毒気戦』中華書局二〇〇五年
歩平・高暁燕・笪志剛『日本侵華戦争時期的化学戦』社会科学文献出版社二〇〇四年
木下健蔵『消された秘密戦研究所』信濃毎日新聞社一九九四年
小原博人・山辺悠喜子・新井利男・岡田久雄『日本軍の毒ガス戦』日中出版一九九七年
庄内地区戦時体験刊行会『平和への祈り』二〇〇〇年
『引佐町史』下 引佐町一九九三年
荒川章二『軍隊と地域』青木書店二〇〇一年
矢田勝「浜松陸軍飛行第七連隊の設置と十五年戦争」『静岡県近代史研究』一二号一九八六年
村瀬隆彦「静岡県に関連した主要陸軍航空部隊の概要」下『静岡県近代史研究』一九号一九九三年
尾形憲『歌と星と山と』上 オリジン出版センター一九九四年
環境庁「旧軍毒ガス等の全国調査について」一九七三年
環境省『昭和四八年の「旧毒ガス弾等の全国調査」フォローアップ調査報告書』二〇〇三年
「第七一国会参議院予算委員会第四分科会会議録第二号」一九七三年四月六日
毒ガス展実行委員会『公開シンポジウム「大久野島から」悪魔の兵器の廃絶をめざして』一九九七年

（初出「浜松陸軍飛行学校と航空毒ガス戦」『静岡県近代史研究』二八　二〇〇二年）

第六章……下志津陸軍飛行学校の毒ガス戦研究演習

表紙に「軍事極秘」「戦術研究」と鉛筆で小さく記され、「秘」や「極秘」の赤印が押された下志津陸軍飛行学校作成の冊子が収められている綴がある。この文書は当時、下志津陸軍飛行学校の器材担当であった少佐が所蔵していたものであり、文書は処分されずに現在に至る。この史料の名称を、ここでは『戦術研究』（化学戦関係）下志津陸軍飛行学校一九三七年とする。

この『戦術研究』に収められている冊子の標題と発行年月日を順に記せば、「赤軍航空部隊用法（波国駐在武官）」下志津陸軍飛行学校複写一九三七年一月、「昭和十二年五月飛行場瓦斯防護研究演習計画」同校一九三七年、「昭和十二年度研究計画案」同校一九三七年三月、『飛行隊対瓦斯行動』研究上ノ参考」同校一九三七年三月、「航空部隊通信要領」同校一九三七年三月、「昭和十一年度 自昭和十年十一月至昭和十二年三月 研究実施概況」同校一九三七年四月、「実毒ヲ以テスル飛行場瓦斯防護研究演習記事」同校一九三七年五月、「飛行隊瓦斯防護教育ノ参考」同校一九三七年六月、「毒瓦斯弾投下ニ対スル飛行場防護研究記事」同校一九三七年六月である。

最後の「毒瓦斯弾投下ニ対スル飛行場防護研究記事」は、浜松陸軍飛行学校が主催して一九三七年五月末から六月初めにかけて三方原爆撃場でおこなわれた航空毒ガス戦の研究実験の記事である。表題の横には「用済後焼却ヲ要ス」とされ、極秘の印も押されている。

ここではこれらの文書を使って、一九三六年から三七年にかけての陸軍の航空毒ガス戦研究計画と下志津と浜松での実際に毒ガスを用いての研究の実態についてみていきたい。

はじめに一九三七年の陸軍航空部隊での一九三六年度の毒ガス戦研究経過を記し、続いて一九三七年度の研究計画についてみる。また、毒ガス戦研究の具体的な例として、千葉の下志津飛行場と六方野原での飛行場ガス防護研究と浜松の三方原爆撃場でのガス攻撃・防護研究についてまとめる。最後に満洲での航空毒ガス戦の拠点となったチチハルについてみていく。

1　航空化学戦の研究経過・一九三六年度

毒ガス防護研究

下志津陸軍飛行学校では一九三二年に「科学班」が置かれ、航空化学戦の研究がおこなわれた。それは空からの毒ガス攻撃と防護に関する研究だった。一九三六年度の「科学科」の研究の経過については、一九三七年四月に作成された「昭和十一年度 自昭和十年十二月至昭和十二年三月 研究実施概況」に収録された別表から、その一端がわかる。この別表には科学科（防護）と科学科（攻撃）の二つがある。この表から研究項目と研究実施の状況についてみてみよう。

科学科（防護）の研究項目には、ガス防護の教程類の編纂、ガス防護のための飛行隊の編成装備、飛行隊器材の各種消毒法、飛行場の制毒、強行行動、飛行場のガス防護、状況の現示、有色晒粉の使用などがある。科学科（攻撃）の研究項目には、高空雨下、真毒雨下、夜間雨下、ガス攻撃教程の編纂などがある。

これらの研究の実施状況をまとめると次のようになる。

ガス防護の教程類編纂の研究では、飛行学校案として編纂した「飛行隊対化学戦闘」を基礎にし、航空本部での審議を経たうえで、「飛行隊対瓦斯行動」と「飛行隊対瓦斯行動編纂理由書」を発布し、その補足として「飛行隊対瓦斯行動研究参考書」を編纂し、さらに教程類の編纂を研究審議するとしている。また、各種特業関係防護事項と飛行隊瓦斯防護教育法の編纂に着手し、一九三七年に完成予定であると記されている。

ガス防護のための飛行隊の編成装備の研究では、器材の審査と定数、人員の編成などについて研究がおこなわれ、それらは陸軍航空本部、陸軍科学研究所などに報告された。器材の実用については真毒を使用しての飛行場防護演習を一九三六年八月に実施した。器材には消毒（消毒車）、防毒（防毒面・被服）、検知の三種があり、これらの器材の採否は一九三七年度の審査研究をふまえて決定するとされている。編成についてはガス掛将校以下の人員数についての机上での研究を実施、今後は実兵を使用しての教練を実施するなどの具体的な研究を予定した。

この研究については「瓦斯防護研究演習記事」（一九三六年八月二九日 下飛研第三一八号）がある。

飛行隊器材の各種消毒法は主に飛行機の制毒法の研究である。気温など各種条件により結果に著しい差異が生じることから、引き続き一九三七年度に研究を実施するとされ、飛行機の消毒法には、拭浄、揮発油拭浄、泡沫消毒、蒸気消毒、熱湯消毒などがあると記されている。

飛行場の制毒の研究は、消毒車や消毒器を使用してのものである。気温や飛行場の状態によって結果に差異が出るため、引き続き研究を実施するとされ、特に消毒車の運行方法や消毒の割合などについて研究すると記されている。

強行行動の研究は、未消毒あるいは不完全な消毒の状態での飛行機による強行行動や汚毒滑走路地区への強行滑走などの研究である。実験は暑気が激しいときであったため、ガスの効力が最小であり、引き続き実験する予定とされている。

飛行場ガス防護の研究では「飛行隊対瓦斯行動」を基礎にして実兵を使って研究を実施し、引き続きの研究実施が必要であるとされた。

これらの研究については、一九三六年七月の演習報告「飛行場防護研究演習記事」（一九三六年一一月 科二乙試報第二号）がある。

状況現示の研究については数回行ってきたが、弾薬類の制式の関係から成案を得ることができなかった。有色晒粉の研究では、有色晒粉による消毒実験をおこなった。周囲の地面の色により濃度を変化させる必要があるため、その実験を実施してきたが、成案に至っていないと記されている。

毒ガス攻撃研究

つぎにガス攻撃の研究についてみてみよう。

高空雨下の研究では、八八式偵察機五機編隊で高度一五〇〇メートルからの雨下を実験したこと、無圧式の雨下器を使っての高空からの雨下が可能であることを立証し、良好な成果を収めたこと、撒毒地域は七〇万平方メートル内外であることなどが記されている。この研究については一九三五年一二月九日の「高空雨下第一回研究報告書」を参照とされている。

真毒雨下の研究では、一九三六年八月に関山演習場（新潟）において八八式三機編隊での真毒の雨下実験を行い、良好な成果を得たこと、撒毒地域は七万平方メートルだったことなどが記されている。この研究については「科二乙試報第四号」一九三六年一二月を参照とされている。

夜間雨下の研究では、しばしばそれを実施し、その可能性を探求したこと、成果は良好であり、敵の宿営地や飛行場、資源地などを攻撃する手段として適当であることなどが記されている。

「瓦斯攻撃教程」の編纂については、飛行隊のガス攻撃法の編纂を浜松陸軍飛行学校へと引き継いだこと、一九三六年六月には第一案、九月には第二案を作成したこと、一九三六年九月に「攻撃ニ関スル研究」を浜松陸軍飛行学校に移したため、下志津での研究はおこなっていないことなどが記されている。

この研究実施概況には一九三六年度の委託実用検査一覧表が収められ、そこには陸軍航空技術研究所から「カ」号車実用試験を委託されていることが記されている。「カ」号車は毒ガスの消毒車であり、審査の担当は科学科とされている。委託番号の欄には一九三五年一二月二七日の「航技秘一四六号」とある。秘の文字が入っているのは、この「カ」号車の審査だけである。この消毒車を審査し、下志津から送られた報告書が、一九三七年三月二八日付の下飛研第九一号「カ」号車実用試験である。

以上が、一九三六年度の航空毒ガス戦の研究状況である。このような研究によって、「瓦斯攻撃教程」、「瓦斯防護教程」の編纂がすすめられていたことがわかる。以後、その教程を使用しての教育がおこなわれ、実戦で使用されていくことになるわけである。また、「瓦斯防護研究演習記事」「飛行場防護研究演習記事」「高空雨下第一回研究報告書」「科二乙試報第四号」といった報告書類が存在することもわかる。研究演習によってさまざまな報告書類が作成されたのである。

2 航空化学戦の研究計画・一九三七年度

このように下志津陸軍飛行学校には「科学科」がおかれ、ここで化学戦（毒ガス）の研究がおこなわれた。それらの研究を引き継ぎ、一九三七年三月には下志津陸軍飛行学校での「昭和十二年度研究計画案」が出された。この計画案の業務分担表から科学科の項目をみると、研究員には戸田文太郎少佐を長とし、久我少佐、山本大尉、知見中尉が配置され、業務の概要には、化学戦防護と化学戦防護器材を研究することが記されている。さらに一九三七年度の科学科研究計画をみると、研究項目、研究目的、実施概要、研究方法、期日、使用機種、場所などが記されている。

この科学科の研究計画について詳しくみてみよう。

研究項目一は、汚毒滑走地区への強行滑走と汚毒飛行機での強行飛行およびこれらの制毒法であり、どの程度の制毒によって強行飛行が実施できるのかを最終的に判定することを研究目的とする。この研究は陸軍科学研究所と連合して真毒を使って飛行実地をおこなうものであり、一九三七年五月はじめに下志津飛行場でおこなう予定である。

研究項目二は、飛行機滑走地区の制毒法である。この研究目的は飛行機滑走地区を制毒する際に、もっとも適する方法と使用器材を判定することであり、研究項目一の飛行実地の際に研究する。

研究項目三は、各種飛行機の制毒法であり、従前の研究を総合して消毒法の結論を出す。主に机上で研究し、五月末までに結論を出す。

研究項目四は、ガス弾に対する防護であり、投下ガス弾によって汚染された飛行機と滑走地区を制毒し、その防護法を研究する。この研究は六月中に三方原で浜松陸軍飛行学校のガス弾攻撃研究と連合して飛行実地訓練として実施する。

研究項目五は、ガス教育法を含む飛行隊ガス防護法の研究・編纂であり、従来の研究と教導隊と連合しての防護研究の結果を総合し、成文とするために机上での研究をおこなう。七月末までに作成する予定である。

研究項目六は、飛行場防護の研究であり、真毒の雨下に対して実際の防護をおこない、従前の研究を検討する。浜松陸軍飛行学校のガス攻撃研究に連合し、八月、一〇月に浜松付近で飛行実地研究としておこなう。

研究項目七は、飛行場防護の研究であり、酷寒地域での真毒雨下に対する飛行場の防護（制毒）に関するものである。この研究は浜松陸軍飛行学校のガス攻撃研究と連合し、一九三八年二月に北満州での飛行実地研究として実施する。

器材科の研究項目をみると、科学科と連携しての飛行機の対ガス防護の研究がある。この研究では、主要部位に対する防護器材や撒毒を受けた場合の影響や処置などを研究することになっている。

このように一九三七年度の航空毒ガス戦の研究では、攻撃部門を担当する浜松陸軍飛行学校と連携し、真毒を用いての実地研究が繰り返されるようになった。下志津陸軍飛行学校の分担が防護部門であったため、この研究が防護を主とするように記されているが、その本質は実戦を想定しての毒ガス攻撃の研究である。この研究がおこなわれた一九三七年は中国での全面戦争が始まった年であり、この後の中国側の記事には、日本軍機による毒ガス戦の実行についての記事がみられるようになる。

3　下志津での毒ガス防護研究演習

毒ガス防護研究演習

つぎに、このような計画に従い、一九三七年五月におこなわれた下志津での真毒を使用しての毒ガス研究について、下志津陸軍飛行学校が作成した計画書「昭和十二年五月飛行場瓦斯防護研究演習計画」とその報告書「実毒ヲ以テスル飛行場瓦斯防護研究演習記事」からみていこう。

この研究演習は、下志津陸軍飛行学校、陸軍科学研究所、陸軍航空技術研究所が連合してイペリットを使用しておこない、器材・被服を制定することと飛行隊の対ガス行動上での資料を得ることなどが目的とされた。

具体的な試験項目は、汚毒飛行機の飛行による自然消毒と人員への影響、汚毒飛行機の放置による自然消毒、汚毒滑走地区の離着陸滑走による人員・器材への影響、現制の防毒服と試製の防毒服の実用価値、制式・加工・試製の飛行機覆の耐毒試験、各種方法での飛行機の消毒、各種消毒器材による飛行場の消毒、飛行場消毒用の晒粉使用での白色晒粉と有色晒粉の空中捜索での利害、飛行場火災での消火器材の価値などであった。

このような項目の試験が一九三七年五月三日から六日にかけて下志津飛行場と六方野原でおこなわれた。演習員は、指揮官・少佐戸田文太郎、大尉山中義輔、大尉齋藤庄吉（技研）、大尉安東義男、大尉桐畑嘉藤治、中尉知見敏、少尉畠山健治、軍医少佐久我玄英、准尉以下下士官兵傭人約四〇人であり、研究員は中佐大塚寅雄であった。

汚毒飛行機の飛行による自然消毒と人員への影響についての研究では、飛行時間による残存毒量の調査がなされ、飛行時間とともに蒸発・揮散する量は地上放置の場合よりも大きいことが確認された。汚毒飛行機の搭乗者への影響については、半消毒しても座席近くの渦流のため、多少の液滴によって傷害を受けることが確認された。

汚毒飛行機の放置による自然消毒の研究では、放置三〇分後には残存毒量が二分の一となり、二四時間後には表面はほとんど消毒されることを確認した。

汚毒滑走地区の離着陸滑走による人員・器材への影響の研究では、短草地では車輪と胴体後方底部の被毒が最大となるが、座席や機関部上翼は毒液を被らなかったことを確認した。

現制の防毒服と試製の防毒服の実用価値試験では、現制の防毒面では視界が狭まること、頭部紐の緊圧のために頭痛を感じること、露出部が多いこと、航空帽との付け替えが困難なことなどの問題点が指摘された。その結果、すでに実用試験を受けている口衛式防毒面を制式化し、さらに頭部覆を製作することにした。現制の防毒衣は、皮膚呼吸ができないため、空中勤務では寒冷を感じ、厳寒では被服の内部が凍るおそれがあり、不適当とされた。試製の防毒衣では、頭部の着脱は比較的容易になったが、防毒能力は不完全であるため採用の価値がないこと、本体は胸部を開けるようにして皮膚呼吸が幾分緩和されたが、害は大同小異であり、通風を更によくすれば空中勤務者に利用できると判断された。

制式・加工・試製の飛行機覆の耐毒試験では、耐毒能力が制式雨覆では三〇分、加工雨覆では一時間、試製防毒座席覆では三時間以上あることが判明した。ガス雨下の際に直ちに覆を取り除いて消毒すれば、制式雨覆を改良することで目的が達成できるとした。

各種方法での飛行機消毒の研究では、水、揮発油、泡沫、蒸気、熱湯などでの消毒が実験された。水と揮発油での拭浄消毒では、毒物が羽布の塗料に浸透する前に速やかに実施すべきとされた。泡沫消毒の効果は良好であり、この消毒方法は胴体側面や翼など内部に泡沫が進入しない部分での方法とされた。蒸気や熱湯での消毒は毒液の流入、消毒時間、重装備から消毒に適さないとした。

各種消毒器材による飛行場の消毒では、「ホ」消車甲による泡沫消毒は晒粉撒布消毒に比べると消毒効力はおちるが、晒粉が飛散しないという利点があり、器材としては適当であること、晒粉撒布消毒が適することは一九三六年七月の演習で研究済みであること、「カ」消車による火焔消毒は時間がかかるため不適であることなどが報告された。

飛行場消毒用の晒粉使用での白色晒粉と有色晒粉の空中捜索での利害の研究では、灰色の晒粉は白色と比べて空中での捜索が困難であり、消毒用として適すると判断された。

飛行場火災での消火器材の価値の研究では、「ホ」消車乙は「ホ」消車甲にホースを付け替え、消化ポンプのように使用できるものであり、消火能力があり、飛行場の消毒・消火に利点があるとされた。

飛行場ガス防護の総合判決

このような実験の結果を総合して記された「総合判決」をまとめると次のようになる。

汚毒飛行機の強行飛行をおこなうときには座席前方胴体上面、機関部上半周、プロペラほかの半消毒が必要である。搭乗者は簡単な防毒被服、防毒面を装着することで傷害を防ぎえる。半消毒は揮発油や水を使用する。飛行機整備作業の際には水、揮発油、泡沫等により接触部分への十分な消毒をする。滑走地区の汚毒の際には一～二時間の自然消毒を待って使用する。汚毒滑走路へと被毒直後に強行滑走する際には防毒服・防毒面を着用し、飛行機下方は閉鎖する。滑走路の消毒には着色晒粉の泡沫を用い、やむを得ざるときには着色晒粉を撒布する。座席内が汚毒されると消毒が困難であるから、軽量なる座席覆を用意して防護する。空中勤務者用の防毒面・被服の研究・制定が求められる。飛行場消毒・消火器材として晒粉撒布車、泡沫発生車の装備が必要である。

さらに報告書ではつぎのように今後の研究事項をまとめている。

汚毒飛行機と汚毒滑走地区への強行飛行による人員・器材への影響についてはさらに各種飛行機を使用して研究し、天候や季節についても擬液や真毒を使っての研究が必要である。飛行機や飛行場の消毒法についても消毒人員の部署、資材、最小限所要量などの研究が必要である。座席内部の消毒法の研究、晒粉消毒による地上勤務者と飛行機搭乗者への影響の調査、各種防護器材の改良なども課題である。また、飛行機防毒覆、飛行機携帯座席覆、飛行場消毒車（「カ」号車・晒粉撒布車、「ホ」消車・泡沫撒布車〔消火兼用〕）、飛行防毒面、航空防毒服・手套、検知布、防毒膝覆、検知板用塗料、物料検知用具、被服除毒器材、飛行隊用晒粉、飛行機用塗料などの改良については、陸軍技術研究所ですすめる。

最後に報告書では、研究の結果は「飛行隊対瓦斯行動」の原則に何等の改変を加えるべき事項を認めずとしている。

毒ガス空襲の研究

ここに出てくる「飛行隊対瓦斯行動」は一九三六年の研究で編纂されたものであるが、この行動の研究参考書が一九三六年度末の一九三七年三月に「『飛行隊対瓦斯行動』研究上ノ参考」の形で出されている。

参考書の構成は、「対瓦斯行動ノ準備」、「瓦斯攻撃ヲ受ケタル場合ノ行動」であるが、付表には「某軍瓦斯空襲用法」、「航空部隊化学戦資材表案」、「きい剤ノ軍用被服浸透並之ニ伴フ傷害効力概見表」なども含まれている。

ここに示されている「某軍瓦斯空襲用法」の表の記載を要約すると次のようになる。

某軍は主なる化学戦方式としてガス空襲を採用する。ガス空襲の手段はガス投下またはガス雨下とし、ガス雨下に大きな期待を有する。

某軍の企図するガス空襲は、直接、敵に損害を与え、敵の移動を阻止し、敵の補給機関の運動を阻害するために、特に一部の飛行隊によって実施する。地上軍隊へのガス空襲は軽爆機、攻撃機、偵察機によっておこなうことを通常とし、飛行機による撒毒は直接、敵軍隊を被毒させるように実施する。

軽爆撃機でおこなうガス空襲は波状攻撃により、攻撃目標に不意かつ瞬間的に大量のガスを投下する。

波状攻撃の要領はあらかじめ偵察機で攻撃目標を捜索し、偵察機の誘導により超低空飛行で、森林等の地形を利用し、不意にガス攻撃をおこなう。波状攻撃の要領の一例は、第一派はガス爆弾とMG〔機関銃〕火力により敵を混乱させる。あるいは煙幕を構成するか、くしゃみ性ガス榴弾を投下する。第二派はガス雨下やガス弾投下をおこなって、効果を大きくする。

行軍、宿営中の部隊、集結する部隊、停車場にて乗降中の部隊はガス空襲の有利な目標である。行軍縦隊に対しては、ガス弾投下または雨下による攻撃を通常とする。

予備隊司令部、村落内の部隊、補給機関に対しては、持久ガスと普通爆弾または焼夷弾とを併用する。敵の移動を阻害するためには、道路または一定の地域に撒毒する。

鉄道に対しては爆撃と撒毒を併用する。

この「某軍瓦斯空襲用法」の記述をみると、その後日本軍が中国でおこなっていくガス空襲が予告されているように思われる。浜松陸軍飛行学校が研究していた化学戦攻撃の要領は、ここにあげられているような攻撃の方法であった。

中国で実際に行われた日本軍による空からのガス攻撃については、たとえば、一九三九年一一月、一二月の山西省夏県付近でのきい剤使用、一九四一年一〇月の宜昌でのきい剤使用などがある（吉見義明『毒ガス戦と日本軍』一一三頁、一四三頁）。

4　三方原爆撃場でのガス爆撃・防護研究

「毒瓦斯弾投下ニ対スル飛行場防護研究記事」

つぎに下志津陸軍飛行学校が作成した「毒瓦斯弾投下ニ対スル飛行場防護研究記事」から、浜松の三方原爆撃場でおこなわれた毒ガスによる爆撃・防護研究の実態についてみてみよう。この研究演習は浜松陸軍飛行学校が主催し、下志津陸軍飛行学校や陸軍科学研究所、陸軍航空技術研究所、陸軍習志野学校と連合しておこなわれた。

「毒瓦斯弾投下ニ対スル飛行場防護研究記事」には下志津陸軍飛行学校がガス防護の視点からまとめたものであることが記され、ガス攻撃の視点からは浜松陸軍飛行学校がまとめるとしている。この研究演習には、下志津からは陸軍航空兵少佐戸田文太郎、同大尉品川廣水、同中尉知見敏ほか、准尉二人、下士官四人、兵二〇人が参加した。下志津は人員の防護、飛行機の消毒、滑走地区の弾痕補修を担当した。

研究演習の実施期間は一九三七年五月三一日から六月二日にかけてであり、三次のガス爆撃実験がなされた。

第一次は五月三一日におこなわれ、午前七時六分に双発軽爆撃機の三機編隊が高度七〇〇メートルから、一機幅半、投下間隔二〇メートルで、第一目標にむけて九四式五〇kg弾九発、五〇kg特あをしろ弾九発を投下した。

第二次は六月一日の午前におこなわれ、一〇時四一分に同様の編隊が同高度から、一機幅半、投下間隔三〇メートルで、第二目標にむけて九二式五〇kgきい弾二一発を投下した。

第三次は同日の午後におこなわれ、三時五五分に同様の編隊が同高度同幅同間隔で、第三目標にむけて九四式五〇kg弾一二発、九二式五〇kgきい弾六発を投下した。六月二日には、第二目標のきい弾弾痕の補修、第一、第二目標の破片の整理がおこなわれた。

報告記事からこれらのガス爆撃の効力と防護についてまとめると次のようになる。

第一次のガス爆撃実験はあをしろ弾との混合爆撃だった。爆弾が落達すると数秒で、煙と気状のガスは上昇し、拡散した。このガス弾の単独投下の場合は、地表面上二〇メートルの高さに低迷滞留し、壕内等にも侵入して短時間の吸入により即効致死的な効力を発揮するが、普通爆弾と混用して投下すると、ガスの効力は著しく低下する。防護が完全でないと瞬時に恐るべき惨害を与える。防毒面は指揮官以下、常に携帯するか、身辺に備えておくことが必要である。

第二次のガス爆撃実験はきい弾のみの爆撃だった。きい弾の炸裂によるガス液の飛散状態は火薬の熱と放射威力により、毒液が気状または噴霧状態となり、人に対し瞬時に著大な効力を発揮する。また落達点の土砂とともに上下方、側面から強く吹きつけて侵入し、乾燥した被膜のような状態を示す部分が多い。汚毒した飛行機に密着した一部の土砂は揮発油などで洗浄しても除去が比較的困難である。効力の持続については、乾燥するために雨下液と比べると短小である。きい弾の毒液は半径約四〇メートル円周内に飛散し、その破片は約一〇メートル以内では相当な破壊効力を呈する。

飛行場防護では分散配置、人員の疎開が必要になる。身体の露出部は絶対に保護すべきであり、被服についた毒液は除去が困難であり、保護手段が必要である。座席内に侵入付着した毒物は僅少であっても、気状のガスは濃厚であり、座席

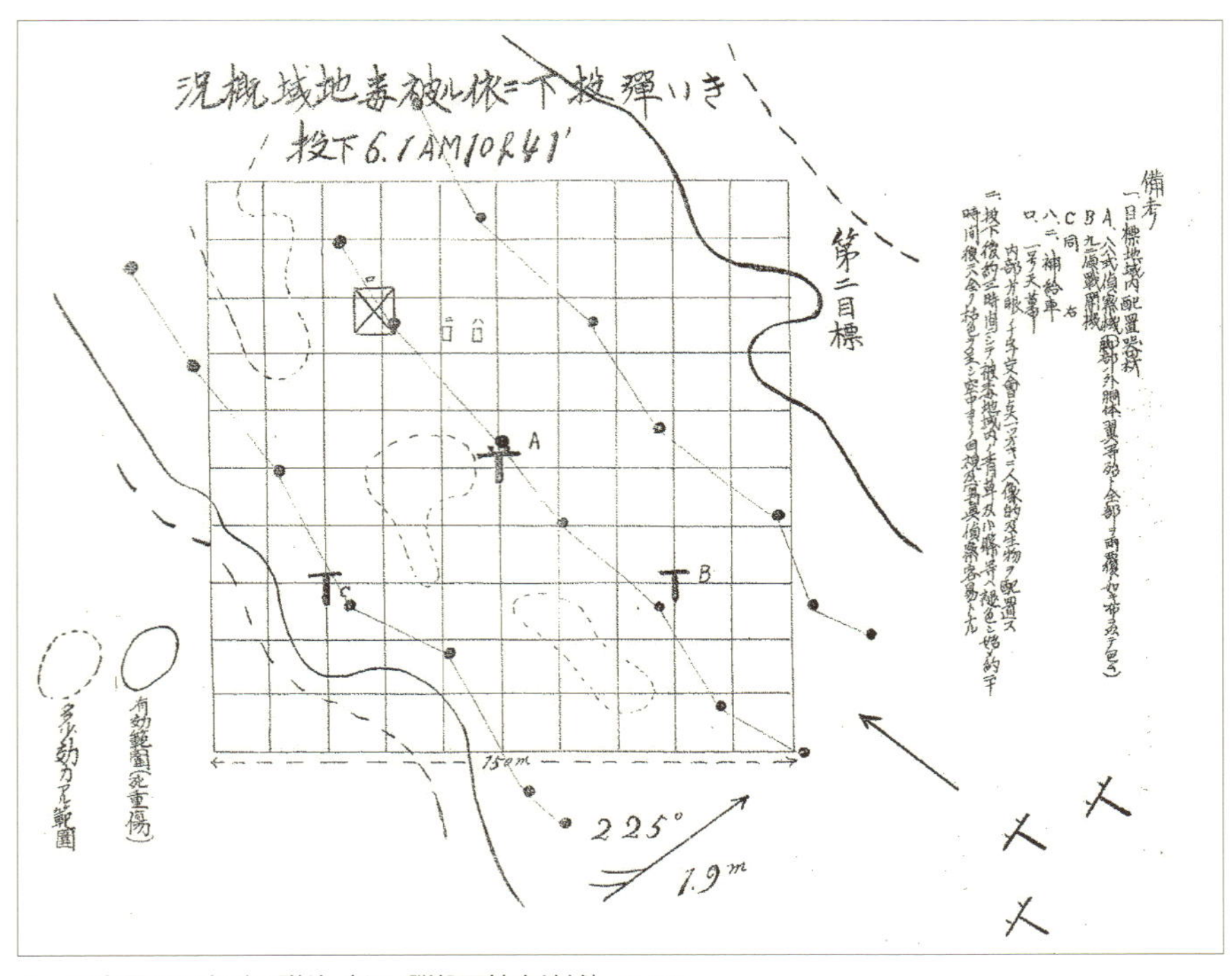

▲…三方原での毒ガス訓練（きい弾投下被毒地域）＊30

内に配置した生兎は斃死した。このことから搭乗者には危害が及ぶとみられ、座席が汚毒されないように防毒座席覆の使用が必要である。汚毒滑走地区への強行滑走は、毒液が乾燥しているために飛行機と搭乗者を汚毒することが雨下と比べると少ない。破裂ガス弾の弾痕に生じる漏斗孔内には、多量の波状ガスが残存するため、滑走路内の弾痕の消毒処理が必要である。

▶…「第二目標ニ対スルきい弾投下遠望」＊30

▶…「第三目標ニ対スル混用投下遠望」＊30

この攻撃は全地域内に殲滅的な効力があり、数時間にわたって十分な制圧効力を持続し、相当時間にわたって地域内の諸作業を困難にさせる。この実験でのきい弾による目標地域内の生物の殺傷率は九二%、人像での殺傷率は八八%である。

第三次の実験はきい弾との混合爆撃だった。この実験では目標地域に落達したガス弾は四発に過ぎず、配置器材にも離れていたため、効力は僅少だった。器材への被毒はほとんどなく消毒作業はおこなわなかった。きい弾と爆弾との混合の使用によって、その特性の発揮に大きな支障はない。きい弾との混用は爆撃の効果を複雑化させ持久的なものにするため、利がある。この実験でのきい弾による目標地域内の生物の殺傷率は五七%、人像での液状ガス効力内死重症率は一七%である。

▶…三方原での毒ガス訓練（被毒損傷状況）＊30

▲…「第二目標C機汚毒状況（煤色ハ汚毒）」＊30

▲…「第三目標Ａ機附近瓦斯弾弾痕（周囲ヲ晒粉消毒セルモノ」＊30

▲…「第二目標Ｂ機応急消毒作業（乾布拭浄）」＊30

第二・第三の実験では、下志津飛行学校によって飛行機ときい弾の弾痕の補修がおこなれ、六月二日にも弾痕の補修と第一、第二目標の破片の整理がおこなわれた。弾痕の補修は完全防護服を着用した下志津陸軍飛行学校の准尉以下でおこなった。

ガス防護への総合所見としては、ガスの投下、雨下とも消毒作業と装備に特別の違いはないこと、防護の要領は「飛行隊対瓦斯行動」によること、飛行機の飛行のためには完全防護による諸作業に練達させることなどがあげられている。

以上、「毒瓦斯弾投下ニ対スル飛行場防護研究記事」から三方原での毒ガス爆撃の研究演習の実態についてまとめた。この報告書には被毒地域の概況、機体の被毒状況、爆撃や消毒作業の写真も収録されている。

この研究実験により、きい弾を使用した第二次の実験の総括にあるように、毒ガス攻撃によって全地域内での殲滅、長時間にわたる制圧、高い殺傷率などが確認された。航空機三機を用いて毒ガス網をつくれば、その地域で殲滅的効力があることを確認したわけである。

盧溝橋事件を契機に中国への全面侵略戦争が始まるのはこの約一か月後のことである。宣戦布告のないこの戦争で日本軍は毒ガスを大量に中国大陸に持ち込み、使用した。

一九三七年度の航空化学戦の研究計画には、浜松陸軍飛行学校のガス攻撃研究に連合しての八月・一〇月の浜松付近での飛行の実地研究や浜松のガス攻撃研究に連合しての一九三八年二月の北満州での飛行実地研究の予定が記されている。国内での研究を経て、中国東北部での研究がおこなわれたわけである。

浜松での研究は防毒衣服の貸与記録から一一月におこなわれたとみられるが、浜松で計画されていた研究と一九三八年二月予定の北満州での研究の報告書は、下志津陸軍飛行学校『戦術研究綴（化学戦関係）』には収録されていない。

5 ハイラルでの毒ガス雨下演習

ハイラル・毒ガス雨下研究

その後の一九三八年度分の研究については、浜松陸軍飛行学校と連合しての研究演習の史料があり、その演習の内容を知ることができる。

浜松陸軍飛行学校の「昭和十三年第二次関東軍特種演習参加規定」(一九三八年一〇月二九日)によれば、一九三八年の毒ガス雨下の研究演習は一一月から一二月にかけてハイラル付近でおこなわれた(陸軍航空本部「関東軍特種演習参加並ニ瓦斯雨下研究演習実施ニ関スル件」一九三八年一一月)。

この雨下研究演習は一九三八年度の第二次関東軍特種演習の一環としておこなわれ、関東軍の技術部、研究部、迫撃連隊と陸軍科学研究所、陸軍習志野学校、浜松陸軍飛行学校の一部が参加しておこなわれた。この演習は一九三七年の三方原での真毒雨下の補充研究とされている。雨下演習の準備訓練は一一月二六日から一二月四日まで、編隊による雨下演習は一二月五日から七日までだった。一一月二七日には真毒の填実が予定されていた。浜松陸軍飛行学校の分担業務は真毒と擬液の雨下とその測定・審査であり、その目的は高空からのガス雨下による「瓦斯化網」の探求であった。

この「昭和十三年第二次関東軍特種演習参加規定」には「航空瓦斯攻撃ニ関スル研究」の項がある。ここには、これまでの研究では、真毒雨下を高度八二、九六、二三三メートルでおこない、八〇メートルの低空からも実施したこと、擬液では高度一〇〇〇から一五〇〇メートルの記録があること、擬液での雨下は三機編隊でおこなったこと、真毒の雨下についての三〇〇〇メートル以上の高度からの実験はこれまでないことなどが記されている。

ハイラルでの研究演習では、双発軽爆撃機による真毒の雨下を高度三〇〇〇、四〇〇〇、五〇〇〇、六〇〇〇、八〇〇〇メートルと次第に上げておこない、さらに一〇〇〇、一五〇〇メートルからの雨下をおこなった。それによって高空からの雨下による毒ガスの予想命中点、ガス雨下器(カニ)の流出時間、毒ガス滴粒の落下時間、霧状・気状ガスの到達範囲などを測定し、高空からの雨下によるガス攻撃の使用方法を研究したのである。

このように航空ガス攻撃の研究を任務とした浜松陸軍飛行学校は満洲北部で研究演習を実施するようになった。

ガス防護教範の作成と毒ガス弾の開発

衣糧課「防毒被服交付ノ件」(一九三九年七月)には、浜松陸軍飛行学校へと防毒面八〇個などを交付することが記されているが、一九三八年度の使用きい剤量が約二トン、一九三九年四月から六月にかけての使用きい剤量が約一トンに及ぶことがわかる。また、陸軍航空本部の「弾薬特別支給の件」(一九三九年三月)からは下志津と浜松にそれぞれきい剤二〇〇kgが支給されたことがわかる。この頃、浜松陸軍飛行学校ではガス攻撃の研究のために大量のきい剤が消費されていたわけである。

毒ガス攻撃と防護の訓練を経て、一九四〇年二月に陸軍航空総監部は『航空部隊瓦斯防護ノ参考』を作成し配布した。この小冊子では毒ガス防護に関して詳細な指示が記されている(陸軍航空総監部「航空部隊瓦斯防護ノ参考送付ノ件通牒」)。このような参考資料の作成とともに航空兵用のガス防護教範が作成された。

浜松陸軍飛行学校の書類をまとめた『浜松陸軍飛行学校諸計画書綴』の最後に、「航空兵瓦斯防護教範要旨(案)」があり、編纂方針や編纂要項が示されている。この要旨(案)には、「飛行団一ヶ月使用化兵用量、弾薬、器材ニ関スル一案」「航空部隊ニ於テ使用スル化学戦防護資材数量表」が添付されている。

この「飛行団一ヶ月使用化兵用量、弾薬、器材ニ関スル一案」は、飛行団が一か月の間に使用する毒ガス量についての案であり、出動した襲撃機や重爆機の半数あるいは三分の一が、あか、あを、きい、ちゃなどの毒ガスを使用する際のガスの数量、投下器、雨下器、撒布筒などの数量が記されている。

この表から、「瓦斯防護」とは日本軍機による毒ガス戦の実行を含むものであったことがわかる。この案には「一式二瓩弾」「一式五〇瓩投下雨下弾」などの新型の毒ガス弾が記されている。毒ガス弾を小型化したり、投下後、雨下できるような弾が開発されたとみられる。一式の表記から、この案の作成は一九四一年以降とみられる。

「航空部隊ニ於テ使用スル化学戦防護資材数量表」に「一〇〇式防毒覆」の記載がある。「一〇〇式防毒覆」は、瓦斯雨下に対して兵員の身体を防護するものであり、耐毒時間が記されている。覆の頭部はきい一号では二五分、きい二号では

表 6-1　飛行団（襲撃・重爆）での毒ガス使用案

機種	使用機数	算定基礎	弾薬、兵員、器材	予備	計
襲撃飛行団（2 ヶ戦隊分）	出動機数ノ約半数、雨下	全機 4 日分トス、雨下	小型貯蔵容器 1440 本	1 割	1500 本
			100kg 雨下器 144 個	2 割	170 個
			50kg 雨下器 288 個	2 割	300 個
		填実班 5 ヶ班トス 下士官 5、兵 25、雨下	移液具 20	2 割	25
			填実臺 20	2 割	25
	出動機数ノ 3 分ノ 1	1 戦隊ノ 3 分ノ 1 トス	15kg あか榴弾	1 割	6000
			1 式 2kg 弾投下器	1 割	600
			1 式 2kg 弾	1 割	23500
			50kg 投下あを弾	1 割	2000
			50kg 投下ちゃ弾	1 割	2000
			50kg 投下きい弾	1 割	2000
重爆飛行団（2 ヶ戦隊分）	出動機数ノ約半数使用	全機 4 日分トス	小型貯蔵容器	2 割	6000 本
			50kg 撒布筒	2 割	9500 グ
			100kg 撒布筒	2 割	4500 グ
			1 式 2kg 弾投下器	2 割	—
			1 式 2kg 弾	2 割	30000
			1 式 50kg 投下雨下弾	2 割	9500
			100 式 50kg 投下きい弾	2 割	9500
	出動機数ノ 3 分ノ 1	1 戦隊ノ 3 分ノ 1 トス	100 式 50kg ちゃ弾	2 割	6000
			100 式 50kg（ママ）ちゃ弾	2 割	6000
			50kg 投下煙弾	2 割	6000
使用の総毒量　きい剤 1125.5 トン、ちゃ剤 65.6 トン、あを剤 128.8 トン、煙剤（煙幕放射ヲ除く）70.5 トン					

註　「飛行団一ヶ月使用化兵用量、弾薬、器材ニ関スル一案」（「航空兵瓦斯防護教範要旨（案）」『浜松陸軍飛行学校諸計画書綴』所収の付表）から作成

二〇分、覆の頭部以外はきい一号では五分、きい二号では二分とされ、足の防具の耐毒時間は、表がきい一号で一〇分、底が二〇分とされている。このようなデータには人体実験によるものもあるとみられる。

下志津や浜松、そして満洲での研究・演習によってこのような航空兵用の防護教範案が作成されたが、それは毒ガス戦の実行を前提とするものだった。

航空毒ガス兵器として、一九四〇年度には、一〇〇式五〇kg投下きい弾、一〇〇式五〇kg投下あをしろ弾、一〇〇式五〇kg投下ちゃ弾などが制式化された。さらに翌年、一式五〇kg投下雨下弾、一式五〇kg撒布筒（きい剤）が制式化された。

三方原教導飛行団の訓練を手伝った住民は、毒ガスを飛行機から吊るし、投下すると落下傘が開き、地上五メートルくらいのところで毒ガスが流れるような実験をおこなっていたと語る（谷口誠一さん談、『浜名湖の毒ガスはどこへ 旧日本軍処理の真相は』静岡放送）。これは投下雨下弾のことであろう。毒ガスの雨下をより効果的

におこなうために、落下傘を使い、地上近くで雨下（撒布）できるような方法を研究したのである。

6　チチハル飛行場と毒ガス集積

チチハル八・四事件

最後に、この満洲北部での航空毒ガス戦研究について、その研究の拠点となったチチハル飛行場についてまとめたい。その理由は、チチハルで二〇〇三年八月に毒ガス缶が出土し、多くの市民が被毒する事故がおき、その事故現場が飛行場近くであったからである。この事故はチチハルと航空毒ガス戦についての調査を求めるものであった。事故はチチハル八・四事件とよばれているが、その事件の内容をみておこう。

二〇〇三年八月四日にチチハル市龍沙区の民航路沿いにある北彊小区で事故は起きた。北彊小区にある花園団地の地下駐車場工事現場で、五個の毒ガス缶が深さ五メートルほどの地点で掘り出された。その缶にはびらん性のイペリットとルイサイトが詰められていた。缶から毒ガスが漏れ出した。市内一一か所の市民計四四人が毒ガスによる被害を受け、一人が死亡した。毒ガス缶の出土地点の南には日本軍が占拠していたチチハル飛行場があった。毒ガス缶の形状から、日本の陸軍航空部隊が保管し、敗戦にともなって遺棄したものだった。民航路の道路は一九三八年にできたものであり、毒ガス缶が出土した地帯は大きな土塁で囲まれていたという地域住民の証言がある（チチハル八・四裁判資料による）。ここに飛行場の特種弾が格納されていた可能性がある。

出土した毒ガス缶は旧日本軍のきい剤補給容器Ⅰ型四個、Ⅱ型一個であった。大きさはともに直径四六センチ五ミリメートル、Ⅰ型の高さは七四センチメートル、Ⅱ型の高さは七三センチメートルであり、上部には吊り環や補給口ナットが付いていた。

この缶の毒液や汚染土に触れて傷害を負った人々は、びらんした箇所のかゆみや痛み、激しい咳、視力・肺機能・集中力・免疫力など体力の低下、性的機能障害などの後遺症に苦しむことになった。

この毒ガス被害者が原告となり、二〇〇七年一月、日本政府に対して国家賠償を求めて提訴したが、二〇一〇年五月に東京地方裁判所は原告敗訴の判決をくだした。地裁判決は日本軍による遺棄の事実、毒ガス被害による重篤な身体状況、被害の予見可能性などを認めたが、毒ガスの被害を防ぐことができたのかという結果回避可能性については認めなかった。地裁は、日本政府の責任は問わずに、原告の請求を棄却した。原告は高裁に控訴したが、二〇一二年に原告が敗訴、二〇一四年に最高裁は原告の上告を棄却した。

関東軍化学部と毒ガス戦

チチハルは中国東北地方の軍事と交通の要衝であり、日本による占領にともない関東軍の倉庫がチチハル駅近くにおかれた。飛行場も建設され、北方のソ連に対抗する拠点とされた。

チチハル飛行場に置かれた飛行第十大隊は、一九三五年には浜松の飛行第七連隊からの二中隊を組み入れて、飛行第十連隊となった。一九三八年には飛行第十戦隊（軽爆）となり、嫩江に移動、飛行第十連隊の第二大隊に浜松からの一中隊を加えて飛行第六一戦隊（重爆）がチチハルで編成された。飛行第十戦隊は一九三九年のノモンハン戦争に派兵され、東南アジアでの戦争の拡大にともないニューギニア戦線、ミンダナオ戦線へと派兵された。飛行第六一戦隊もノモンハン戦争に動員され、さらにスマトラ、ニューギニア方面に派兵された（『追悼　陸軍重爆飛行第六十一戦隊』）。チチハルに置かれた爆撃部隊は浜松と関連が深い部隊だった。

このチチハルには、一九三七年八月に関東軍技術部が置かれ、化学兵器部が編成された。それが一九三九年に関東軍化学部（五一六部隊）となった。また、チチハルには迫撃第二連隊が置かれ、第二中隊がガスを担当した。一九四〇年にはこのガス中隊が分離され、郊外のフラルギで特種自動車第一連隊となった。一九四一年にはこの自動車連隊から瓦斯第三大隊が編成された。さらに一九四二年にはフラルギのガスとチチハルの迫撃の部隊が統合され、フラルギに関東軍化学部練習隊が置かれた（松村高夫・松野誠也編『関東軍化学部・毒ガス戦教育演習関係資料』一二頁）。

この関東軍化学部が毒ガス戦を研究し、人体実験もおこなった。チチハルは毒ガスの集積場となり、ここから各地に毒ガスが配備された。中国での戦争の拡大にともない、毒ガスは実戦で使用されたが、そのための研究も盛んにおこなわれた。

研究は関東軍化学部が設置される前からおこなわれた。チチハル付近では一九三五年一二月に青酸等各種毒物の実地試験がおこなわれ、チチハル近くの北安鎮では一九三五年一月と一二月に、ガスの使用を含む「北満冬季研究演習」がおこなわれた（表「日本陸軍による主な毒ガス野外試験」、吉見義明・松野誠也編『毒ガス戦関係資料Ⅱ』一四頁）。

毒ガス戦の研究では航空機による毒ガス使用のための研究もおこなわれた。先にみたように浜松陸軍飛行学校による一九三八年のハイラルでの雨下の研究演習の際にも、毒ガスは関東軍が準備するとされている。その際にはチチハルに集積されていた毒ガスも使用されたとみられる。

チチハルへの毒ガスの集積を示す史料には、たとえば、陸軍科学研究所「化学兵器下付ノ件」（一九三九年五月）がある。この文書では一九三九年六月に「ちゃ一号」一トンを陸軍科学研究所に、七月にチチハルの勝村部隊（勝村福治郎・関東軍化学部）に一トン、さらに八月には同部隊に一二トンを送ることを指示している。その容器は中心管の付いた五〇kg塩素容器とされ、各二〇kgを填実し、炭酸ガスで加圧するとしている。この毒ガスは広島の大久野島にあった陸軍の忠海兵器製造所から送られた。

一九三九年八月にこのちゃ剤（青酸ガス）やきい剤を使っての関東軍化学部や迫撃第二連隊、陸軍習志野学校などによる研究演習が小興安嶺のふもとの四站でおこなわれた。この演習には青酸ガスによる人体実験も含まれていた（吉見義明『毒ガス戦と日本軍』一一六頁）。

一九三九年八月九日の「関東軍命令」では関東軍司令官が関東軍野戦兵器廠長と関東軍野戦鉄道司令官に資材輸送を命令した。そこでは、九四式軽迫撃砲の弾薬七二〇〇発はハルビンから、黄A五〇〇〇発・黄E二〇〇〇発・あか筒一〇〇〇個をチチハルから、九五式消函一〇〇〇個を牡丹江から輸送し、ハイラルで交付することが指令された。この史料からチチハルに大量の毒ガス弾が保管されていたことがわかる。

一九四〇年五月にも関東軍化学部へのちゃ剤の大量輸送が指示された。それは、ちゃ一号を三〇トン分、五〇kg塩素ボンベに二〇kg毎、填実して、三～四回にわけて輸送するというものだった（陸軍科学研究所「化学兵器下付ノ件」一九四〇年二月二一日）。

チチハルの関東軍化学部への兵器の支給は増加し、一九四〇年六月にはきい一号丙一〇トンをはじめ、あを、あか、きい弾(砲弾)など様々な兵器が送られていった(関東軍「試験研究用兵器交付ノ件」一九四〇年六月一二日)。きい一号丙は不凍性のイペリットである。

この一九四〇年の六月、七月、九月には関東軍化学部によって毒ガス演習がおこなわれた。六月のハイラルと七月のフラルギではびらん性ガスの実験で農民を被毒させた。九月にはホロンバイルで青酸ガスの投下と放射実験がおこなわれた(渡辺国義供述、歩平『日本の中国侵略と毒ガス兵器』一七〇頁、紀学仁編『日本軍の化学戦』三〇四・三〇五頁)。

このように関東軍化学部への大量の毒ガスの輸送が指令され、人体実験を含めてのガス演習が繰り返されたのである。

航空毒ガス戦研究

さらに一九四〇年にはこのチチハルを拠点として航空毒ガス演習がおこなわれた。関東軍司令部が一九四〇年一〇月四日に作成した「昭和十五年度冬季航空研究演習計画」によれば、研究演習はつぎのようなものであった。

この演習は陸軍浜松飛行学校と連合しておこなわれ、根拠地をチチハルとし、司令部を前進地の平安鎮におき、演習地を白城子演習場とするものだった。浜松陸軍飛行学校からは重爆七機と双軽爆五機の各一中隊が参加した。演習期間は一一月一三日から一二月八日にかけてであり、その内容は、前半が毒ガス弾の投下と雨下という化学戦攻撃、後半が高空や夜間での爆撃攻撃だった。後半の爆撃演習では、高度七〇〇〇メートル以上からの高空爆撃、照明弾や無線を使用しての夜間爆撃、凍結地での鉄道爆撃、寒地での爆撃機の高空装備の研究などがなされた。この訓練では関東軍の航空兵団の重爆二中隊、軽爆一中隊も参加し、爆撃や雨下をおこなった。

航空部隊の司令部員はチチハルと平安鎮におかれた。チチハルの航空部隊の主力はチチハルでの演習参加部隊の業務を担当した。チチハルの関東軍化学部は将校以下一〇〇人が演習に動員され、平安鎮を拠点に所要人員を白城子に派遣し、毒ガスの効力の調査研究をおこなった。演習部隊の参加部隊の一覧をみると、浜松の部隊をはじめ満洲からは、公主嶺(重爆九機)、チチハル(重爆九機)、嫩江(軽爆九機)、牡丹江(軽爆三機)の部隊が参加した。これらの演習部隊はチチハル飛行場に集結し、ここを拠点にして演習に出発した。関東軍化学部は防毒・消毒関係器材をチチハルと平安鎮の航空部隊に用意した。

　このころチチハルにいた爆撃部隊は飛行第六一戦隊、公主嶺は飛行第十二戦隊、嫩江は飛行第三一戦隊、牡丹江（海浪）は飛行第十六戦隊である。この演習に参加した嫩江の飛行第三一戦隊ではイペリットに被毒した整備隊員もいた（飛三十一友の会『飛行第三十一戦隊誌』六八頁）。

　演習がおこなわれた白城子には一九三九年に白城子陸軍飛行学校が設立された。この白城子陸軍飛行学校では航空化学戦も研究された。一九四二年には浜松陸軍飛行学校内に攻撃と防護をともに研究する化学戦教導隊が編成され、一九四四年には独立した化学戦部隊である三方原教導飛行団が設立されたが、そこには白城子陸軍飛行学校から異動してきたものが多く含まれていた。

　さらに関東軍「化学戦研究演習用弾薬特別支給ノ件」（一九四一年六月）をみると、七月中旬にチチハルで毒ガス兵器を交付するとしている。交付されるのは「きい」や「あか」を含む榴弾や薬筒である。

毒ガスの遺棄と八・四事件現場

　関東軍化学部がおかれたチチハルは化学戦の拠点であり、航空用や砲弾用に数多くの毒ガスとその関連器材が集積され、交付された場所であった。このなかでチチハルの飛行場にも航空用の毒ガス用兵器が集積され、貯蔵施設が作られた。

　敗戦にともないチチハルにあった毒ガスはチチハルの北西を流れる嫩江や部隊周辺に遺棄された。チチハルではチチハルのフラルギ区をはじめ、戦後に毒ガス弾が発見され、被害も出た。毒ガスの実戦での使用は戦争犯罪であるため、日本は毒ガスの実戦での使用を隠蔽し、遺棄した毒ガスの存在についてもその状況を明らかにしようとはしなかった。

　飛行第十二大隊の『満洲事変出征記念写真帖』には写真「チチハル飛行場ト南大営ノ一部」がある。軍施設である南大営の最南端には飛行隊の本部が置かれ、そこから南に向かって道路がつくられ、飛行場につながっていた。写真には飛行隊の本部が入っていた南大営の建物と一〇余の格納庫、数機の日本軍機が写されている。南大営の東には引込み線があり、貨車がある。その南には数個の壕の穴が並んでいる。ここに貯蔵施設があったとみられる。また南大営の南西には土地が削られ、ドラム缶状の物体が積まれて貯蔵されている場所がある。ここは燃料などの物資が保管されていた場所とみられる。写真からは、引込み線の近く、南大営から飛行場に向かう道路の左右に貯蔵や保管のための施設がつくられたと考えられる。

この写真と一九三三年の「斉斉哈爾付近軍用電話線路概見図」や一九四四年にアメリカ軍が作成したチチハルの地図、当時のチチハルの地図類からチチハル飛行場関係の地図を作成し、チチハル八・四事件の事故現場がどこに当たるのかを推定した。事故はチチハル市の民航路にある花園団地でおきたが、民航路はちょうど

チチハルの日本軍

「斉斉哈爾付近軍用電話線路概見図 1933年、「チチハル地図」（米軍作成）1944年、「斉斉哈爾市街案内地図」奉天毎日新聞社支局 1934年などから作成。

▲…チチハル飛行場と南大営の一部（1932年10月頃）＊3

チチハル8・4事件ニュースVol.28

控訴審判決ー不当判決

被害者の思い踏みにじる

不当判決

▲…被害者への賠償を拒み続ける日本政府

南大営の南を通ることになる。事故現場は南大営の南西となり、写真にある角型に掘られた貯蔵施設の場所付近となる。ここに毒ガス缶が遺棄されたとみられる。

一九三七年ころの浜松陸軍飛行学校の地図にも、弾・火薬庫の周辺に特殊弾格納庫、未装填弾丸庫、火工場、軽油庫、特甲格納庫、特乙格納庫、器材庫などが置かれている（『浜松陸軍飛行学校の思い出』所収、本書一五二頁）。

長春の南方六〇キロメートルに公主嶺があり、ここには浜松から派兵された飛行第十二大隊（後の飛行第十二戦隊）がおかれた。この公主嶺飛行場の一九三三年ころの地図がある。その地図をみると、飛行場の周辺は鉄線の柵で囲まれ、貯蔵関連施設の方面には引込み線が引かれている。貯蔵関連施設には軽油庫、油脂庫、瓦斯管庫、火工場、弾薬庫、爆弾庫などがあった（「公主嶺飛行隊配置図」、本書二八頁）。瓦斯管庫には毒ガス缶も置かれていたとみられる。公主嶺飛行場のように、チチハル飛行場にも軽油庫、油脂庫、瓦斯管庫、火工場、弾薬庫、爆弾庫といった貯蔵関連の施設があったとみられる。

戦後、日本政府が毒ガスをどこに遺棄したのかを丁寧に調べれば、その遺棄場所は判明し、毒ガスによる被害は最小限に抑えることができたはずである。

チチハル八・四事件の二〇一〇年五月の東京地裁判決では、争点である「結果回避可能性」を認めなかったが、日本政府には、チチハルでの関東軍の化学戦研究の歴史を調べ、そこに保管されていた毒ガスがどのように遺棄されたのかを明らかにする責任がある。

それは一九九二年に国連で化学兵器禁止条約が締結され、開発・生産・貯蔵・廃棄に向けての国際的な同意が形成された時代における日本政府の歴史的責任である。チチハルでの日本軍による毒ガスの研究・集積・貯蔵の歴史をふまえれば、その遺棄についての調査は欠かせない。その調査があれば、事故の予見も回避も可能になり、廃棄もすすむ。

表 6-2　航空毒ガス戦年表

年月日	項目	典拠	頁
1899	毒ガスの禁止に関するハーグ宣言（日本は 1900 年に批准）	28	9
1919	陸軍科学研究所設立、第 2 課に化学兵器研究室、毒ガス研究へ	28	5
1923.4.1	海軍技術研究所の設置	28	26
1925.6.17	毒ガス・細菌兵器の禁止に関するジュネーブ議定書調印（日本は 1970 年に批准）	28	15
1925	1925 年度予算に飛行 10 個中隊の増設や化学兵器研究費	28	18
1925	陸軍科学研究所、伊良湖でホスゲン弾の破裂試験	28	22
1926.10.3	飛行第 7 連隊、立川から浜松へ移駐、「浜松新聞」1926.10.4	30	175
1927	陸軍科学研究所、投下きい弾、あをしろ弾の設計へ	2	
1927.8.1	大久野島に陸軍造兵廠火工廠忠海派出所（毒ガス製造へ）	28	24
1927.9	富士裾野で毒ガス演習、特種弾効力試験、「浜松新聞」1927.9.15	30 44	179 265
1928.3	伊良湖射場と三方原できい弾の第 1 回試験 (1930 年までに前後 7 回の試験、さらに 1932 年までに 3 回の試験)、あをしろ弾の試験も実施	2	
1928. 夏	台湾、新竹でイペリット演習（「本邦化学兵器技術史年表」）	32	69
1928.9	「浜松新聞」に「飛行機の話」連載、9.28・29 では毒ガスに言及	30	179
1929.7	王城寺原演習場できい弾、あをしろ弾の効力試験（静止破裂）	2	
1930	平塚に海軍化学兵器研究室の出張所	44	128
1930.11	飛行第 7 連隊、饗庭野で毒ガス投下演習、それまでは富士裾野で投下実験、「浜松新聞」1930.11.3	30	179
1930.11	台湾霧社事件で航空機から毒ガス投下（飛行第 8 連隊、青酸と催涙）	32	61
1932.5	下志津陸軍飛行学校に科学班を編成（班長柴田真三郎中佐）	33	
1933.3	92 式 50 kg投下きい弾、同あをしろ弾の審査完了、制式化	2	
1933.6	「航空機弾薬 92 式 50 kgきい弾甲考査報告書」提出	2	
1933.8	陸軍習志野学校創設、初代学校長中島今朝吾、毒ガス戦研究	28	40
1933.8	浜松陸軍飛行学校設立、飛行連隊練習部を改編	30	237
1933.9	伊良湖射場で 95 式投下あか榴弾の第 1 回機能試験（1933.11、科二甲試報第 3 号）	11	Ⅱ - 417
1934.6	伊良湖射場で 95 式投下あか榴弾の第 2 回機能試験（1934.8.28、科二甲試報第 14 号）	11	Ⅱ - 417
1934.9	浜松で 95 式投下あか榴弾の第 3 回機能試験、浜松飛行学校が投下（1934.10.3、科二甲試報第 17 号）	11	Ⅱ - 417
1934.9.22	陸軍科学研究所、下志津陸軍飛行学校、陸軍習志野学校が連合し、天竜川河口中州で毒ガス雨下訓練（～ 9.24）、最初の真毒の雨下	8	Ⅱ - 59
1934	94 式 50 kg投下きい弾、94 式ガス雨下器の制式化	23	43
1935.9	浜松で 95 式投下あか榴弾の効力試験、集団投下と静止破壊、浜松陸軍飛行学校による投下、実用試験も実施（1935.10.18、科二甲試報第 8 号）	11	Ⅱ - 417
1935.9	浜松陸軍飛行学校・陸軍科学研究所・習志野学校が協同し、ちゃ弾第 1 回基礎試験（1935.9.26 浜秘研第 31 号「92 式 50 瓩投下、試製 15 瓩投下特種弾効力試験成績」）	7	Ⅱ - 437
1935.11	三方原で化学爆撃演習の実施へ、「静岡民友新聞」1935.11.8	51	75
1935.12.9	「高空雨下第 1 回研究報告書」作成（高度 1500 メートル）	15	
1935.12	昭和 10 年度冬季北満試験研究のために浜松から大槻剛山、高木清も出張（～ 1936.2）	4	
1935	95 式 15 kg投下あか弾の制式化	23	43
1936.4	浜松、チチハル、牡丹江間飛行訓練	35	
1936.6	下志津陸軍飛行学校「瓦斯攻撃教程」第 1 案作成、9 月には第 2 案作成	15	
1936.7	飛行場ガス防護研究（科二乙試報「飛行場瓦斯防護研究演習記事」1936.11）	15	
1936.8	新潟県関山演習場でガス雨下訓練、科二乙試報第 4 号 1936.12、陸軍習志野学校「昭和 11 年 8 月於関山演習場瓦斯雨下研究実施報告」1937.8	15 36	

1936.8	下志津陸軍飛行学校、真毒ガス防護演習、下飛研第318号「瓦斯防護研究演習記事」1936.8.29	15	
1936.9	浜松陸軍飛行学校で毒ガス用法・器材研究、下志津陸軍飛行学校でガス行動、ガス防護、器材研究、陸軍航空技術研究所で化学兵器の考案·審査の分担、(下志津から浜松にガス攻撃部門が移管へ)	13	Ⅱ - 59
1936.9	浜松陸軍飛行学校・陸軍科学研究所・習志野学校が協同し、ちゃ弾の集団効力試験(1937.1.13陸科研甲第11号「試製50瓩投下特種弾試験報告」)	7 15	Ⅱ - 437
1936.12	浜松陸軍飛行学校に化兵班、下志津から毒ガス攻撃部門移管	33	
1937.3	下志津陸軍飛行学校「『飛行隊対瓦斯行動』研究上ノ参考」作成	17	
1937.3.28	下飛研第91号「「カ」号車[消毒車]実用試験報告」作成	15	
1937.5	下志津でガス防護演習(下志津「実毒ヲ以テスル飛行場瓦斯防護研究演習記事」)	18	
1937.5.15	浜松陸軍飛行学校に真毒演習用に防毒面防毒衣等の貸与各70個	3	
1937.6	浜松・三方原で特爆真毒演習、ガス弾投下と防御(下志津「毒瓦斯弾投下ニ対スル飛行場防護研究記事」)	19	
1937.7.27	河北省宛平の盧溝橋で日本軍機が2弾を投下、内1発は不発。毒ガス弾	20	649
1937.8	チチハルに関東軍技術部化学兵器班(勝村福治郎中佐)	23	41
1937.8.15	浙江省寧海、海軍機の空襲で毒ガス弾投下	20 21	650 183
1937.8.20	江蘇省江陰で江防要塞に毒ガス弾投下、8.24にも投下	20 21	650 190
1937.9.27	広東の虎門要塞付近へと毒ガス弾投下	20	650
1937.11.中	浜松・三方原でガス雨下研究演習、11月中旬に真毒演習、11.10から11.30まで防毒被服の貸与	16 37 44	265
1937	97式15㎏投下あか弾、97式50㎏投下きい弾、同投下あをしろ弾、同投下ちゃ弾の制式化	23	43
1937	この頃、浜松陸軍飛行学校の弾・火薬庫近くに特殊弾格納庫が存在	45	
1938.2	北満州で浜松陸軍飛行学校と連合してガス攻撃・防護演習予定	16	
1938	陸軍航空技術研究所、陸軍科学研究所、関東軍研究部が冬、北満州で不凍性ちゃ弾の研究(1938.3,3航技報第448号「試製50瓩おん弾(ちゃ弾)試験参加記事」)	7	Ⅱ - 437
1938.4	山西省での特種発煙弾の使用の指示、第1軍と臨時航空兵団へ、第1軍参謀部『機密作戦日誌』13	23	283
1938.5	関東軍、教育用ガス雨下装置(カニ)30を特別支給	42	
1938.6	浜松陸軍飛行学校で特1号弾研究、防毒被服貸与6.1～6.25	38	
1938.6.15	山西省離石で20日にかけて、軍機から毒ガス弾を投下,「抗敵報」1938.6.30	21	203
1938.6.26	安徽省舒城で毒ガス弾の投下、「新華日報」1938.6.27	20 21	655 258
1938.8.25	武漢戦、航空弾として50㎏きい弾1500発を用意、上海に1000発、南京に500発が配備(青木喬大佐「武漢作戦ノ為爆弾集積表」)	23	398
1938.9.11	江西省東孤嶮、西冷山で毒ガス弾を投下	20 21	421,661 272,362
1938.9.14	江西省西孤嶮で毒ガス弾投下	20 21	421,661 362
1938.9.20	江西省瑞昌・長江南岸呉家脳・大脳山陣地への毒ガス弾投下	20 21	422,663 270,363
1938.10.28	河北省阜平で撤退時に毒ガス弾を使用、「新華日報」1938,10,31	21	167
1938	山西省武郷県蟠龍鎮で日本軍機が毒ガス撒布	29	202,220, 223
1938.秋	山西省楡社県河峪鎮輝教村で日本軍機が毒ガス撒布	27 29	399 177,178, 213

1938.11.26	12月にかけてハイラルで第2次関東軍特種演習、浜松陸軍飛行学校によるガス雨下（演習指揮官小川小二郎中佐、～12.7）	5	
1939.1.25	河南省商城・南門外、3機がびらん性ガス弾10弾余りを投下、「廖磊致重慶軍事委員会電」1939.1.25	20 21	496 320
1939.3	浜松と下志津陸軍飛行学校にきい剤200 kgの特別支給決定	43	
1939.4	山西省晋城などで毒ガス弾を投下	20	518
1939.5	「大陸指452号」参謀総長閑院宮載仁、華北山西省などの僻地に限定、雨下はせずにきい剤などの特種資材を使用し、作戦上の価値を研究	23	258
1939.7	7月に華北できい弾66発、9月に12発を消費（第三飛行集団兵器部「北支ニ於ケル航空弾薬消費調査表」1939.11末）	23	401
1939.8.1	チチハルに関東軍化学部（部長勝村福治郎大佐）、関東軍技術部再編、11月には小柳津政雄大佐が部長へ	23	41
1939.8.中	浜松陸軍飛行学校に防毒面80など交付、1938年度の使用きい剤量約2トン、1939.4～6の使用きい剤量約1トン	39	
1939.8.24	広東省従化・羅洞、6機がイペリット弾30余投下、「新華日報」1939.8.30	21	346
1939.10.25	上海で日本軍機、黒色の毒粉を散布	20	651
1939.11	中国の日本軍飛行場での毒ガス弾配備数、彰徳きい弾246、運城きい弾276、南苑あか弾1800、南京きい弾900、	9 10	Ⅱ - 400
1939.11.10	河南省洛陽付近で窒息性ガス弾を投下、「新華日報」1939.11.17	20 21	498,678 322
1939.11	山西省夏県付近で毒ガス空襲（～12月）、不発弾回収、米軍検査により不発弾はルイサイト、イペリット	28	210
1939.12.3	山西省晋城、店頭・担山・朱家庄一帯でのイペリット弾の4回の投下、被災者の顔は赤くはれて水泡、びらんし窒息、「大衆日報」1940.1.7、「新華日報」1939.12.24、「抗敵報」1939.12.25	20 21 22	524,682 219 226
1939.12中	山西省中条山で毒ガス弾投下	20	682
1939.12	下志津から水戸陸軍飛行学校へとガス防護部門の移管	33	
1940.1.8	広東省清遠で飛行機からのガス攻撃の支援で反撃	21	347
1940.1.17	広西省八塘で日本軍機による投弾とガス	20	684
1940.1.26	広東省羅定で日本軍機による投弾とガス	20 21	684 347
1940.1.27	広東省永淳で日本軍機によるガス弾	22	169
1940.1.下	広西省横県で日本軍機によるガス使用、「新華日報」1940.2.4	21	350
1940.2.7	浜松・チチハル間飛行訓練（～2.28）	40	
1940.2	水戸陸軍飛行学校にガス教育・研究器材の貸与、許可	41	
1940.2	陸軍航空総監部「航空部隊瓦斯防護ノ参考」作成	1	
1940.2.16	内モンゴル臨河で国民党陣地などに毒ガス弾投下（～2.17）、「中国ニ於ケル日本軍ノ毒瓦斯戦ノ一般的説明」、「新華日報」1940.2.24	20 21 22 47	549,685 331 226 531
1940.4.18	山西省翼城で日本軍機20機が空爆、催涙弾を投下、「新華日報」1940,4,22	21	221
1940.6	関東軍化学部へのきい剤（丙）、あを、あか、きい弾の大量輸送	14	
1940.6.13	晋城・外山村付近で3機が毒ガス弾投下　「新華日報」1940,6,17	21	223
1940.7.23	「大陸指699号」、参謀総長載仁の支那派遣軍司令官への指示、特種弾の使用を認め、雨下はせず、使用の事実を秘匿し、痕跡を残さないこと	23	260
1940.8	台湾で熱帯における遅滞ガス防御演習（イペリット）、94式偵察機3機	46	
1940.9	陸軍航空技術研究所にきい1号丙6トンを交付、（陸軍航空本部「兵器（きい1号丙）下付ノ件」1940.9.9）	34	
1940.11.13	チチハルを拠点に白城子で冬季航空演習、浜松陸軍飛行学校と関東軍が連合し、浜松飛行学校が毒ガス弾の投下と雨下（～12.8）	6	
1940.12	白城子での冬季航空演習で飛行第31戦隊整備員が被毒	31	
1940.12	関東軍化学部、部長宮本清一大佐	23	41

1940	100式50 kg投下きい弾、同投下あをしろ弾、同投下ちゃ弾の制式化	12 23	Ⅱ - 88 43
1941.1.1	安徽省潜山で日本軍機、びらん性ガス弾投下、「李宗仁致蔣介石電」1941,1,12	20 21	566,699 263
1941.3.10	山西省垣曲で日本軍機、毒ガス弾投下　「新華日報」1941,3,17	21	229
1941.3.23	江西省奉新の華林・白茅山一帯の中国陣地へ催涙ガス弾（「岡村寧次侵華任内用資料」）	21	287
1941.3. 下	江西省上高の石頭街に毒ガス弾（「岡村寧次侵華任内用資料」）	21	287
1941.6	陸軍科学研究所第2部での航空化学戦研究、立川の第3航空技術研究所に移管（「陸軍科学研究所及第6陸軍技術研究所に於ける化学兵器研究経過の概要」1956.6）	44	122
1941.9 中	湖北省宜昌戦で日本軍機、イペリット使用、9月中旬東寺山地区でイペリット撒布	20 22	439,706 178
1941.10.8	茶店子地区や宜昌付近などでびらん性ガス投下	20	707
1941.10.10	宜昌36機の空爆、イペリットを大量に使用して攻撃（「日本軍使用毒気証明書」）、「新華日報」1941,10,11、「解放日報」1941.10.12	20 21 22	439,600, 601,707 303 180
1941.10 中	宜昌周辺、飛行機でびらん性ガス	20	708
1941.1	白城子で寒冷地での遅滞ガス防御・効果演習（イペリット）、97軽爆9機、重爆6～9機を使用	46	
1941.11.15	河南省鄭州、韓垌・胡垌にイペリットの雨下、「新華日報」1941.11.19	21 22	325 188
1941.12.31	河南省中牟付近の五里舗の中国軍守備地にイペリット雨下、中国軍第110師第328連の約70人が被毒	22	188
1941	1式50 kg投下雨下弾、1式50 kg撒布筒（きい剤）の制式化	12 23	Ⅱ - 88 43
1942.5.2	宜昌でイペリット300 kgの雨下	21	306
1942.5.26	浙江省建徳の白沙陣地へと8機が毒ガス弾を投下。3機が新安江での渡河の際に毒ガス弾を投下して支援	20 21 22	559,715 187 192
1942.5	三方原で塩化スルホン酸を使い着陸時の煙の使用、97重爆機、99式襲撃機	46	
1942.6.5	浙江省衢県東山、前渓口一帯の中国軍第26師第76団の陣地に毒ガス弾を投下	20 21	561,717 188
1942.8	浜松陸軍飛行学校に化学戦教導隊設置（初代隊長林勇蔵大佐）、攻撃と防護を研究、水戸陸軍飛行学校のガス防護部門を浜松に移管	33 50	
1943.1.18	関東軍化学部、部長山脇正男少将へ	23	41
1943.1.28	山西省趙城で毒ガス弾、「32年度敵軍用毒情況」	21	237
1943.4.28	山西省「太行作戦」で飛行機からあか弾の投下計画、飛行機と歩兵による協同使用を評価、山砲兵36連隊本部「一八春太行作戦第一期戦闘詳報」	23	372
1943.5.31	内モンゴル包頭で毒ガス　「新華日報」1943,6,18	20	541,727
1943.5	天竜でイペリットガス防護、消毒教育演習（イペリット雨下）、99型襲撃機5機（同年10月にも実施）	46	
1943.11.12	山東省沂水で飛行機と砲兵で毒ガス、「解放日報」1944.1.17	21 22	252 265
1943.11.18	湖南省・常徳戦・慈利周辺、軍機が4次の毒ガス弾投下（中国軍第85師へ）	21 22	343 205
1943.11.27	常徳、12機による空爆と毒ガスの雨下、「32年度敵軍用毒情況」「32年冬常徳会戦倭寇使用毒気調査」	20 21	733 342
1944.2	三方原でイペリットガス防護、消毒教育演習（イペリット雨下）、99型襲撃機10機	46	
1944.3	浜松で雨下研究演習	44	266

1944.6	三方原教導飛行団（団長山脇正男少将、副団長岡田猛次郎中佐、飛行隊長久米登起男中佐、教導防護隊長知見敏少佐）の設置、毒ガス戦用実戦部隊	25 50	32
1944.6	浜松陸軍飛行学校は浜松教導飛行師団に改編	33	
1944.6.20	関東軍化学部、部長秋山金正少将へ	23	41
1944.7.11	湖南省衡陽（虎形山）で飛行機と砲による毒ガス攻撃．｢新華日報｣1944.7.13	21	345
1944.7	三方原でイペリットガス防護、消毒教育演習（イペリット雨下）、99 型襲撃機 5 機	46	
1944.7	三方原で第 1 期航空化学戦幹部候補生入校	50	
1944.11	三方原教導飛行団から中国・フィリピン・台湾へと化学戦普及教育訓練（イペリット）	26	221
1944.11	習志野で青酸雨下基礎試験	44	266
1944.12	三方原で第 2 期航空化学戦幹部候補生入校 20 人	50	
1944.12	フィリピンへと派遣された化学戦普及訓練機、帰還途中で墜落、戦死	24	
1944.12.15	三方原教導飛行団で第 1 期航空化学戦将校学生卒業演習、イペリット雨下と防御	23	40
1944 末	中国での毒ガス投下は 1937 年 17、1938 年 36、1939 年 46、1940 年 41、1941 年 58、1942 年 14、1943 年 13、1944 年の計 227 回、「侵華日軍毒襲兵器使用次数情況統計」による	21	71
1945.1	浜松の部隊の分散疎開、4 月龍保寺本堂に通信部隊、周辺に壕	26	224
1945.4	三方原教導飛行団団長に岡田猛次郎中佐	33	
1945.6	王城寺原演習場で大量雨下防護研究	44	266
1945.7.20	三方原から西部派遣隊、八尾飛行場に展開	23	64
1945.8.13	三方原の知見敏、ガス攻撃用に海軍化兵戦部から海軍機天山 5 機借用の打合、千葉・洲ノ崎航空隊へ、15 日には横須賀へ	24	
1945.8	陸軍航空技術研究所三方原出張所、ガス缶 1 を山中に埋設	44	19
1945.8.16	浜名湖周辺で住民が浮かんだ毒ガス缶に触れ軽傷	44	40
1945.8	三方原から姫路の憲兵隊にイペリット缶を送付、海中処分	44	179
1945.8	第 41 海軍航空廠・美幌にイペリット爆弾、屈斜路湖などに投棄	44	57
1945.8	第 41 海軍航空廠・大湊の 3 種の毒ガス爆弾、陸奥湾に投棄	44	75
1945.8	第 1 河和海軍航空隊（愛知）に手投円瓶、手投催涙弾など保有	44	166
1945.8	第 21 海軍航空廠・宮原・耶馬渓（大分）の 60 kg イペリット爆弾、日本軍により別府湾に投棄	44	249,250
1945.8	陸軍第 2 造兵廠曽根兵器製造所の毒ガス、苅田湾に投棄へ	44	235
1945.8	浜松でイペリット 18 トン、ルイサイト 2 トンを浜名湖などに投棄、機密書類、兵器の焼却	24 44	158
1945.9	相模海軍工廠平塚にイペリット爆弾などが存在	44	129
1945.9	第 41 海軍航空廠・千歳にイペリット爆弾 217 発、のち投棄	44	55,135
1945.9	第 2 海軍航空廠・瀬谷・池子に 60 kg イペリット爆弾 1 万発存在（米軍調査）	44	134,143
1945.9	第 31 海軍航空廠・舞鶴で 60 kg イペリット爆弾 5 千発が残存（米軍調査）	44	170
1945.9	第 11 海軍航空廠・八本松・切串・川上にイペリット爆弾 5680 発（米軍調査）	44	202
1945.9	第 11 海軍航空廠・内海にガス爆弾	44	209
1945.9	第 11 海軍航空廠・小松島にガス爆弾	44	227
1945.9	第 11 海軍航空廠・呉にイペリット爆弾 11344 発（米軍調査）	44	208
1945.8	第 21 海軍航空廠・佐世保に 60 kg イペリット爆弾 5 千発	44	245
1945.9.18	米軍第 8 軍化学戦部長チロッグ少将による調査（知見敏らに）	24	
1945.9.19	GHQ のウォーレス中尉へと出頭（知見敏ら）	24	
1945.9.20	バブコック調査班に出頭（知見敏ら）、調査は 11 月 30 日まで続くが、攻撃研究については秘匿	24	
1946.5	占領軍の指示で、大久野島のイペリット・ルイサイトなどを処分（～ 9 月）、土佐沖に投棄	44	199,231
1947.7.16	浜松、都田川河口で細江の漁民が被毒、2 人死亡、「静岡新聞」1947.7.1	44 48	40,159

1950	浜名湖を掃海し、遠州灘に再投棄	44	40,160
1952.6.1	浜名湖周辺でイペリット缶1、負傷	44	40,160
1952.7.15	浜名湖岸、舘山寺北にガス缶1漂着	44	40,160
1955.12.20	浜名湖でイペリット缶1を発見（～22日）	44	40,160
1962.3.27	浜名湖周辺でガス缶2を発見（～28日）	44	40,160
1962.6.24	浜名湖周辺でガス缶2を発見（～29日）	44	40,160
1963.6.21	浜名湖周辺でイペリット缶2を発見	44	40,160
1976.7.30	三方原教導飛行団の南西部、浜松市初生町でイペリット缶1、地下1メートルから出土、作業員2人、住民6人被毒、「静岡新聞」1976.8.1	44 48	40,163
1992.11	国連で化学兵器禁止条約採択、廃棄を義務化、日本は1993年1月に署名、1995年9月に批准、1997年中国批准、同年条約発効	49	122
1999.7	日本と中国で「中国における日本の遺棄化学兵器の廃棄に関する覚書」	49	121
2003.8.4	チチハルで遺棄毒ガスによる被害、きい剤容器	49	13
2007.8.8	浜松市呉松町でイペリット容器1個発見、「共同通信」記事2007.8.8		

典拠番号	典拠史料名	所蔵
1	陸軍航空総監部「航空部隊瓦斯防護ノ参考ノ件通牒」1940.2.8	A
2	陸軍技術本部「航空機弾薬92式50瓩投下きい弾(甲)及92式50瓩あをしろ弾仮制式ノ件」1933.12.16	A
3	陸軍航空本部「防毒衣服貸与ノ件」1937.5.6	A
4	軍務局兵務課「昭和10年度冬期北満試験研究ノ為出張ニ関スル件」1935.12.7	A
5	陸軍航空本部「関東軍特種演習参加並ニ瓦斯雨下研究演習実施ニ関スル件」1938.11.5、浜松陸軍飛行学校「昭和13年第2次関東軍特種演習参加規定」1938.10.29	A
6	関東軍参謀長「昭和15年度冬季航空演習研究計画送付ノ件」1940.10.5	A
7	陸軍航空本部「95式50瓩投下ちゃ弾仮制式制定ノ件」1939.9.29	Ⅱ
8	「昭和9年9月瓦斯雨下連合研究演習概況報告 陸軍科学研究所下志津陸軍飛行学校陸軍習志野学校」陸軍習志野学校 1934.9	Ⅱ A
9	第3飛行集団兵器部「北支ニ於ケル航空弾薬現況調査表」1939.11.25	Ⅱ
10	第3飛行集団兵器部「中支ニ於ケル航空弾薬現況調査表」1939.11.25	Ⅱ
11	航空技術本部「航空機弾薬95式15瓩投下あか榴弾考査ノ件上申」1937.9.28	Ⅱ A
12	教育統監部「化学戦重要数量表」1942.5	Ⅱ
13	陸軍航空本部「瓦斯ニ関スル研究担任ノ件報告」1936.9.24	Ⅱ A
14	関東軍「試験研究用兵器交付ノ件」1940.6	A
15	「昭和11年度 自昭和10年12月至昭和12年3月 研究実施概況」下志津陸軍飛行学校 1937.4	B
16	「昭和12年度研究計画案」下志津陸軍飛行学校 1937.3	B
17	「『飛行隊対瓦斯行動』研究上ノ参考」下志津陸軍飛行学校 1937.3	B
18	「実毒ヲ以テスル飛行場瓦斯防護研究演習記事」下志津陸軍飛行学校 1937.5	B
19	「毒瓦斯弾投下ニ対スル飛行場防護研究記事」下志津陸軍飛行学校 1937.6	B
20	中央檔案館・中国第2歴史檔案館・吉林省科学院編『細菌戦与毒気戦』中華書局 1989	
21	紀道庄・李録編『侵華日軍的毒気戦』北京出版社 1995	
22	紀学仁編『日本軍の化学戦』大月書店 1996	
23	吉見義明・松野誠也編『毒ガス戦関係資料Ⅱ』不二出版 1997	
24	知見敏「報われなかった部隊」航空碑奉賛会編『陸軍航空の鎮魂』1978	
25	岡沢正『告白的「航空化学戦」始末記』光人社 1992	
26	鈴木清「三方原飛行隊の創始と終焉」『戦争と三方原』三方原歴史文化保存会 1994	
27	歩平・高暁燕・笪志剛『日本侵華戦争時期的化学戦』社会科学文献出版社 2004	
28	吉見義明『毒ガス戦と日本軍』岩波書店 2004	
29	粟屋憲太郎編『中国山西省における日本軍の毒ガス戦』大月書店 2002	
30	荒川章二『軍隊と地域』青木書店 2001	
31	飛31友の会『飛行第31戦隊誌』1989	

32　尾崎祈美子『悪夢の遺産』学陽書房 1997
33　矢田勝「浜松陸軍飛行第 7 連隊の設置と 15 年戦争」『静岡県近代史研究』12 号 1986
34　陸軍航空本部「兵器（きい 1 号丙）下付ノ件」1940.9.9　A
35　陸軍航空本部「満洲航法訓練実施の件」1936.3　A
36　陸軍習志野学校「秘密書類送付ノ件」1937.8.7　A
37　陸軍航空本部「防毒被服貸与ノ件」1937.10　A
38　陸軍航空本部「防毒被服貸与ノ件」1938.5　A
39　衣糧課「防毒被服交付ノ件」1939.7　A
40　陸軍航空本部「日満航法訓練ニ関スル件」1940.2　A
41　陸軍航空本部「瓦斯教育並研究用器材貸与ノ件」1940.2　A
42　関東軍「教育ノ為瓦斯雨下器特別支給ノ件」1938.5　A
43　陸軍航空本部「弾薬特別支給の件」1939.3　A
44　『昭和 48 年の「旧軍毒ガス弾等の全国調査」のフォローアップ調査』環境省 2004
45　『浜松陸軍飛行学校の思い出』同思い出会編 1990
46　「航空部隊による毒ガス実験一覧表」環境省フォローアップ調査資料
47　粟屋憲太郎・吉見義明編『毒ガス戦関係資料』不二出版 1989
48　『浜名湖の毒ガスはどこへ　旧日本軍処理の真相は』静岡放送 2003.11.15 放映
49　化学兵器 CARE みらい基金編『ぼくは毒ガスの村で生まれた』合同出版 2007
50　丹治高司「私の三方原教導飛行団」浜松市立中央図書館蔵
51　『静岡県史通史編 6　近現代 2』1997

註　この年表はアジア太平洋戦争期の日本軍による航空毒ガス戦の経過について、浜松の記事を中心にまとめたものである。ここにあげた毒ガス戦の研究は、多くが陸軍によるものであり、海軍による研究については不明の事柄が多い。

　航空毒ガス戦以外の記事も関係するとみられるものについては記した。

　中国各地での毒ガス使用については航空機によるものを記し、その記事の典拠がわかるものについては末尾に記した。これらの記事についての細かな調査は今後の課題である。

　戦後の毒ガス缶の発見については主に浜松での記事をあげた。その他の記事については環境省の『昭和 48 年の「旧軍毒ガス弾等の全国調査」のフォローアップ調査』に数多く記されている。

　典拠の右に該当頁を入れたが、その欄の「Ⅱ」は『毒ガス戦関係資料Ⅱ』を略記したものであり、典拠史料の右にある所蔵欄の「Ⅱ」も同様である。また所蔵欄の「A」は国立公文書館・アジア歴史資料センター公開の文献を示し、「B」は筆者蔵のものを示す。


　環境省は二〇〇四年の『昭和四八年の「旧軍毒ガス弾等の全国調査」のフォローアップ調査』で毒ガスの遺棄についての調査をおこない、その報告書を公開したが、遺棄状況について公表されているのは日本国内だけである。中国各地での遺棄については、日本政府による情報の公開と十分な調査がなされないまま、事故が繰り返されてきた。そこには政府の重大な過失があるとみるべきだろう。そして、毒ガス被害者に対しての医療と生活の保障は、被害者の生存と尊厳のために欠くことができないものである。人権の見地から、日本政府は裁判で争う前に、被害者の救済にむけての立法を早急にすすめ、その歴史的責任を果たすべきである。

　この章では、一九三六年から一九三七年にかけての航空毒ガス戦研究について、一九三七年の下志津陸軍飛行学校の化学戦関係の史料『戦術研究』の記事からまとめた。それにより、一九三七年頃の下志津での飛行場ガス防護と浜松・三方原でのガス攻撃の研究の実態について明らかにした。また、中国東北部での研究拠点チチハルについても言及した。

航空毒ガス戦についての史料は少なく、その実態については不明な点が多い。今後の調査が求められる。

毒ガス兵器の廃絶に向けて日本政府が第一に取り組むべきことは、政府による旧日本軍の毒ガス戦の実行についての真相調査とその史料の全面公開である。また、中国での遺棄毒ガスの調査、毒ガス被害者の救済のための個人への賠償とそのための立法などが求められる。それらを実行することを通して、日本政府は化学兵器の全面禁止の動きに寄与すべきである。

［参考文献］

高橋史料（下志津陸軍飛行学校関係）

『戦術研究』（化学戦関係）下志津陸軍飛行学校一九三七年

「赤軍航空部隊用法（波国駐在武官）」下志津陸軍飛行学校複写一九三七年一月

「昭和十二年五月飛行場瓦斯防護研究演習計画」下志津陸軍飛行学校一九三七年

「昭和十二年度研究計画案」下志津陸軍飛行学校一九三七年三月

「「飛行隊対瓦斯行動」研究上ノ参考」下志津陸軍飛行学校一九三七年三月

「航空部隊通信要領」下志津陸軍飛行学校一九三七年三月

「昭和十一年度 自昭和十年十二月至昭和十二年三月 研究実施概況」下志津陸軍飛行学校一九三七年四月

「実毒ヲ以テスル飛行場瓦斯防護研究演習記事」下志津陸軍飛行学校一九三七年五月

「飛行隊瓦斯防護教育ノ参考」下志津陸軍飛行学校一九三七年六月

「毒瓦斯弾投下ニ対スル飛行場防護研究記事」下志津陸軍飛行学校一九三七年六月

＊高橋史料（下志津陸軍飛行学校関係）は二〇一〇年に古書店で入手

国立公文書館・アジア歴史資料センター所蔵資料 http://www.jacar.go.jp/

教育総監部「満州国内ニ於テ陸軍習志野学校冬季研究演習実施ノ件」一九三四年一一月

浜松陸軍飛行学校「昭和十三年第二次関東軍特種演習参加規定」一九三八年一〇月二九日（陸軍航空本部「関東軍特種演習参

加並ニ瓦斯雨下研究演習実施ニ関スル件」所収一九三八年一一月）
陸軍航空本部「弾薬特別支給の件」一九三九年三月
陸軍科学研究所「化学兵器下付ノ件」一九三九年五月
衣糧課「防毒被服交付ノ件」一九三九年七月
関東軍「関東軍命令」一九三九年八月
陸軍航空総監部「航空部隊瓦斯防護ノ参考ノ件通牒」一九四〇年二月
陸軍科学研究所「化学兵器下付ノ件」一九四〇年二月
関東軍司令部「昭和十五年度冬季航空研究演習計画」一九四〇年一〇月
関東軍「試験研究用兵器交付ノ件」一九四〇年六月
関東軍「化学戦研究演習用弾薬特別支給ノ件」一九四一年六月
「航空兵瓦斯防護教範要旨（案）」『浜松陸軍飛行学校諸計画書綴』一九四〇～四二年　靖国偕行文庫蔵
吉見義明・松野誠也編『毒ガス戦関係資料Ⅱ』不二出版一九九七年
松村高夫・松野誠也編『関東軍化学部・毒ガス戦教育演習関係資料』不二出版二〇〇六年
『浜松陸軍飛行学校の思い出』同思い出会編一九九〇年
『中国における遺棄化学兵器の状況に関する調査報告書（第二四回現地調査）別冊黒竜江チチハル市における現地調査』日本国際問題研究所二〇〇三年
チチハル八・四事件裁判資料「訴状」「準備書面五」「準備書面六」
「斉斉哈爾付近軍用電話線路概見図」一九三三年
「チチハル地図」アメリカ軍作成一九四四年、テキサス大学図書館デジタルアーカイブ
http://www.lib.utexas.edu/maps/ams/china_city_plans/txu-oclc-6560750.jpg
「斉斉哈爾市街案内地図」奉天毎日新聞社支局一九三四年
飛行第十二大隊『満洲事変出征記念写真帖』一九三三年
飛三十一友の会『飛行第三十一戦隊誌』一九八九年
竹下邦夫編『追悼　陸軍重爆飛行第六十一戦隊』飛行第六十一戦隊戦友会一九七四年
吉見義明『毒ガス戦と日本軍』岩波書店二〇〇四年

紀学仁編『日本軍の化学戦』大月書店一九九六年
歩平『日本の中国侵略と毒ガス兵器』明石書店一九九五年
歩平『毒気戦』中華書局二〇〇五年
歩平・高暁燕・笪志剛『日本侵華戦争時期的化学戦』社会科学文献出版社二〇〇四年
化学兵器CAREみらい基金編『ぼくは毒ガスの村で生まれた』合同出版二〇〇七年
『昭和四八年の「旧軍毒ガス弾等の全国調査」のフォローアップ調査』環境省二〇〇四年
『浜名湖の毒ガスはどこへ　旧日本軍処理の真相は』静岡放送二〇〇三年一一月一五日放映

（初出「陸軍航空部隊の毒ガス戦研究演習――下志津・三方原・ハイラル・白城子――」『静岡県近代史研究』三五　二〇一〇年）

第七章…防疫給水部隊と細菌戦・ペストノミ

1 関東軍防疫給水部・七三一部隊跡

ハルビン市の形成

ハルビンは黒龍江省の省都である。人口は五〇〇万人を超え、道里・道外・南崗・香坊・松北・平房の区に分かれている。年平均気温は三・六度、一月の平均気温はマイナス一九度、七月の平均気温は二三度である。

ハルビン市の由来は一〇九七年にジュシェン族（満洲族）が作った一村落からきている。一九世紀末、ロシアが南下し、東清鉄道を建設し、艦隊基地の建設をねらった。ロシアはハルビンに都市をつくり、満洲を東西南北にむすぶ鉄道の拠点とした。いまもルネサンス様式・アールヌーボー様式のロシア時代の建築物が残っている。第一次世界戦争後、ハルビンは上海につぐ国際都市になった。

ロシア革命後、満洲で実権を握った張作霖は「農業立国・移民誘致」の政策をとった。ハルビンは北満貿易の中心となり、繁栄した。中国人街として発達した傅家甸の裏側、四家子の中心地区・平康里などに妓楼ができ、「薈芳里」と呼ばれるようになったという。妓楼ではアヘンも吸われた。日本人の買売春地区が一面街にできた。

「満洲国」の都市計画によって、新陽区に「祇園遊廓」がつくられた（『哈爾濱の都市計画』）。日本によって強制連行された朝鮮人「慰安婦」が二〇人ほど一棟に居住を強いられていた場所もあったという（『日の丸は紅い泪に』）。性奴隷とされ、呻吟した女性たちの歴史があった。

一九九三年、韓国で一人の元「慰安婦」が生を終えた。かの女は黄海道からハルビンに連行され、日本軍により、性の奴隷を強制されたという。韓国にもどり、人をさけるように暮し、梅毒などの苦しみが癒されぬまま、亡くなった。その歴史は日本帝国主義の植民地支配の過去と現在を問うものだった。

ハルビンの社会運動・抗日闘争

一九一九年の五・四運動をへて、中国東北地方ではハルビンを中心に社会主義運動が広がった。一九二二年には、馬駿らの活動によってハルビンで「救国喚醒団」が結成された。また、中国共産党北京地区委員会から派遣された陳為人・李震瀛によって、東北で共産主義青年団が結成された。一九二五年、中国共産党ハルビン特別支部が確立した。

一九二五年の五・三〇闘争のころ、ハルビン工大生が鉄道工場・タバコ工場で宣伝し、労働者組織である「東清青年協進会」の活動もおこなわれた。一九二六年にはハルビンを中心にして中国共産党北満地区委員会が成立し、反帝抗日のたたかいを担うようになった（『満州近現代史』）。

日本帝国主義による満洲侵略・鉄道収奪の動きに抗して、一九二八年一一月、ハルビンで鉄道防衛のたたかいが高まった。学生たちはハルビン路権連合会を結成し、さらに市民・労働者・学生が市民連合大会を開き、デモをおこなった。これに対し、当局は発砲し、二五〇人余りが負傷した。この事件は逆に大衆の怒りを起こし、より大きな抗議行動がおきた。これらの動きは「一一・九運動」とよばれている（『中国東北部における抗日朝鮮・中国民衆史序説』）。

一九二九年、共産党中央から派遣された劉少奇らの活動によって、東清鉄道労働者失業団がつくられ、失業労働者後援会も組織された。このような労働者運動の進展は、一九三〇年代に入り、皮靴・豆油・動力粉引・タバコ工場などでの労働者争議へとすすんだ（「反満抗日運動」『日本帝国主義の満州支配』）。

一九三〇年五月、ハルビンで朝鮮青年が日本領事館への抗議の投石により、逮捕された。これに対しハルビンの中国人学生が、釈放をもとめる運動をおこなった。日本による満洲侵略戦争にともない、中国共産党北満地区委員会は反日運動をすすめ、全市で反日総会をひらいた。大規模なデモがもたれ、抗日武装闘争もはじまった。

一九三二年一月、日本軍がハルビン攻略にむかう情勢のなかで、抗日軍事会議がもたれ、吉林自衛軍が結成された。しかし、日本軍の攻撃により、二月五日、ハルビンは日本に占領された。三月、日本は「満洲国」の建国を宣言するが、民衆の抵抗はたかまり、この年の七、八月、東北三省の抗日義勇軍の数は二〇万人といわれた（『日本帝国主義と満州 下』）。

共産党の満洲組織はハルビンを拠点に活動し、日本軍と「満洲国」による弾圧網をくぐり、抗日のたたかいをすすめた。抗日軍のハルビン・拉法を結ぶ拉浜線への攻撃は四八回に及ぶという。この鉄道への攻撃は日本による収奪のための輸送路を破壊するものであった。

ハルビンの共産党市委員会が再建され、楊靖宇が書記となり、抗日闘争をすすめた。共産党満洲省委員会は、間島で抗日武装隊を結成した。中国・朝鮮民衆の共同による抗日闘争が展開された。楊は東北人民革命軍第一独立師団の師長となった。楊が日本軍によって殺害されたのは一九四〇年であるが、それまで楊はこの地区での抗日闘争のリーダーとして活動した（『中国の大地は忘れない』）。

日本による弾圧

このような抗日運動を破壊するために日本は特務機関・憲兵隊・警察・保安局を使い、検挙・拷問・殺害をくりかえした。一九三七年の四・一五弾圧はハルビンの共産党委員会をねらったものだった。また、一九四〇年九月、チチハル鉄道局・ハルビン工大の共産党グループが検挙され、一〇月にはチチハル・奉天・新京・ハルビンなどで抗日国民党グループが検挙された。しかし、日本と満洲の支配権力は抗日の動きを破壊しつくすことはできなかった（『ある憲兵の記録』）。

日本は「集団部落」を設定し、武装移民を送り込み、鉄道防衛のために集落を設置した。また、各地で「討伐」をおこない、抗日闘争の消滅をねらった。

一九四一年一月四日、ハルビン郊外の王崗で「満洲国」軍の第三飛行隊一個連隊八四人が反乱を起こした。日軍と満軍の将校を殺害し、武器弾薬庫を奪い、トラック三台に分乗して、三肇地区（肇東・肇州・肇源）へと逃亡したのである。これに対し、日本軍は追撃し、三〇人を殺し、四四人を捕えたが、一〇人は逃走した。王崗事件は「満洲国」軍の兵士による武装反乱・抗日闘争であり、この闘争には三肇地区へと遊撃地区を拡大していた東北抗日連軍第一二支隊の工作があったという。関東軍の追撃により第一二支隊は三肇地区から元の遊撃区へと撤退した（『東北歴次大惨案』）。

一九四一年一二月、ハルビン左翼文学グループへの弾圧事件があった。ハルビン市各所に憲兵隊・警察庁・保安局・特務機関の地下牢や秘密監獄があり、検挙・拷問がおこなわれた。左翼文学グループの関沫南が入れられたのは松花塾という秘密監獄であった。松花塾は浜江地方保安局の秘密抑留所だった（『悪魔の飽食 第三部』）。

ハルビン憲兵隊は各地の憲兵隊から「特移扱」という名で、生体実験用「マルタ」をハルビンへ移送させ、平房の関東軍防疫給水部（七三一部隊）へと移送した。ハルビン憲兵隊への「マルタ」移送に対する不正金品問題が、石井四郎が七三一部隊長を解任された理由のひとつという（『悪魔の飽食』）。

ハルビン刑務所道裡監獄で、敗戦前の八月一〇日から一三日にかけて、孫国棟ほか一五人が秘密裡に処刑された。孫国棟は抗日連軍第三路軍の幹部であった（『侵略』）。

ハルビンの日本軍基地

ハルビンは満洲の戦略的要地であり、兵站基地であった。ハルビンには一九四〇年以降、関東軍第二八師団がおかれた。また、第十二飛行団の飛行第一戦隊（孫家）、飛行第十一戦隊（ハルビン）、第十二航空地区司令部（ハルビン）、第十二飛行場大隊（孫家）、第一三三飛行場大隊（ハルビン）、第十二野戦航空廠（平房）などの航空部隊もおかれていた。

ハルビンとその周辺には飛行場が数多くつくられた。一九四二年には、ハルビン・綏化・延寿・珠河・孫家・平房・王崗・双城・拉林・一面坡・葦河・陶頼昭・背陰河・安達などに飛行場があった（「軍事支配（二）」『日本帝国主義の満州支配』）。

また、ハルビンは日本軍の細菌戦の研究拠点であった。満洲侵略後の一九三三年、石井四郎らは背陰河に部隊を置いた。実験用捕虜の逃走事件によって、ハルビン市内に研究拠点を移した。ハルビン南方の平房地区は特別軍事区域とされた。平房の住民を追放し、強制労働により、関東軍防疫給水部（七三一部隊）がつくられた。この部隊は細菌戦の秘密部隊であり、厳重に警戒された。石井部隊によって細菌戦のために生体実験され、殺された「マルタ」は四〇〇〇人以上とみられる。この部隊で製造されたペスト・コレラ・チフスなどの細菌が、飛行機による撒布や謀略による投入などの方法で使用され、多くの中国人が殺害された。敗戦時に七三一部隊は監獄内の「マルタ」を殺害し、人体の標本とともに松花江に捨てた（『日軍七三一部隊罪悪史』）。

一九四五年七月時点でハルビンには、第四軍独立混成第一三一旅団、第五七航空地区司令部、第十二野戦航空廠などが配置されていたが、ソ連軍の参戦と日本の敗戦にともない、武装解除された。ハルビンは日本の支配から解放され、八月一七日、ハルビンで朝鮮民族独立同盟北満特別委員会が発足し、九月中旬にはハルビンで代表会議を開催した。一九四六年四月、ハルビンの国民党部隊は武装解除され、共産党部隊がハルビンを支配した（『抗日朝鮮義勇軍の真相』）。

ハルビンの731部隊史跡

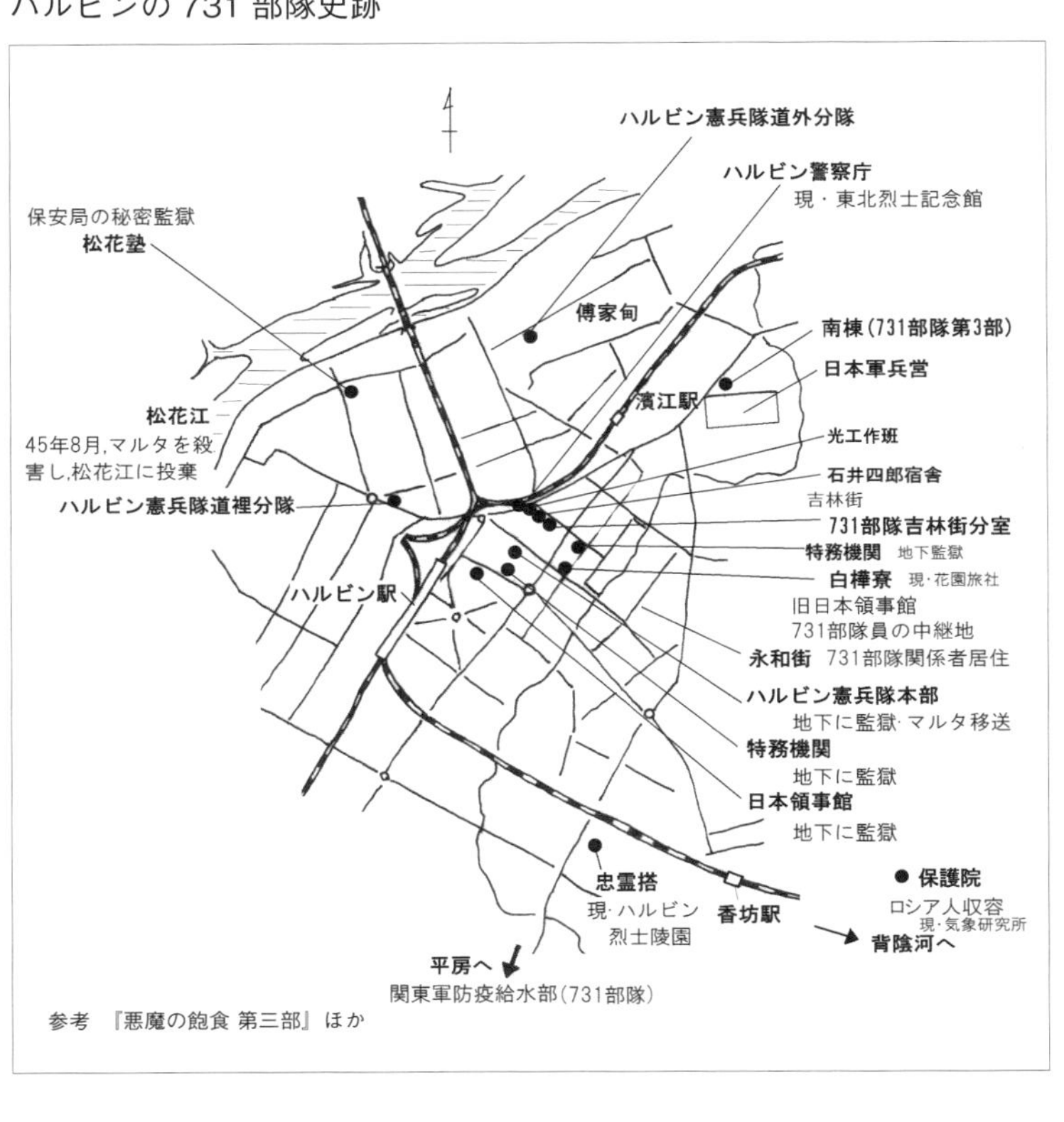

ハルビン市街の七三一部隊史跡

ハルビンは七三一部隊への玄関口となり、憲兵隊や特務機関、警察関係の拠点が置かれた。地下牢を備えていた場所もあった。ハルビン駅南方の一角には警察・憲兵・特務を含む行政関連の建物が集中し、吉林街には七三一部隊関連の拠点が置かれていた。

ハルビン市内に残る七三一部隊関連の跡地を歩いた（一九九二・九四年）。

ハルビン警察庁は、東北烈士紀念館になっていた。この紀念館は抗日戦争に参加した人々を顕彰するものだが、拷問の様子を示す像もあった。捕えられた人々のうち、七三一部隊に送られて生体実験の材料とされた人々も多い。

旧日本領事館の建物は「白樺寮」として使われた。一九三六年まで領事館とされていた。この白樺寮は七三一部隊の連絡場所とされ、地下室は「マルタ」の中継基地として使われた。今では、花園小学校と簡易宿舎（花園旅社）として使われている。新たに日本領事館とされた建物は鉄道公安局になったが、この建物にも地下室があった。

近くには憲兵隊本部や特務機関の建物があった。憲兵隊本部は七三一部隊への「マルタ」の特別輸送を裁可した。ハルビン駅には憲兵隊分隊があり、列車で運ばれてくる「マルタ」を引き受けたという。

▲…ハルビン特務機関の裏手建物の地下監獄跡（1994 年）

特務機関はスパイの摘発もおこなった。この特務機関の建物にも地下室があった。旧特務機関は今では毛沢東記念館となり、新たに特務機関がおかれた建物は省新時代公司が使っていた。

吉林街五番にある建物も旧特務機関によって使われた。その奥の建物の地下室が監獄として使われたという。階段を下りていくと、薄暗い地下室が一〇室ほどあった。地下牢の格子や木製の扉が残っている箇所もあった。捕えられた人々はこの薄暗い場所に連行され、拷問されたとみられる。今では、この特務機関関連の建物は工程質量監督機関が使用し、奥の地下のある建物は百貨店の倉庫にされている。

吉林街にあった吉林街七三一分室の地点には、憲兵隊宿舎があり、入口は衛兵が監視していた。ここにも地下監獄があった。建物の二階には石井四郎も住んだ。現在の吉林街五四番が石井の官舎、五二番が吉林街七三一分室の住所にあたる。この分室は部隊員がハルビンと平房を往復するときの連絡場になっていた。

南通大街には南棟があり、七三一部隊の第三部が置かれた。吉林街一三〇番の黒龍江省文史研究室の建物は、内務省公館・光工作班がおかれた場所である。松花江の近くには「松花塾」が置かれていた。ここは「マルタ」輸送のための秘密監獄として使われていた。

中国では各地で、近代化による旧ビルの破壊と新ビルの建設がすすむ。ハルビンにある古い建物がいつまで保存されるのかはわからないが、戦争遺跡としての保存が望まれる。

関東軍防疫給水部（七三一部隊）跡

関東軍防疫給水部（七三一部隊）の跡地はハルビンの南方約二〇キロ地点の平房にある。七三一部隊の建物で残されているものは少ないが、本部建物、兵器庫、南門、衛兵所、特設監獄跡、吉村班冷凍実験室、仁木班実験室、石井班小動物地下実験室、黄鼠飼育室、兵器班跡、田中班昆虫舎、山口班建築物、ガス実験室、ボイラー室煙突、死体焼却場跡、八木班農場跡、航空班跡地、東郷村の官舎、引込み線などがある。部隊本部の建物が七三一部隊陳列館となっていた。展示品には、体をベルトで縛り、首をはめ、口に水を注ぐ板製の拷問台があった。

一九九二年、施設跡を見学し、韓暁館長と元労働者から話を聞いた。

▲…731部隊陳列館内の拷問台

方振玉さんは、七三一部隊で一九四一年から労働者として使われ、石井班で動物を飼う仕事をした。動物の血は採血して四方楼（ロ号棟）に送っていた。四三年の一〇月ころ、警戒が厳しくなり、移動を禁止され、便所に閉じ込められたことがあった。貨車から鎖や針金で縛られた人が四方楼に運ばれていくのを見た。

潘洪生さんは、一九四一年から七三一部隊の工務班で働き、荷物の輸送や積み込みをした。ハルビンの吉林街に輸送のために行ったが、一九四五年ころ、人間を乗せた輸送車を溝から引き上げた。輸送車の中の手枷や足枷をみたこともある。ハルビンの警察署から二台の車を動かしたときには、憲兵が監視した。

傅景岐さんは、七三一部隊で一九四二年から働いた。桑原という憲兵が毎日八時ころに車を出し、夜一二時くらいに帰ってきたが、知識人や共産党の工作者を中に押し込んで運んでいた。

解放後、七三一部隊が放置した細菌が周辺の村々を襲った。石井らの七三一部隊の資料

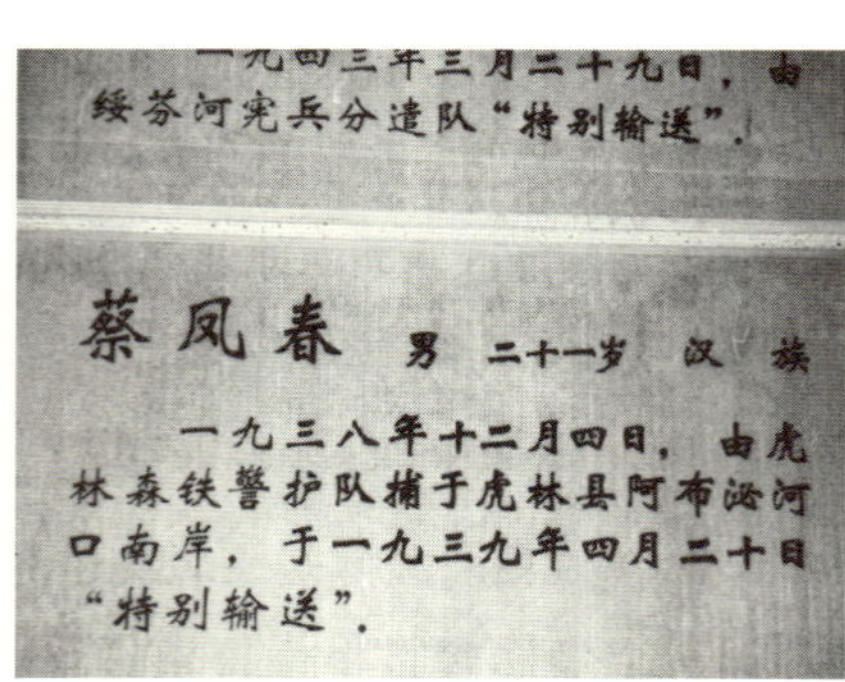

▲…「特移扱」犠牲者プレート

▲…発掘された特設監獄跡（2002年）

はアメリカに提供され、それと引き換えに日本の細菌戦部隊の存在は隠蔽された。日本政府は七三一部隊の存在は認めても、その部隊による細菌戦や人体実験を認めようしない。米軍統治により天皇の戦争責任は免責され、細菌戦の実行は隠蔽されてきた。

　平房地区には二五か所に及ぶ七三一部隊関連遺跡が残っている。ハルビン市内には抗日民衆を拷問し監禁した建物が残されている。元七三一部隊員の証言や実験報告書の発掘もすすんでいる。天皇制を存続させ、戦争犯罪の隠蔽を許してきた戦後のありようを問い直す作業が求められる。

　冬のハルビンはマイナス二〇度を超える。カメラやペンも凍りつき、足裏から冷気が足骨の芯にまで凍みる。ここで殺された人々の無念に思いを馳せるとともに、真相究明の必要性を感じた。

　一九九四年には、軽合金工場内の焼却炉、兵器庫、木材工場内の小動物飼育室、吉村班冷凍試験室、黄鼠飼育室、東郷村の隊員宿舎、高等官宿舎、本館内の展示、ボイラー跡、ガス発生室、衛兵詰所の跡をみた。東郷村の跡地は中国民衆の住居として使われ、市場などもあり、活気にあふれていた。

　敬蘭芝さんからは当時の状況を聞いた。敬蘭芝さんの夫・朱之盈さんは日本の憲兵に捕えられ拷問を受けた。敬さんも捕えられ、拷問された。ロシアの公文書館には一九四二年六月の牡丹江憲兵隊の報告書があり、そこには捕えた朱之盈らを「特移扱」とすることが記されているという。

　証言の場には、夫が七三一部隊の憲兵であった赤間まさ子さんが同席していた。赤間さんは七三一部隊で看護婦になった。敗戦時石井は列車で緘口令を敷いたという。戦後は赤間さんが病気の夫のかわりに働いてきた。娘さんが『悪魔の飽食』を読み、赤間さんに七三一部隊について語ることを勧めた。一九九四年に夫が亡くなり、夫の霊を背負って謝罪の旅に来たという。杖で病身を支えながら、赤間さんはマルタが捨てられたという松花江に花束を浮かべ、謝罪と回心の祈りを捧げた。また平房の七三一部隊の特設監獄跡に花束を置き、跪いて想いを示した。敬さんと会い、「何を言われるか……と思い……、ごめんなさいと言っても償えないが……」と語りかけた。すると敬さんは、赤間さんの思いを受け止めるように、赤間さんの手を握り返した。赤間さんは松花江に花を捧げた日の夜、初めて夫が優しく微笑むのを見たと語った。

その後、新たに侵華日軍第七三一部隊罪証陳列館が建設され、館内に「特別移送」された人びとの名前を刻んだプレートが設置された。また、特設監獄跡の発掘もはじまった。

七三一部隊と細菌戦

七三一部隊と細菌戦の概要をみておこう。

七三一部隊長であった石井四郎は、第一次世界戦争後にヨーロッパを視察し、細菌戦について研究した。石井は細菌戦の必要性を語り、一九三二年に陸軍軍医学校内に防疫研究所をつくり、細菌戦の研究をはじめた。七三一部隊が満洲に置かれた理由は、秘匿が可能であったこと、人体を含む細菌実験用の材料が確保しやすかったこと、対ソ連戦を想定していたことなどによるとみられる。

当時、陸軍省医務局長の小泉親彦が石井を支援した。小泉はそれまで軍医学校で一九一七年から化学戦（毒ガス）を研究し、陸軍科学研究所を設立（第二部が化学兵器）、のちに東条内閣で厚生大臣になり、敗戦後の一九四五年九月には腹を切って自殺したという人物である。

石井は「満洲国」建国の一九三二年、ハルビン南東の背蔭河に関東軍防疫班を置き、秘密実験場にした。この部隊は「東郷部隊」と呼ばれた。一九三八年には平房一体が特別軍事地域とされ、七三一部隊の建設が始まったが、一部の工事はすでに始められていたという。主要施設の工事は大林組が請け負った。

関東軍防疫給水部の秘匿名が七三一部隊である。この部隊は、人体実験による細菌の強化と実戦での使用を主な任務とした。七三一部隊は満洲の大連・ハイラル・孫呉・林口・牡丹江に支部をおいた。華北には北京に北支那防疫給水部

（一八五五部隊）、華中には南京に中支那防疫給水部（一六四四部隊）、華南には広東に南支那防疫給水部（八六〇四部隊）、シンガポールには南方軍防疫給水部（九四二〇部隊）をおいた。

長春には関東軍軍馬防疫廠（一〇〇部隊）がおかれた。この部隊は一九三六年度に病馬廠を改編して設立され、炭疽菌などを兵器にすることを研究した。また、チチハルに置かれた関東軍化学部（五一六部隊）は毒ガス戦部隊であり、七三一部隊はこの部隊とも連携した。

細菌戦部隊に対し、研究の指揮を陸軍省医務局衛生課や軍務局軍務課、作戦の指揮を参謀本部の作戦課（第二課）がおこなった。

では、細菌戦はどのように実行されたのだろうか。

細菌による攻撃は、空から撒布する雨下と爆弾の投下、砲弾での発射、井戸や饅頭に入れる謀略といった方法が研究された。安達の実験場では、雨下、投下弾、手榴弾や榴散弾による使用実験が繰り返された。一九三九年のノモンハン戦争では、チフス菌を川に流した。

七三一部隊はペストノミの兵器化を重視した。「マルタ」にペストを植え付けて毒性を強化し、強化されたペスト菌を感染させたネズミに植え付ける。そのネズミにノミをたからせ、血を吸わせて兵器としてのペストノミを作った。ペスト菌を穀物などに付着させて投下する方法も考えられた。

ペストによる細菌戦は、一九四〇年の寧波・衢州・金華などの浙江作戦、一九四一年の常徳作戦、一九四二年の浙贛作戦などでなされた。寧波では一九四〇年一〇月、飛行機から穀物とともにノミを撒布し、ペストの一次感染で一〇〇人以上が死んだ。細菌爆弾として陶器製の爆弾の開発もすすめた。人体実験によって細菌をより強力にすることができた。毎年六〇〇人ほどが「特移扱」という特別輸送によって七三一部隊に送られ、人体実験がおこなわれた。対象者は憲兵隊や特務機関によって逮捕された者のうち、抗日活動やスパイ容疑で死刑にされる者、逆利用できない者だったという。

「マルタ」を収容した施設がロ号棟の第七棟・第八棟におかれた特設監獄である。「マルタ」はペスト・コレラ・流行性出血熱・凍傷・毒ガス・梅毒などの生体実験に使われた後、解剖され焼却された。敗戦時には全員が殺され、松花江などに捨てられた。敗戦によって部隊の跡からはネズミが逃げ出し、翌年ペストが流行した。

米軍は七三一部隊関係者から訊問をおこなうが、すべての資料を提供することを条件に、米軍は七三一部隊の犯罪を免責した。米軍はそれらの資料を独占し、自らの生物戦・化学戦に利用した。七三一部隊の細菌戦は米軍に継承された。関与した医師たちは戦後、製薬企業・医学会・大学などで活動して地位を得た。たとえば部隊のリーダーの一人、内藤良一はミドリ十字の会長になった。

他方、ソ連によって捕えられた関係者は一九四九年からハバロフスクの軍事裁判で裁かれ、一部は中国側に引き渡された。

中国内では市民による細菌の被害実態についての調査が一九八〇年代からはじまり、死亡者名簿の作成がすすめられた。また、一九八九年には東京都新宿区の陸軍軍医学校跡地で人為的加工がある人骨が出土した。七三一部隊関連の人骨の可能性があるとされ、市民による真相究明がはじまった。

一九九七年には中国人被害者が日本政府に対し細菌戦訴訟を起こし、細菌戦の責任の追及と尊厳回復への闘いがすすめられた。一九九〇年代には中国側が保管する「特移扱」に関する旧日本軍関係の資料の公開もおこなわれるようになった。

背蔭河

▲…足枷を壊した状況を証言する呉沢民さん（1994 年）

五条市の背蔭河はハルビンから一〇〇キロほど南東にある。一九三二年、背蔭河に関東軍防疫班の秘密実験場がおかれ、人体実験がおこなわれた。この実験所には監獄や焼却場もあり、飛行場も隣接していたという。

一九三四年にこの施設から脱獄事件が起きた。この施設を中国人は中馬城と呼んでいた。この中馬城からの逃亡について、程家崗に住む呉沢民さんはつぎのように語る。

中馬城には大きな煙突があり、捕えられた人は血を抜かれるという噂があった。周りの堀や城壁を作ったときには村からも働きに行ったが、内部の施設を作った人々は他所から連れてこられた人々で、作り終わると殺されたと聞いた。その中馬城から三〇人ほどが脱獄し、その一部がこの程家崗に来た。家の後ろに連れて行き、兄が斧で足枷の釘のところを叩いて壊した。足枷は家の外の柳の木の下に埋めた。

他の調査では、新発屯へと逃げた人々は、村の付連挙さんらが助け、足枷は李憲章さんの井戸に捨てたという。

農地と土壁に囲まれた村のなかで聞き取りをしていると、人々が集まってくる。朴訥とした雰囲気であるが、話したいことは、この話だけではないという雰囲気だった。

安達の特別実験場

安達市は人口四〇万人ほどである。安達の駅から三〇キロほど先の草原に七三一部隊の特設実験場があった。安達はハルビンからチチハルに向かう途中にあり、平房からは北西約二六〇キロの地点にある。この安達の実験場では、細菌の雨下、手榴弾、榴散弾や爆弾の使用実験が繰り返された。安達には半地下式の監獄も設置された。労働者を動員して飛行場も作られた。一九四一年ころから実験がおこなわれたという。

ここでは、板に縛った「マルタ」を標的から放射状に並べてペストや炭疽などの細菌爆弾を爆発させて効力を測る実験、接着剤を塗った紙を置き、さまざまな高度で爆弾を破裂させてノミがどう散らばるのかを調べる実験、「マルタ」に細菌を雨下する実験などがおこなわれた。「マルタ」が実験を始まる前に逃げ出す事件も起きたが、そのときには車で撥ねて殺したという。

安達の実験場跡は草原地帯にあり、現在では牛や羊などの家畜が群れを成している。細菌実験場の面影は残っていないが、ここで人体実験され、殺された人々のことを考えた。

ハイラル

ハイラルはソ連国境の満州里近くのホロンバイル草原にあり、鉄道の建設とともに作られた町である。ハイラルの気温は八月でも二〇度ほどであり、涼しい。放牧による牛製品・羊毛・肉・毛皮などの産地であり、看板にはモンゴル語の表示もある。近代化がすすみ、ビルが建設され、旧い建物の破壊がすすむ。

ソ連の参戦によってこのハイラルでは激しい戦闘がおこなわれた。七三一部隊はハイラルにも支部をおいた。

ハイラルでは日本占領期の戦争遺跡を巡った。市内には旧憲兵隊の建物、神社・忠霊塔の跡、省庁跡、「慰安所」の跡などが残っていた。七三一部隊の支部跡といわれるところも見学した。西山には巨大な地下要塞跡がある。西山の要塞は東山の日本軍の陣地と川の底を抜けてつながっていた。この要塞はノモンハン戦争のころから華北方面から連行された中国人を使って建設された。秘密保持のために連行労働者は殺されたという。

北山にはこの地下要塞建設に連行されて強制労働をさせられ虐殺された人びとのものとされる「万人坑」があった。北山と呼ばれる茶色の丘が草原にあり、このふもとに骨が散らばっていた。四散したままの骨は、強制労働を告発するようだった。

▲…ハイラル地下要塞

その後、ハイラルの戦争遺跡については日中平和調査団『ハイラル 沈黙の大地』が二〇〇〇年に出された。また、この要塞建設については、建設に一〇年ほどかかり、一年交代で労働者が連行され、秘密保持のために毒殺や銃殺で殺された、それを二回見た、という証言がある（元砲兵廣田繁雄証言・二〇〇四年）。

2 関東軍軍馬防疫廠・一〇〇部隊跡

「満洲国」の首都「新京」

関東軍は柳条湖事件の翌日、九月一九日に長春を占領した。翌年三月には「満洲国」をつくり、この長春を首都にし、「新京」と呼んだ。長春には当時の建物が今も残る。

溥儀が生活した勤民楼や緝熙楼は、偽満洲国帝宮陳列館となり、国務院や司法部などの建物は白求恩医科大学、興農部や文教部の建物は東北師範大学、日本大使館別館の建物は吉林省人民政府、関東軍司令部の建物は中国共産党省委員会として利用されていた。白求恩医科大学として利用されている旧国務院の建物は国会議事堂の形と似ていて、旧関東軍総司令部の建物は天守閣の形をしている。侵略の跡を今も残る建築物から知ることができる。

抵抗する中国民衆は警察や特務機関に捕えられ、拷問された。たとえば一九四三年四月には長春で三〇〇〇人を超える検挙があったという。吉林省の遼源炭鉱には強制労働による万人坑が残されている。中国東北では抵抗運動を抑えこむために「集団部落」が数多く作られた。

長春には関東軍司令部だけではなく、細菌戦部隊である関東軍軍馬防疫廠（一〇〇部隊）が置かれた。

関東軍軍馬防疫廠・一〇〇部隊跡

長春の南西部にある孟宗屯の関東軍軍馬防疫廠（一〇〇部隊）跡を訪れた。一〇〇部隊跡は長春第一自動車工場（ラジエター工場）になっていた。

一〇〇部隊の任務は、表向きは防疫研究とされていたが、細菌戦の研究と細菌兵器の製造であった。一〇〇部隊は細菌戦のための秘密部隊だったのである。

関東軍軍馬防疫廠については、安達誠太郎（『人体実験』）、三友一男（『細菌戦の罪』）、高橋隆篤（『ハバロフスク公判書類』）、平桜全作（『同公判書類』）などの証言がある。以下、それらの証言からこの部隊についてみてみよう。

一九三一年一一月、一〇〇部隊の前身、関東軍臨時病馬収容所が設立された。所長は小野紀造軍獣医中佐だった。中国東北部では当時、鼻疽が流行していた。この収容所は、関東軍が日本馬を防疫するために、中国馬の徴発に際し、馬鼻疽を選別するためのものであった。

一九三二年に安達誠太郎、三三年に高橋隆篤が所長となった。臨時病馬収容所は臨時病馬廠と呼ばれるようになる。一九三五年八月、並河才三が廠長となり、三六年には関東軍軍馬防疫廠になった。一九三六年八月、高島一雄が廠長となった。高橋隆篤は日本の敗戦時、関東軍獣医部長であった。安達誠太郎は関東軍馬政局、大陸科学院馬疫研究所所長、馬事公会理事などの地位をえた。安達は強毒菌を一〇〇部隊へと提供した（『人体実験』）。

一九三七年八月、部隊は改編され、牡丹江（海林）に支廠が創設された。一九三八年、寛城子から孟宗屯への移転がはじまり、一九三九年に移転が完了した。一九三九年八月、並河才三が再び部隊長に就任した。一九四一年になり、部隊の秘匿名が満州第一〇〇部隊となり、牡丹江支廠は第一四一部隊とされた（一九四五年には、一〇〇部隊は第二五二〇七部隊とされた）。一九四一年八月から敗戦まで、部隊長は若松有次郎であった。

一〇〇部隊は関東軍司令部の直隷下にあり、関東軍獣医部や大陸科学院と連携し、細菌戦を研究した。設立当時の軍馬防疫廠の任務は防疫・細菌研究・ワクチン血清製造であったが、対ソ戦における細菌戦用の特殊部隊として位置づけられ、一九四三年、部隊内に第二部第六科を創設した。敗戦時の人員は職員が約八〇〇人、中国人労働者は約三〇〇人であったという。

ここでは炭疽・鼻疽・腺疫・媾疫・伝染性貧血・狂犬病・疥癬・ガス壊疽・ピロプラズマ症などが研究された。これらの防疫と細菌研究・血清ワクチン製造や対ソ戦用の強毒菌の培養がおこなわれた。生体実験や謀略実験もおこなわれた。人間や家畜を大量殺戮するために、流行性病菌を牧場・河川・貯水池に撒布するという実験もあった。

大陸科学院内に馬疫研究所がおかれたが、この研究所も対ソ戦用の兵站基地とされた。馬疫研と一〇〇部隊とは人的・物的に密接な関係にあった。一九四一年の関東軍特種演習の後、第十一野戦軍馬防疫廠（満州第二六三〇部隊）と第二〇野戦軍馬防疫廠（満州第二六三一部隊）が編成され、二六三〇部隊は一〇〇部隊の指揮下に入り、一〇〇部隊内に駐屯し、二六三一部隊は第五軍隷下、虎林に駐屯した。二六三〇部隊は一部をハイラルに分遣した。一九四四年、二六三〇部隊は長春から克山へと移駐、ハイラルと孫呉に支廠をおいた（『細菌戦の罪』）。

軍馬防疫部隊が牡丹江・虎林・克山・ハイラル・孫呉・長春におかれたが、これは対ソ戦を想定した部隊の配置とみられる。

▲…100部隊ボイラー室跡（1992年）

一〇〇部隊の組織

一〇〇部隊の組織編成をみてみよう。一〇〇部隊の総務部は庶務・人事・経理・医務などで構成されていた。憲兵隊・特務機関と連携していた。

第一部は、検疫を担当し、鼻疽を中心に軍馬の血清診断をおこなった。

第二部では、細菌研究と細菌兵器の製造がおこなわれた。第一科は細菌研究、第二科は病理解剖、第三科は臨床・実験動物管理、第四科は有機化学研究、策五科は植物病理学を担当した。

一九四三年から細菌戦研究の科として第六科の設立がすすめられた。第二部庁舎で細菌兵器が製造され、二部庁舎東館の地階は第六科の実験場となった。第六科の創設により、鼻疽苗・炭疽苗・赤穂病菌などが生産され、毒力の強化実験もおこなわれた。

第六科には細菌戦資料室がおかれ、細菌戦演習の展示がなされた。東寧・三河・黒河での河川撒布実験、白城子・孫呉・ハイラル・三河などでの冬季実験、七三一部隊と共同しての細菌砲弾実験演習などの様子が写真・地図・図解などで展示されていたという。

第六科設立とともに、ハイラルでの兵要地誌の調査がおこなわれた。一〇〇部隊から派遣された要員はハイラル特務機関の別班として活動し、放牧状況・家畜頭数・河川湿地帯の状況を調査したが、それは対ソ細菌戦の事前調査活動であった（『細菌戦の罪』）。

第六科が正式に成立したのは一九四四年四月という。科長は陸軍獣医学校からきた山口軍医少佐であり、科員は五〇人余りであった。

第三部では、血清・ワクチン製造がおこなわれ、軍用動物への注射液が生産された。第一科は鼻疽・炭疽・腺疫などの血清製造、第二科は狂犬病、第三科は厩の管理をしていた。

第四部は資材補給部であり、軍獣防疫用・一〇〇部隊用資材の補給をおこなった。動物飼育も担当した。

第五部は教育部隊であり、一九四三年に獣医幹部の育成のためにおかれ、五三一部隊とよばれた。

この一〇〇部隊に細菌と資材などを提供していたところが大陸科学院馬疫研究所であった。一九三三年、臨時病馬収容所に細菌研究室がおかれ、細菌戦研究がはじまるが、一九三六年に馬疫研究所長となった安達誠太郎は一〇〇部隊へと材料提供をはじめた。一〇〇部隊の細菌研究主任が馬疫研におもむいて細菌提供を求めると、それに応じて細菌が提供された。馬疫研究所から、炭疽ワクチン、炭疽血清、炭疽・鼻疽・腺疫・媾疫の各菌、硬質ガラス器具などが提供され、電子顕微鏡などの貸与もなされたという。この馬疫研究所は細菌戦計画にともない、一九四二年に拡充された(『人体実験』)。

一〇〇部隊の細菌兵器開発と実験

一〇〇部隊の細菌兵器開発・生体実験についてみてみよう。

第二部は有刺鉄線で囲まれて警備され、中国人の立ち入りは禁止されていた。第二部内に細菌実験室、焼却炉があり、地下室には二つの部屋があった。この地下室は監獄であり、三〇人から四〇人が監禁され、収容された人たちは生体実験に使われたという。一〇〇部隊専用の特別輸送車が人間を輸送してきた(『日軍七三一部隊罪悪史』)。

一〇〇部隊では中国東北各地で実戦演習をおこなった。満洲北部の三河での夏季演習が一九四二年夏に約一か月間おこなわれた。そこでは、鼻疽菌の放流と沼への散布、炭疽苗の地面撒布などが実験された。この実験がおこなわれたナラムトは対ソ諜報活動の拠点であった。野戦用の資材準備や梱包もおこなわれた。秘匿のために軍服を中国人服に着替え、トラックの部隊標識をはずして訓練地に出発した。この実験は諜報・細菌戦の実地訓練であったとみられる。

一九四四年八月、一〇〇部隊内でロシア人に対する生体実験がおこなわれた。一人を実験後、青酸カリで殺害し、九月、実験後に二人を射殺した。このような形で殺された七人から八人の捕虜の骨は家畜墓地に埋められたという。一〇〇部隊ではチョウセンアサガオ・ヘロイン・バクタール・ヒマチンを使っての生体実験がおこなわれた。チョウセンアサガオはナス科の一年草で熱帯アジア原産、種子に毒があり、各種のアルカロイド、特にスコポラミン・アトロピンの原料となる。

一九四四年一一月、一〇〇部隊は七三一部隊と共同して安達実験場で牛疫ウイルスの飛行機による撒布実験をおこなった。それは興安北省の家畜群を汚染することを想定した実験であった。

一九四五年三月には、山口少佐らの一隊がハイラル南方のハンゴール河畔で冬季演習をおこなった。細菌を雪や草の上に放置しての感染実験であった。ハイラル西方では細菌戦用に羊五〇〇頭、牛一〇〇頭、馬九〇頭を飼育したという。

一九四五年六月、秦皇島で人間を使った毒ガス・化学実験に一〇〇部隊も参加した。

これらは数多くおこなわれた細菌戦実験・生体実験の一部である。一〇〇部隊は一九四五年八月、部隊の建屋を破壊して撤退し、逃走した。同年秋、村々には伝染病が流行した。一九五一年、一〇〇部隊跡地から大量の人骨・馬骨が発見され、医療具（薬ビン・注射器）の破片も発掘された。

日本軍による生体実験での細菌兵器の開発と強化、その実戦への使用、細菌兵器関連資料の米軍への提供とそれによる免責、さらに米軍による生物戦の実行は、戦争犯罪が継承されたことを示す。中国では、一九九〇年代に入って、細菌戦の調査がすすんだ。一九九七年、中国の細菌戦被害者が日本政府に対し、その尊厳の回復を求めて裁判に立ち上がった。真実が明らかにされ、被害者の尊厳が回復されるまで、戦争は終わらない。七三一部隊の細菌戦の真相究明を求める活動は、人間の尊厳の回復と平和の実現にむけての闘いとなった。

七三一部隊の史跡は、有能であった医学者たちが、戦争国家の価値体系に組み込まれて人間の方向性を失った歴史を示す。これらの史跡は、人間の価値とその方向性をめぐる歴史的な問いを発するものである。

＊本章1・2は、一九九二年の「アジア・太平洋地域の戦争犠牲者に思いを馳せ、心に刻む会」と一九九四年の「七三一部隊展全国実行委員会」が企画した旅行に参加した際の紀行文を編集したものである。出典等を十分に記していない箇所があるが、章末の文献を参照して記している。

3　飛行機による細菌戦・ペストノミ撒布

七三一部隊は人体実験を通じて細菌兵器の開発をすすめ、軍中央の認可のもとで細菌戦を実行した。細菌戦は、飛行機から投下したり、菓子類に付着させて置かれたり、井戸に投げ込まれたりして実行された。当時、中国では日本軍によるペストなどの撒布による細菌戦被害が記録されていた。しかし、日本と中国の双方で資料が発掘され、現地での市民の調査によって、細菌戦の実態が明らかにされたのは一九九〇年代に入ってのことである。細菌戦による被害者の名簿も作成された。七三一部隊に連行されて人体実験された人びとの名前もすべてではないが、判明した。

一九九〇年代の調査報告は、李力「浙江・江西細菌作戦」、松村高夫「湖南常徳細菌作戦」(ともに『戦争と疫病』所収)、聶莉莉『中国民衆の戦争記憶』、森正孝『いま伝えたい細菌戦のはなし』、金成民『日本軍細菌戦』などにまとめられている。細菌戦訴訟のなかで編集された『裁かれる細菌戦』には、吉見義明「日本側の文書・記録にみる七三一部隊と細菌戦」、井本熊男「業務日誌」に現れる細菌兵器使用の記述を中心に」、七三一部隊の航空班の松本正一の陳述書などが収録されている。また、松村高夫による細菌戦訴訟での意見書などは『裁判と歴史学 七三一細菌戦部隊を法廷からみる』に収録されている。

ここではこれらの調査や記録によりながら、飛行機による細菌戦についてみていこう。

一九四〇年の浙江細菌戦

七三一部隊による本格的な細菌戦は、一九四〇年九月から一一月にかけての寧波・衢県・金華など浙江省での細菌戦である。

当時、支那派遣軍の作戦主任参謀だった井本熊男の業務日誌からは、九月一八日から一〇月七日までに六回の攻撃がなされ、ペストノミの撒布が計画されていたこと、この細菌戦が継続される予定であることがわかる。飛行機による細菌攻撃の出撃拠点は杭州の筧橋飛行場であり、そこに七三一部隊の遠征隊(第二部長の太田澄大佐、航空班班長の増田美保大尉ら)が集結した。

この細菌戦は、一〇月四日、衢県城内に飛行機一機で麦などの穀物とペストノミを撒布、一〇月五日、諸暨県城郊外に白色の糸状の物体を撒布するなどの形で実行された。さらに一〇月二七日には、寧波で飛行機一機が低空で麦などの穀物とペストノミを撒いた。また、金華では一一月二七、二八日、県城に飛行機で粘着質の顆粒状の物質にペスト菌を入れたものを撒布した。温州や麗水での細菌戦も計画されていた。

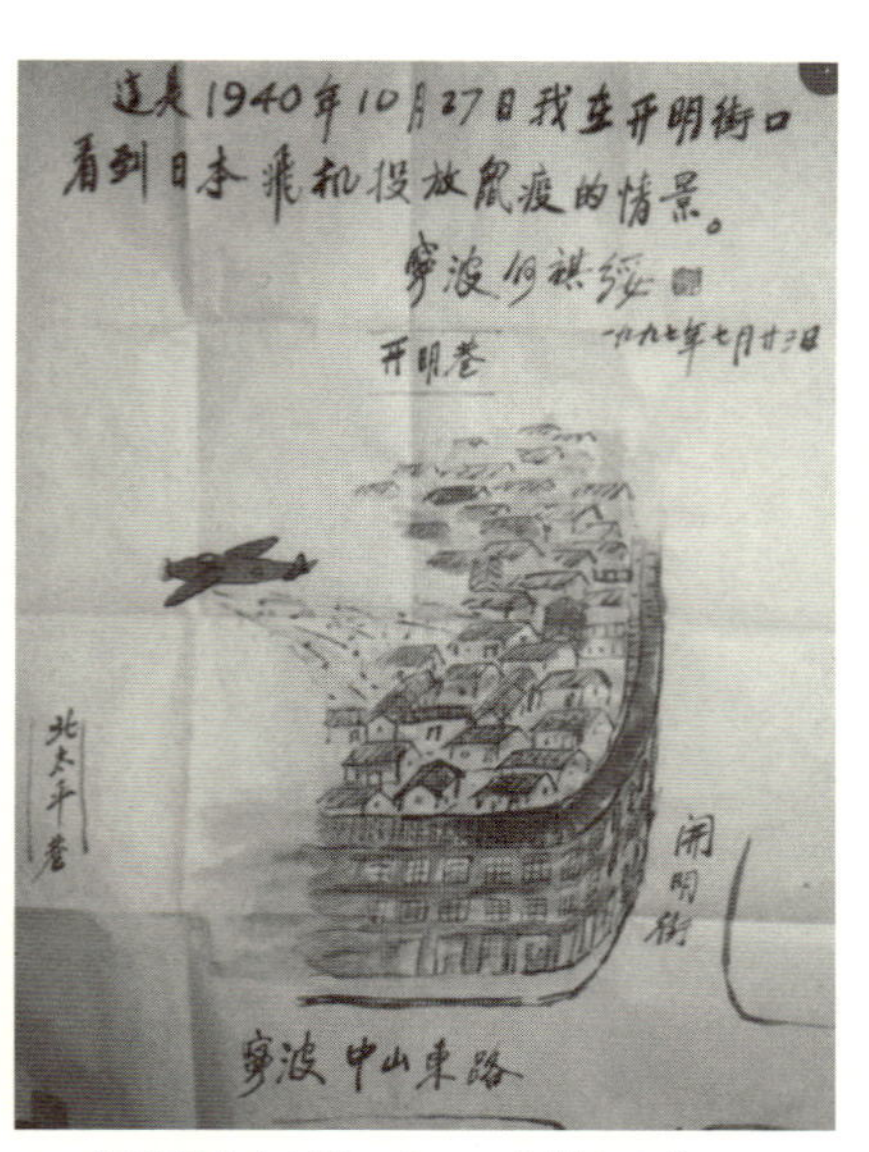

▲…何祺綏さんが描いたペスト撒布の絵

▲…寧波細菌戦、何祺綏さんの浜松での証言(1997年)

攻撃に使用された飛行機は九七式軽爆撃機であり、撒布の容器は七三一の航空班が製作したものだった。

寧波での細菌戦の証言

寧波での細菌戦についてみれば、一〇月二七日の朝七時ころ、日本の飛行機一機が日本による食糧援助や中日親善を示すビラを撒いた。さらに午後二時ころ、飛行機で大量の小麦粉や麦粒を投下した。住民は真赤なノミが多量に飛び跳ねているのを見た。それはペストに汚染されたノミだった。

寧波の何祺綏さん（河海大学）と黄可泰さん（寧波市医学科学研究所）が一九九七年八月五日、浜松市内での細菌戦証言集会で証言した。

何祺綏さんは寧波での日本軍機による細菌攻撃を目撃したが、その状況をつぎのように話した。

一九四〇年一〇月二七日、日本軍機が開明街一帯に黄色の煙のようなものを撒いた。二九日には父の経営していた酒屋の隣家の店の夫婦が発病し、数日後に亡くなった。病人が増加し、死亡率は高く、病名は不明だった。店の会計だった四番目の伯父が、撒かれた穀物を口に入れ、本物の麦だと言った。伯父も発熱し、リンパ腺が腫れ、四日後に亡くなった。当時二五歳で結婚したばかりだった。店の使用人のうち六人が死亡した。全身の皮膚が真っ黒くなり、痙攣を起こし、体をエビのように曲げて苦しみ、死んでいった。ペストになった者で生き残ったのが、銭貴法だ。日本政府が寧波でおこなった細菌戦の歴史の事実を認め、謝罪するとともに、若い世代に知らせることを願っている。

一九六三年ころから寧波でのペスト被害について調べてきた黄可泰さんはつぎのように話した。

一九六〇年代になってもペストの防疫をしなければならなかった。日本軍機は寧波の繁華街である開明街と中山交路のあたりに麦の粉とペストノミを投下した。投下されて二日で発病し、潜伏期間が短いが、ペストにまちがいない。ノミにさされた人は腺ペストになった。投下された地域での死亡者が多く、氏名の判明分で一〇六人である。実際の死亡者はもっと多い。ペストを消滅させるために一三七棟、五〇〇〇平方メートルを焼きつくした。日本政府が事実を認めることが、中日友好の基礎になる。

その後、黄可泰さんの調査は『細菌戦が中国人民にもたらしたもの　一九四〇年の寧波』の形で日本語に翻訳され、一九九八年に出版された。

一九四一年の常徳細菌戦

一九四一年一一月、日本軍は常徳で飛行機からペストノミを撒布するという細菌戦をおこなった。軍参謀の指示を受け、南京の司令部の井本熊男は一九四一年九月一六日にこの作戦を命じた。

一一月四日、九七式軽爆撃機が朝六時五〇分ころ常徳上空に到着し、穀物とともにペストノミを撒布した。操縦は七三一部隊航空班の増田美保であったが、両翼の撒布装置のうち、片方は開きが不十分であり、洞庭湖に捨てた（井本熊男業務日誌第一四巻一九四一年一一月二五日）。撒布後、ペストが発生し、周辺の村落に波及した。

細菌戦当時、常徳の広徳医院長であった譚学華は飛行機から細菌が投下された状況と検疫・防疫の取り組みについて「日本帝国主義が常徳市でペスト菌をばらまく罪業に関する回想」（一九七一年、聶莉莉『中国民衆の戦争記憶』所収）でつぎのように記している。

一九四一年一一月四日の早朝、日本軍の飛行機一機が、霧の中、常徳城の上空を低空飛行し、粟や麦、綿などの穀物をばらまいた。法院街、関廟街、府坪街などに多く落ち、警察が落下物を集めた。この落下物は検査のために広徳医院に送られた。病院では無菌生理塩水で浸し、遠心分離と染色によってペスト菌に類似する菌を見つけた。

▲…731 部隊航空班＊ 32

▲…97 式軽爆撃機＊ 15

譚学華は一一月五日の防空指揮部や警察との合同会議で、日本軍は通常、午前九時から午後四時の間に爆撃するが、昨日は朝早く霧のなかに襲来した。投下物は爆弾よりも大きな殺傷力を持つものに違いない。広徳医院での検査の結果、ペスト菌に類似した菌が発見された。ペストはネズミが先に感染し、ネズミが死ぬと寄生していたノミが人間にたかり、ペスト菌に感染する。投下物の穀物などはネズミを誘き寄せるために投下したと考えられる。かつて浙江省衢県に日本軍がペスト菌を空中からばらまいたと報道されたことがあり、常徳にも同じようなことが生じる可能性があるなどと報告した。

さらに譚学華は、住民を動員しての投下物の回収・処分、ペストの症状と予防法の紹介、ペストの診断と防疫工作、隔離病院の設置などを提言した。撒布後、感染患者から一一月四日の投下物から発見されたペスト菌とみられる菌が検出された。ペストによる汚染が続いた。

この回想記事から、日本軍による航空機からの細菌兵器（ペスト）の投下と病院側の対応の状況を知ることができる。譚学華は投下物の汚染穀物がネズミを誘き寄せるためのものとみた。

常徳作戦後の井本熊男の業務日誌第一四巻（一九四一年一二月二二日）には、七三一部隊の増田美保からの報告が記されている。ここではすでに、一九四二年度の細菌攻撃の構想とペストノミの増産計画が話されていた。高空雨下のための航空炸裂弾の使用、ラット三〇万匹の入手見込、ウジ弾、ロ弾、ハ弾などの記事からは、細菌攻撃用の兵器の生産状況を知ることができる。空からペストノミを撒布した増田美保は戦後、防衛大学校に勤めた。

七三一部隊は、日本軍の参謀本部と連携しながら、ペスト撒布のための雨下器（撒布器）の改良をすすめた。また、高空からの雨下のための航空炸裂弾を開発した。陶器製の細菌弾の製造もすすめた。

一九四二年の浙贛作戦での細菌戦

日本軍による浙贛作戦は、米軍が衢州飛行場を利用して日本を爆撃したことに対抗するものだった。日本軍は衢州・麗水・玉山などの飛行場を破壊しようとした。

一九四二年五月、日本軍は攻撃をはじめ、八月中旬まで各地を占領した。日本軍は撤退に際し、細菌の汚染地帯をつくり、飛行場の修復や再利用を阻むことを計画した。日本軍は八月下旬、広信、広豊、玉山、衢県、麗水などでペスト、江山、常山ではコレラを撒布するなどの細菌戦をおこなった。衢県、麗水ではチフスも撒かれた。玉山では、ペストに汚染されたノミ、ペストを注射したネズミ、ペスト菌を付着した米などが使われた（井本熊男の業務日誌一九巻八月二八日「ホノ実施ノ現況」）。

このような一九四〇年の浙江省と四二年の浙江省・江西省でのペスト攻撃により、ペストによる浙江省・江西省での死者は二万人に及んだ。浙江省のペストは、一九四一年九月には義烏、一〇月には義烏南西の崇山村に伝播した。崇山村では村人の三分の一にあたる四〇〇人ほどが亡くなった。ペスト汚染が一〇年に及んだ地域もあった。中国側の調査では、浙江省では炭疽菌や鼻疽菌による細菌戦もなされた。

ペスト攻撃の研究報告

「金子順一論文集」（一九四四年）のなかに『陸軍軍医学校防疫研究報告』の論文八点がある。金子順一は七三一部隊の軍医であり、この論文集は二〇一一年に発見された。論文集は東京大学に提出され、一九四九年に医学博士号を受けたときのものである（渡辺延志「七三一部隊 埋もれていた細菌戦の研究報告 石井機関の枢要金子軍医の論文集発見」）。収録された論文は以下の八点である。

金子「雨下撒布ノ基礎的考察」『陸軍軍医学校防疫研究報告』第一部四一号一九四一年八月、増田美保・金子「低空雨下試験」『同』第一部四二号一九四〇年六月、金子「ＰＸノ効果略算法」『同』第一部六〇号一九四三年一二月、浅見淳・

表 7-1　日本軍によるペスト攻撃（「既往作戦効果概見表」）

攻撃（ペスト撒布年月日）	目標（細菌戦実行地）	PX kg（ペストノミ量）	効果（死者数）		1kg 換算値（ペストノミ 1kg での死者数を換算）		
			1 次（感染死者）	2 次（感染死者）	Rpr（第 1 次感染死者）	R（死者総数）	Cep（流行係数）
1940.6.4	農安	0.005	8	607	1600	123000	76.9
1940.6.4 ～ 7	農安・大賚	0.010	12	2424	1200	245600	203.0
1940.10.4	衢県	8.0	219	9060	26	1159	44.2
1940.10.27	寧波	2.0	104	1450	52	777	14.9
1941.11.4	常徳	1.6	310	2500	194	1756	9.1
1942.8.19 ～ 21	広信・広豊・玉山	0.131	42	9210	321	22550	70.3

註　金子順一「ＰＸノ効果略算法」所収の「既往作戦効果概見表」から作成。元号は西暦に直した。（　）は筆者による補足。1940 年 6 月から 42 年 8 月までのペスト攻撃を示す。衢県・寧波・常徳は航空機からペストノミを撒布。他は地上でペストノミを使用。地上や空中からの撒布による細菌戦を行い、ペストノミ 1 kg による人間の殺傷力を比較した表である。「731 部隊・細菌戦資料センター」の分析を参照。

▲…飛行機からの撒布（両翼）＊ 33

▲…飛行機からの撒布＊ 33

金子・丸山正夫「しろねずみヨリ分離セルゲルトネル菌の菌型」『同』第二部七九一号一九四四年一月、金子・小酒井望「滴粒ニヨル紙上斑痕ニ就テ」『同』第一部六二号一九四四年二月、金子・矢田博「X．Cheopisノ落下状態ノ撮影」『同』第一部六三号一九四四年二月、金子・小酒井望「X．高空撒布ニ於ケル算定地上濃度」『同』第一部八一号一九四四年六月、金子・小酒井望「火薬力ニ依ル液ノ飛散状況」『同』第一部八二号一九四四年七月。

ここでのPXはペストに汚染されたノミのことである。金子は効果的なペストノミの撒布方法を研究し、ペストノミ攻撃の結果も分析した。一kgのペストノミでどれくらいの人間を感染させ、殺すことができるのかを調べたのである。

「PXノ効果略算法」には表「既往作戦効果概見表」が収められている。この表から、ペストノミ攻撃が一九四〇年六月四日に吉林省農安、同年六月四日~七日に吉林省農安・大賚、同年一〇月四日に浙江省衢県、同年一〇月二七日に浙江省寧波、一九四一年一一月四日に湖南省常徳、一九四二年八月一九日〜二一日に江西省広信・広豊・玉山でなされたことがわかる。使用したペストノミの量も記されている。表のペストノミの量から、航空機による撒布（雨下）では数kgが使用されたことがわかる。一九四〇年の衢県・寧波、一九四一年の常徳での攻撃は航空機を使っての撒布である。

金子の集計によれば、この論文をまとめた時点で、ペストノミの六回の攻撃により、ノミから直接人間への一次感染死者数は七〇〇人ほどであり、二次の感染死者数は二万五〇〇〇人を超えるものになる。

この論文には参考文献があげられている。そこには、石井「特殊戦原則」一九四〇年一二月、田中「新医学兵器ノ完成」一九四一年四月、浅見「「ホ」号作戦効果情報」一九四三年一一月、内藤「昭一七・一一広豊「ペスト」流行ニ於ケル死者数ノ推定計算」一九四三年一一月、「昭和十五年乃至十七年「ホ」号作戦戦闘詳報」、「昭和十五年新京ペスト防疫詳報」他の文献が記されている。他の論文の文献には、満洲第七三一部隊航空班研究月報などもあげられている。

井本熊男の日誌とともに、この金子順一の研究報告はペストノミ攻撃があったことを裏付ける史料である。金子が集約したペストノミ攻撃の年月日は中国側の調査での飛行機による衢県、寧波、常徳へのペストノミ投下の年月日と一致する。航空班の増田美保と金子による「低空雨下試験」は一九三九年三月から四月の雨下装置を使っての実験報告であり、このような撒布実験を経て、装置の改良とともに、衢県、寧波、常徳でのペストノミの撒布がなされたわけである。細菌戦（「ホ」号）の戦闘詳報や防疫詳報などが存在したこともわかる。

航空班の松本正一の証言によれば、ペストノミをジュラルミンの箱に入れ、両翼の下に取り付け、空中で箱の前後を開け、ノミを撒布した。箱は菱形から流線型に変わり、操縦席でパイロットが操作できるようになっていた。実戦で使用されたという。

このように雨下（撒布）がなされた。操縦室でレバーを聞くと容器の前後があき、風圧でノミや穀物が吹き出した。低空で飛行し、穀物とともにペストノミを投下するなどの方法でペストを撒布したのである。撒布は胴体に一つの雨下器をつける、あるいは両翼に雨下器をつけるという方法でなされた。その実験を写した写真が金子の「雨下撒布ノ基礎的考察」に収録されている。

航空班の仕事には、埼玉県で飼育されたネズミを立川からハルビン、シンガポール、ジャワなどに輸送することや七三一部隊の幹部・憲兵を東京、ハルビン、南京、杭州などに運ぶことなどもあった。

4　南方での細菌戦部隊の展開

日本軍の細菌戦部隊は、ハルビンの七三一部隊を拠点に、北京に北支那防疫給水部、南京に中支那防疫給水部、広東に南支那防疫給水部を置いた。さらにシンガポールには南方軍防疫給水部が置かれた。これらの防疫給水部隊は支部や出張所を持っていた。ここでは南方での防疫給水部隊の活動についてみていこう。

第十一防疫給水部の活動

第十一防疫給水部の行動について、『菊の防給 第十一防疫給水部の歩み』からみてみよう。

第十一防疫給水部は一九三八年八月、東京で編成された。この部隊は一九三八年の広東侵攻作戦に第十八師団に配属されて派兵され、その後、一九四一年一二月のマレー上陸を経て、一九四二年二月にシンガポールからビルマに送られた。部隊は各地で「防疫」活動をおこなったが、この部隊の関係者は隊員名簿によれば六五〇人ほどになる。

一九三七年、上海に上陸した日本軍がコレラによって戦力を失ったことから、上海派遣軍の北条軍医大佐はその状況を映像にし、石井四郎に送った。石井は参謀本部と討議し、一九三八年、各師団に防疫給水部が配置された。一九三八年七月末に第一から第六防疫給水部、八月に入り第七から第十二防疫給水部が編成され、さらに、第十三から第二〇防疫給水部が編成された。編成にあたって部隊員の教育が、関東軍防疫給水部や上海派遣軍防疫給水部隊の隊員によって陸軍軍医学校の防疫学教室でおこなわれた。その後の戦争の拡大により一九四一年から四五年にかけて、第二一から第三四までの防疫給水部が編成された。

第十一防疫給水部は、本部（部長・副官・経理）、防疫（病原検索班、防疫斥候班、検水班）、給水（浄水班、搬水班、

補給修理班）で編成され、自動貨車一八台、自動車二台、衛生濾水機を四機所有した。部隊長は陸軍軍医少佐井上勇であり、隊員数は二百数十人だった。防疫斥候班の仕事は情報収集、患者診断、吐物糞便の採集、消毒（予防接種・患者隔離・駆除焼却）などであり、病原検索班は採集資料から病原菌を培養した。

広東侵攻戦にむけて第二一軍（波集団）が編成されると第十一防疫給水部（秘匿名白色部隊）はその隷下となり、第十八師団（菊）に属した。第十一防疫給水部は菊第一〇七一六部隊とされた。第二一軍の第五師団には第一〇防疫給水部、第一〇四師団には第十二防疫給水部が配置された。第二一軍は一九三八年九月、東京を出発し、一〇月、バイアス湾に上陸し、広州を占領した。

占領後、広東省広州の中山大学医学部に防疫給水部の本部を置いた。中山大学ではコレラ菌の培養実験がおこなわれ、広東で予防接種をおこなった。分遣隊が大平場、増城、新塘、石竜に派遣された。一〇月には恵州でコレラが流行した。石井四郎は広州を訪問し、部隊長の井上と話し、実戦のために自動車編成から駄馬編成の防疫給水部隊を編成した。第十一防疫給水部から熱地医学研究所に人員を派遣した。

部隊は一九三九年九月ころ沙河の東山の学校跡に移転、さらに一九四〇年三月、広州東郊の宋公館に移転した。防疫給水部は宋公館を拠点に、防疫斥候班による宣撫工作としての予防接種、軍医将校教育、各師団への給水などをおこない、赤痢、コレラ予防のために出張した。

このように『菊の防給　第十一防疫給水部の歩み』から、広州への派兵の状況がわかる。広州の中山大学医学部の防疫給水部隊は南支防疫給水部（波八六〇六部隊）となり、各地に分遣隊を置いた。この南支防疫給水部については、丸山茂（元南支防疫給水部病原検索班隊員）の証言により、広州の南石頭難民収容所でゲルトネル菌（サルモネラ菌種・腸炎）によって香港からの難民を数多く殺害したことが明らかになった（『日本軍の細菌戦と毒ガス戦』二〇一頁以下）。

つぎに広州からビルマへの派兵についてみていこう。

一九四一年一一月、第十八師団は南方軍第二五軍の隷下に入り、一二月、防疫給水部の第一分隊がコタバル、第三分隊はボルネオに派遣され、本隊はマレーのシンゴラに上陸し、シンガポールに向かった。一九四二年二月、第十一防疫給水部はシンガポールからビルマに侵攻する第十五軍に転属した。

第11防疫給水部の活動先

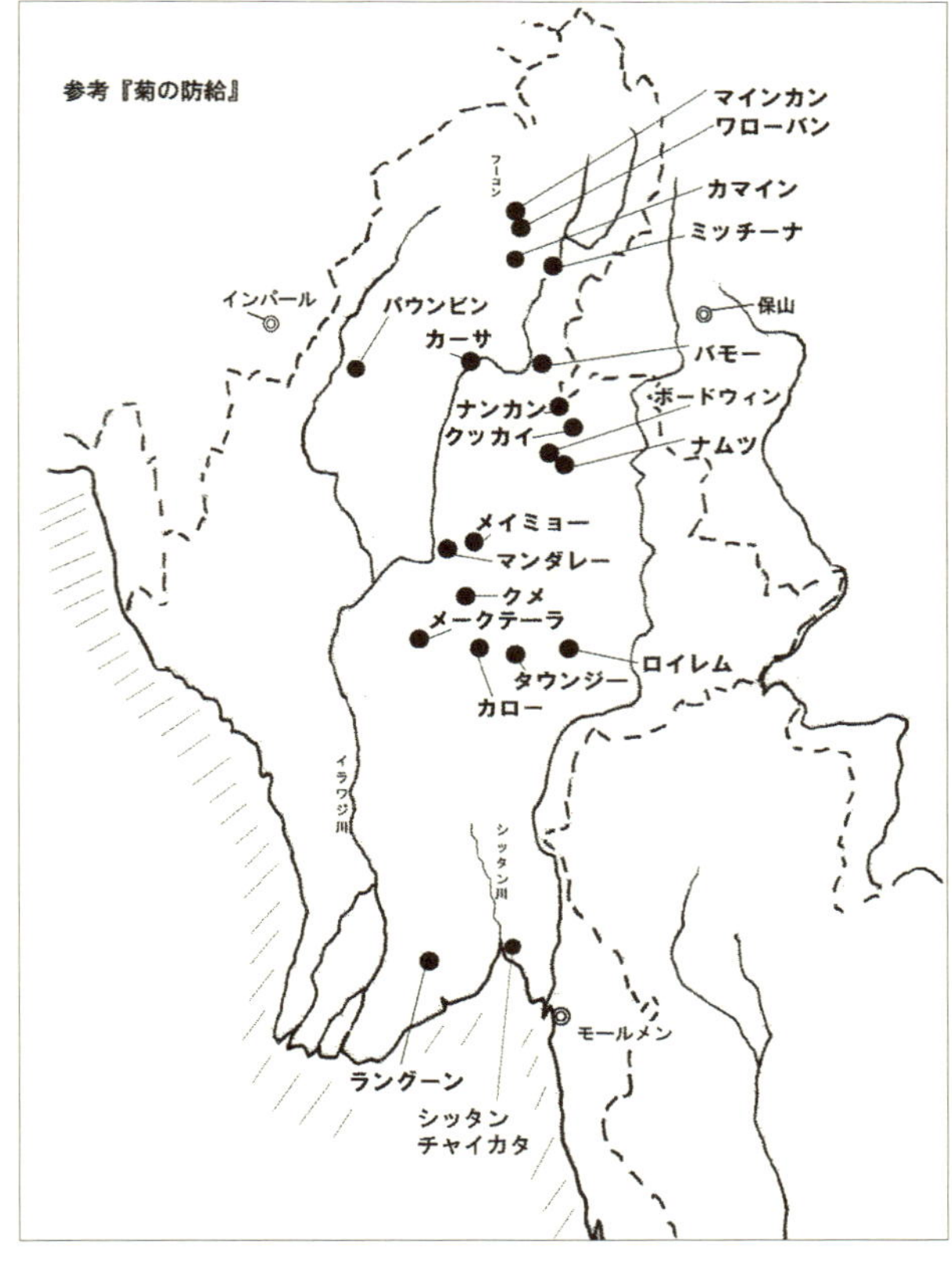

一九四二年三月、日本軍はラングーンを占領、第十一防疫給水部はパスツール研究所、医専、市民総合病院など市内の主な衛生施設を占拠し、第八六〇六部隊管理とした。そこを拠点にコレラ防疫、野犬撲滅などをおこなった。住民を銃剣で集め、予防接種をおこなった。ラングーン上流の村に予防接種に出かけ、野犬を青酸カリの饅頭で殺した。

　第十八師団はシンガポールを占領後、ジョホール州で「治安・粛正」作戦をおこない、ビルマに向かった。第十八師団がビルマに入ると、第十一防疫給水部は再度、第十八師団に属し、北ビルマでの戦闘に加わった。マンダレーを占領すると、ペストと天然痘の防疫をおこなった。第十一防疫給水部の本部はタウンジーに置かれ、ロイレム、アンパン、メークテーラへと分遣隊が出された。

　タウンジーではパラチフスAが流行していた。教会を占拠し病原検索班をおいた。防疫斥候班はビルマ人医師、看護師、医学生を宣撫して予防接種班をつくり、タウンジー、アンパン、カローで防疫をおこなった。宣撫用にクレオソート、赤チン、ヨードチンキなどを与え、カローでは病院を開いた。カローではペストが発生し、その防疫をおこなった。南方軍防疫給水部から第十一防疫給水部に要員が派遣された。

一九四二年一一月には本部がタウンジーからメイミョーに移り、分遣隊がカーサ、ミッチーナ、マンダレーに送られた。メイミョーではインパール作戦用の兵要衛生地誌の調査、ゼネラルハウス内での病原検索班の活動、ワクチン・血清の現地自活にむけて痘苗製造、病原検索、検水用の篏医笈の製作、師団各部隊への巡回教育などをおこなった。カーサでは天然痘・チフスの防疫と予防接種、マンダレーではペスト・コレラの防疫をおこなった。マンダレーの防疫では予防接種をするとともに、ネズミを買い上げ、家屋を焼却した。

一九四三年四月、ビルマ方面軍が編成されると、第十一防疫給水部は第十八師団防疫給水部になった（部隊長は尾能吉一軍医大尉）。第十八師団防疫給水部は痘苗、診断血清の現地自活をめざし、「慰安婦」の病気調査、「鶩鳥」からの診断血清の採取、兵要衛生地誌の作成、牛車班の編成、兵補の募集、師団衛生兵教育などをおこなった。五月にはマンダレーでペスト防疫、六月にはマインカン方面の兵要衛生地誌の調査、七月にはナムツ、ボードウィンでのペスト・コレラ防疫、シンラウマンとパウンビンでのコレラ防疫などをおこなった。

一九四三年八月、ミッチーナに向かい、カンカジューでコレラ防疫をおこない、一〇月にはイラワジ川近くの新しい宿舎に入った。雲南、北ビルマでの戦闘に加わり、フーコンでの戦闘ではビルマ人兵補に牛車を引かせた。カマイン、シンバンと転戦し、タローでは防疫斥候をおこない、兵要衛生地誌を作成した。ワローバンではマラリア調査・病原検索、防疫をおこなった。

一九四四年一月、カマインで防疫、インドウジ湖周辺で種痘とコレラの予防接種をおこなった。二月、バモーの分遣隊はイラワジ川中洲でペスト防疫をおこなった。バモー分遣隊は二月から六月にかけてペストと天然痘の防疫をおこなった。三月、第十八師団は壊滅的打撃を受けた。戦闘中にカマインにあった防疫給水部本部からマル秘が送られてきた。防疫給水部は敗北のなかで多くの隊員と機材を失った。五月、師団は補給路を断たれ、七月にはサマウに撤退した。防疫給水部は七月にラバンガトンを出発、ミンゴンを経て、九月にナムカンに移動した。途中、バウンビンで防疫活動をおこなった。

ナムカンで防疫給水部は防疫斥候、給水源の井戸掘り、陣地付近の防疫、兵要地誌の調査などをおこなった。また、クッカイで天然痘の接種、パンカ・オイロの二つの村での種痘防疫、雲南の兵要衛生地誌の作成などをおこなった。一一月、部隊はナムカンを出て、モンミットに向かったが、部隊内では各種の菌株の移植が続けられていた。

一二月、第十八師団防疫給水部は第十八師団司令部防疫給水班の形に再編された。一二月には水源偵察、モンミットの東方村落への防疫斥候などをおこなった。

一九四五年三月、第十八師団はメークテーラの奪回をめざしたが失敗した。三月末、クメで防疫給水班は全車両を失い、秘密書類も失った。第十八師団はシッタン川河口の東側へと退却した。河口西側のペグー山地には日本軍の第二八軍が集結していた。七月にその部隊を河口東側に渡河させるシッタン作戦が計画された。

シッタン作戦にむけて六月、河口東側のチャイカタで第十八師団防疫給水班によるペスト防疫がなされた。防疫斥候隊員が訪問した数日後、ペストが発生した。防疫のためにネズミが捕獲され、住民が隔離され、村が焼却された（以上、部隊誌『菊の防給 第十一防疫給水部の歩み』による）。

ビルマでは一九四五年三月に、ビルマ人による反日・反ファシスト蜂起がおき、五月にはビルマ人の独立部隊が連合軍より先にラングーンを占領した。ビルマは解放され、日本は敗北した。

ハルビンからビルマへ

冨原貞次『あゆみ』（その一・二）は、七三一部隊員から第二二防疫給水部員となり、ハルビンからビルマに派兵された経過を記した自伝である。以下、自伝からその経過をみていこう。

冨原さんは静岡県の菊川の出身、一九三七年九月、一八歳のときに在郷軍人会の回章で満洲の石井部隊での募集を知り、一〇月、陸軍軍医学校で試験を受けた。同年末に加茂部隊（関東軍防疫給水部・七三一部隊）の警備班に配属された。その後、動力班を経て、一九三八年四月に北川軍医中佐の下のＰ（ペスト）班に配属され、二年ほど勤務した。ペスト班の班員は高橋軍医中尉、今野技手、浅田雇員、渡辺雇員、冨原雇員、下士官二人であった。一九三八年七月ころ、部隊の施設が完成した。部隊周辺には土塁が築かれ、外側には有刺鉄線が張られ、電流が流された。さらにコンクリートの外塀も築かれた。

ペスト班ではペスト菌の培養、消毒、洗浄がなされ、ネズミやウサギ、イヌ、サルなど試験動物が飼育されていた。ペスト班は菌の毒性を強め、感染力を高めるとともに、その毒性のいかに維持するのかを研究していた。培養された菌は弱く、生きた血液を吸った菌の毒力が一番強かった。人間の局所のリンパを切って血液をとり、培養する方法もあった。冨原さんは動物への感染実験や菌の強弱の試験、感染動物からの菌の分離などの作業をおこない、北満・中南支・仏印などのペスト菌の分類や性状を調べた。ペストを媒介する昆虫や昆虫への感染実験、人体への感染実験をおこなった。

「コレラ菌」の投下実験にも参加した。爆撃機が高度三〇〇メートルから菌を撒布し、防毒衣で身を固め、培養器のシャーレを集めて「コレラ菌」の研究室に送った。ハルビンで「チフス菌」による事件が起きたが、人為的に起こされたもののように感じた。

一九三八年六月にはソ満国境のモンゴルで二週間の水質・地質調査をおこなった。七三一部隊は一九三九年八月末、ノモンハンでの戦争に出動した。

一九四〇年九月、新京の北西の農安でペストが発生した。関東軍軍医部からの命令で新京ペスト班が編成され、防疫と菌の検索をおこない、農安に行き、ペスト菌の検索を一週間ほどおこなった。

一九四〇年一〇月、ペスト班の高橋軍医中尉、浅田、冨原は、南京の中支防疫給水部と共同しての杭州の筧橋飛行場を拠点とした「〇〇戦術の研究」への参加を命じられ、商社の社員出張のような服装で出発した。大連から船で青島を経て上海に上陸し、杭州に到着し、筧橋駅で下車した。筧橋飛行場には部隊のトラックや濾過水用車などが待機していた。「〇〇作戦」が終了すると、一二月に原隊に帰った。

一九四一年二月、七三一部隊員を含め、第二一、二二、二三、二四の防疫給水部が編成された。冨原さんは第二二防疫給水部の病原検索班に配属された。第二二防疫給水部の隊長は加藤眞一陸軍軍医大佐であり、隊員数は二七〇人ほどだった。病原検索班にはコレラ班、ペスト班、天然痘班、病理班などがあり、班員は三五人ほどだった。

一九四一年一二月末、第二二防疫給水部は南方に派遣されることになった。しかし、途中でマラリアになり、サイゴンで入院、一九四二年六月、ビルマの部隊を追い、船でシンガポールに向かった。その際、南方軍の要請で、特務機関によって集められた「慰安婦」が乗船していた。シンガポールからビルマに向かい、第二二防疫給水部（二六二五部隊）に合流した。部隊本部はミンガラドン飛行場の手前にあり、病原検索班はラングーンのパスツール研究所におかれた。

第二二防疫給水部はビルマ方面軍の編成にともない、ビルマ方面軍防疫部になった。防疫部はラングーン、ペグー、カ

第22防疫給水部の主な活動先

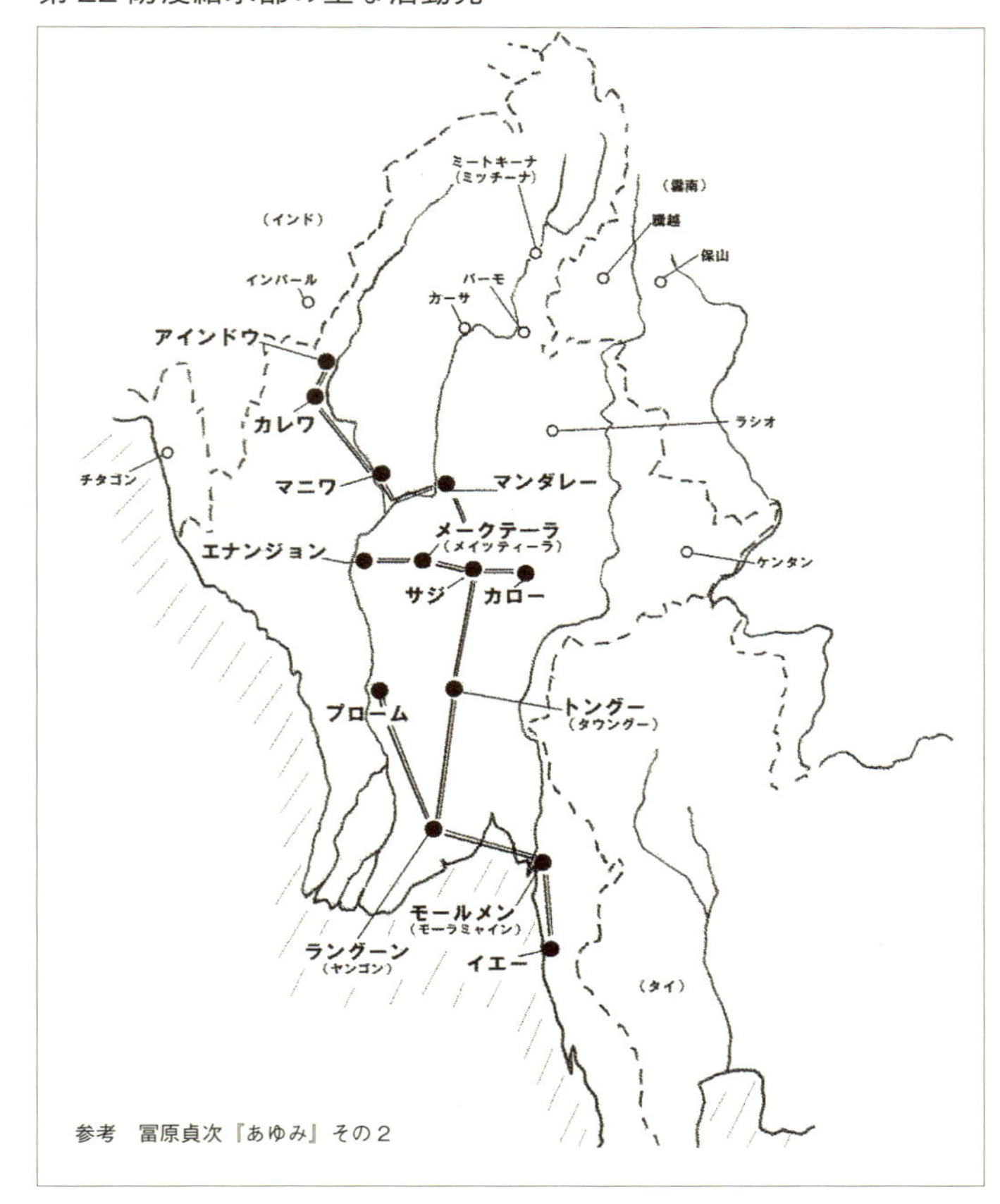

ロー、メークテーラ、メイミョー、マンダレー、カレワ、モールメン、プローム、ミンジャンなどに分遣隊を置いた。

一九四三年三月、プロームでペスト防疫をおこない、出入りを禁止し、検病、補鼠、ペスト防疫注射などをした。その後、ラングーン東部の下町でペスト防疫をおこない、ペストの血清製造、人体へ応用試験などをした。

一九四三年八月、メークテーラへの分遣隊員とされた。九月にミンジャンで、寺院を拠点に家屋を焼却するなどのペスト防疫をおこなった。日本軍の進路を確保するための活動だった。また、石油の産地エナンジョンで検疫・検病作業、カローでパラチフスなどの病原菌検索をおこなった。

一〇月には、メークテーラ分遣隊の一部が防疫給水隊の加藤隊長指揮下の防疫班に編入され、インパール作戦にむけての防疫給水のために西に向かった。前線の将兵が通過する予定の集落、カレワ地区上流一〇キロ地点でペスト流行の情報をえた。防疫班は集落全体が汚染されているとみなした。そして住民三〇〇人を強制的に立ち退かせて、集落の出口を兵が警戒し、密集家屋の八か所に火をつけ、家財道具を含め一切を焼却した。「皇軍将兵への感染」を第一に怖れ、防疫の名で焦土作戦を実行した。

一二月、加藤部隊長と従兵とともにモールメンに派遣され、女学校の校舎でモールメン分遣隊による検疫・防疫活動をおこなった。一九四四年一月にはモールメンの部隊の要員になった。

日本軍のビルマ戦線での敗退とビルマ人の独立の動きのなかで、一九四五年五月にはビルマ方面軍司令部はモールメンに退却し、防疫給水部もペグー、シッタンを経て、モールメンに来たが、その際、機材は放棄された。そして敗戦になった。復員は一九四七年のことだった。

以上、七三一部隊員が第二二防疫給水部員となり、ビルマに派兵された経過である（自伝と聞き取りによる、菊川・一九九五年八月）。

▲…シンガポール保健省（旧エドワード七世医科大・薬学部）、南方軍防疫給水部が占拠

冨原さんが配属されたのは、七三一部隊の第一部（北川正隆）の第五課ペスト班（高橋正彦）である。自伝で、一九四〇年一〇月に杭州で「〇〇戦術の研究」「〇〇作戦」とされているものは、浙江省での細菌作戦である。一九四〇年の農安でのペストは七三一部隊によるペスト汚染作戦であった。慶應大学医学部図書館倉庫で発見された「高橋正彦ペスト菌論文集」は「陸軍軍医学校防疫研究報告」に掲載されたものであり、農安でのペストに関する論文を集めたものだった。

冨原さんは、ノモンハン、農安、浙江での細菌戦の経験がある古参のペスト班の軍属として、ビルマの防疫給水部隊内で信頼が厚かったとみられる。

マレーのペスト兵器製造施設

南方軍防疫給水部の先遣隊が南京で編成され、上海、台湾、マニラ、サイゴンを経て、二月一二日、シンガポールに上陸した（大快良明証言『細菌戦部隊』二三四頁）。南方軍防疫給水部の本隊の南京での編成は一九四二年五月のことである。本隊は六月にシンガポールに到着し、エドワード七世医科大学を占拠した。部隊長は陸軍軍医大佐北川正隆、二代目が陸軍軍医大佐羽山良雄であり（のち少将）、総務部長が軍医少佐内藤良一であった。シンガポールを拠点としたこの南方軍防疫給水部は岡九四二〇部隊と呼ばれた。

タンポイのペスト兵器生産施設

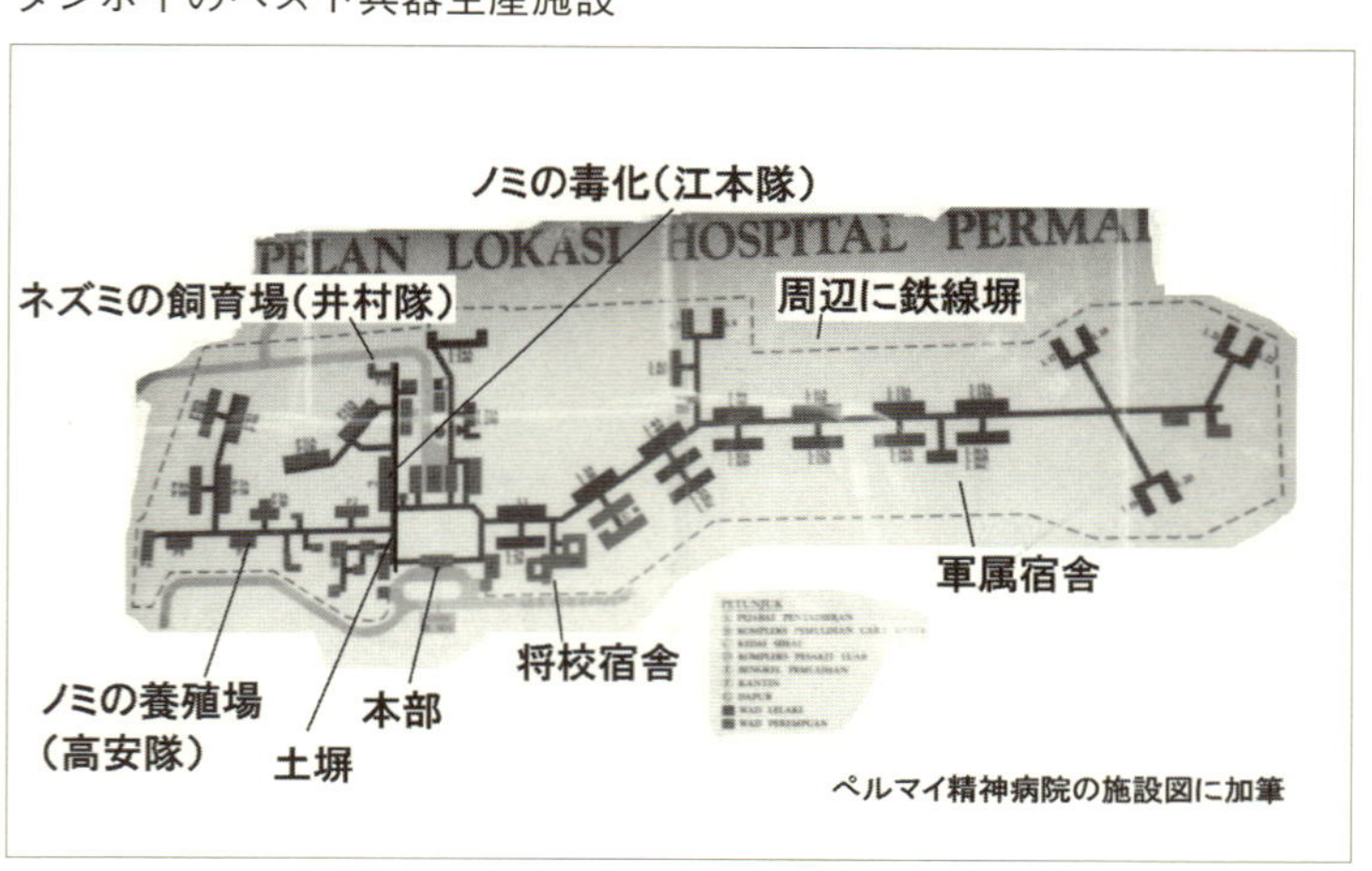

この部隊によるペストノミの生産について、竹花香逸（京一）『ノミと鼠とペスト菌を見てきた話』の記事と聞き取り（浜松・一九九二年五月）からみてみよう。

竹花さんは静岡県出身、一九三八年に名古屋陸軍造兵廠に就職、一九四三年五月、南方軍防疫給水部の軍属として下関からマニラ、ボルネオを経て、シンガポールに送られた。

竹花さんは南方軍防疫給水部の支隊に配属された。この支隊は梅岡部隊と呼ばれ、タンポイという町の病院に置かれた。タンポイはシンガポールからジョホール水道を渡り、マレー半島を北に車で四〇分ほどすすみ、道をそれて坂道をのぼった地点にあった。そこでは細菌兵器であるペストノミが製造されていた。

タンポイの支隊は三隊に分かれていた。井村（軍医中尉）隊はネズミを捕獲し、飼育する隊だった。マレー中部のラヤンラヤン、ラピスに小分遣隊を置き、現地人を使って捕獲した。中安（軍医中尉）隊はノミの養殖と研究をおこなった。江本（軍医大尉）隊はペスト菌株の保持、菌の増殖、毒化作業、ワクチンの製造などをおこなった。

江本隊で細菌兵器用のペスト菌の増殖と毒化がおこなわれたのである。毒化とはペストの毒力を強め、兵器用のペストノミを製造することである。各隊の人数は二〇数人だった。秘密の厳守を指示され、ネズミを

「餅」、ノミを「粟」と呼んだ。

竹花さんはこの江本隊でガラス容器の滅菌・洗浄・分類などの仕事をした。部隊の古参軍属には七三一部隊で生体実験に関わり、泰緬鉄道の建設現場に防疫給水隊の軍属として動員された者もいた。

竹花さんは一九四四年五月、支隊の汽缶室に配置替えとなった。一九四五年五月、部隊をインドシナ奥地に疎開させる計画に従い、総勢八〇人ほどでタイのバンコクを経て、メコン川をさかのぼり、ラオスのタケックに行った。そこで基地の建設をすすめ、敗戦をむかえた。

竹花さんは『ノミと鼠とペスト菌を見てきた話』で細菌部隊施設の略図、ネズミとノミの養殖、ノミとごみの分離器などの図も記した。

この竹花さんの証言によって現地調査がおこなわれ、ジョホールバル州のタンポイ精神病院が一九四二年八月に日本軍に接収され、ペスト兵器の生産施設にされたこと、隔離病棟がある場所で毒化や増殖作業がおこなわれたこと、現在のペルマイ精神病院がその施設であることなどが判明した（高嶋伸欣「マレー・シンガポールの細菌戦部隊」、陸培春『観光コースでないマレーシア・シンガポール』）。

ペルマイ精神病院にはペスト兵器（ペストノミ）を製造した建物が残っていた。南方はネズミやノミの繁殖力が高く、

▲…タンポイ・本部建物（1999年）

▲…タンポイ・ペスト毒化のために使用された建物

▲…ネズミ飼育場にされたクアラピアの中学

ペスト兵器の生産に適するとみなされた。そのために日本から南方へと大量のネズミが供給された。マレー半島では、ネグリセンビラン州クアラピアのドゥンク・モハマッド中学校の校舎が、細菌兵器製造用ネズミの飼育場とされた。

雲南・ビルマでの細菌戦

中国の雲南省にはビルマから中国への物資の支援路（援蔣ルート）があった。それはビルマのラングーンから鉄道でラシオに運び、そこからトラックで雲南省の昆明まで運ぶというものだった。日本はそれを断つことを計画し、細菌による攻撃もおこなった。

中国側の調査によれば、日本は一九四二年五月三日、雲南省に侵攻し、五月四日には、五〇機ほどで支援路の拠点である保山を爆撃した。その数日後、さらに三機が保山に爆弾を投下した。住民はそのときの爆弾が奇妙なものであり、黄色い物質に蝿が付着していたという。その後、コレラが蔓延した。日本軍は、雲南とビルマを結ぶ道路に沿った川や井戸、池にコレラ菌などを投入した。一九四四年には日本軍の放ったペストネズミによってペストが流行した。雲南の騰冲県や梁河県などでのペストは第五六師団の防疫給水部隊によるペストネズミが原因とされる（金成民『日本軍細菌戦』）。

中国の山西省では一九四二年七月、五台県で日本軍が細菌に汚染されたネズミを放ち、住民がペストとみられる病気で死亡した。山東省では一九四三年九月に北支防疫給水部や第五九師団防疫給水班によるコレラ撒布がなされた。一九四四年一〇月には河南省の林県南部で第一一七師団の防疫給水班がコレラを撒布した（『細菌戦与毒気戦』）。

山西省と同様に雲南では、侵攻してきた第五六師団などによる細菌攻撃があったとされる。雲南でのコレラ菌の撒布やペストネズミ攻撃はビルマ方面から侵攻した防疫部隊による可能性が高い。「ペスト防疫」の名でペスト攻撃がなされた地区があったとみていいだろう。その兵器の供給は南方軍防疫給水部からであったと考えられる。

部隊誌からみた第十一防疫給水部の活動は、ビルマ人に対しても防疫をおこなうという衛生部隊の姿である。第二二防疫給水部の軍属の自伝でも同様である。南方軍防疫給水部の表向きの活動も給水と防疫であったが、コレラ菌やパラチフス菌などを培養し、ペストノミを製造していた。ペストノミは細菌戦の攻撃兵器であり、南方軍防疫給水部は細菌戦を遂行できる部隊であった。

ビルマの歴史教科書には、日本の支配下、貴金属は強制的に供出され、働けるものは労務者として駆り出された。食料や医薬品が不足し、マラリア、天然痘、ペスト、疥癬などが蔓延したと記されている。日本軍の侵攻によって、天然痘やペストなどが増加し、防疫の名によって村ごと焼き払うという焦土作戦が実行されたのである。

米軍は日本軍の細菌戦部隊について情報を収集していた。『標的・イシイ 七三一部隊と米軍諜報活動』（常石敬一編訳）には、つぎのようなビルマに関する情報がある。

一九四四年七月、日本軍はペスト防疫の名目でネズミを駆除し、汚染地区からの物品購入を避けるように命令し、現地人にネズミの捕獲を命じ、一匹三〇銭を支払うよう指示した。

一九四五年三月、日本陸軍が細菌をレド公路に沿って飛行機で撒布するよう命令した（特に雲南、ミッチーナ、バモーを指定）。

一九四五年三月、米軍がマンダレーのフォートデュファンで日本軍の防疫給水部隊の防毒衣・ペトリ皿、顕微鏡、ワクチンなどを捕獲した。

一九四五年四月、タイのチェンマイで、今も細菌を兵器として使っている、担当が防疫給水班であるという発言を収集した。

第十一防疫給水部の活動経過でみたように、第十八師団の防疫給水班は一九四五年三月末に全車両と秘密書類を失った。三月に米軍が捕獲した物品は、このような状況のなかで取得したものとみられる。

雲南からの撤退、インパールの敗北、ビルマ戦線での敗退という状況のなかで、細菌の撒布が計画されたとみられる。実際に飛行機で撒布したのかは不明であるが、細菌を兵器として使用できるように防疫給水部隊で菌株を保管し続けていたことは事実である。日本軍が細菌戦（ホ号）を全面的に中止したのは一九四五年七月のことである。

一九四四年三月のビルマのワローバンでの戦闘の際、カマインの防疫給水部本部から「マル秘」が送られてきたが、この状況では受け取れないと拒んだとある（『菊の防給 第十一防疫給水部の歩み』四一一頁）。その記事を書いた隊員は戦後、静岡県袋井市で医院を開業していた。本人に「マル秘」とは何かと聞いたところ、ペストであると答えた。防疫部隊から前線の防疫隊員へとペスト菌が送られ、培養が続けられていたのである。それまでは穏やかに質問に答えていたが、この質問の際には紅潮した（聞き取り、袋井・一九九五年八月）。

一九四四年六月のチャイカタでのペスト防疫では、防疫斥候隊員が現れた後にペストが発生し、防疫がなされた（『菊の防給 第十一防疫給水部の歩み』五九八頁）。このペストの発生が細菌謀略によるものかは不明であるが、部隊は防疫の名で細菌戦を実行する力を持っていたのである。中国奥地の雲南やビルマなど南方での細菌戦の真相究明が求められる。

清算されていない細菌戦

日本は戦争の勝利にむけて生体実験をおこない、それにより強力な細菌兵器を製造し、実戦で使用した。ペストやコレラ、チフスを撒き、防疫の名で集落を焼き尽くした。それは時効のない人類に対する犯罪であり、倫理においてすでに敗北していた。

この細菌作戦を認知し、実行を指示した日本軍の中央はその責任をとらず、米軍はその資料をえることで問題を隠蔽した。七三一部幹部の多くが戦後、大学教授などを歴任した。飛行機でペストノミを撒布した増田美保は戦後、防衛大学校の教授になった。金子順一はペストノミによる細菌攻撃の結果を分析し、戦後、その論文を利用して医学博士になり、武田薬品工業に勤めた。細菌兵器や人体実験に関わり、南方軍防疫給水部で活動した内藤良一は日本ブラッドバンク（ミドリ十字）を設立した。ペストで苦しむ人々を数多く生んだことに対する良心の呵責は示されなかった。

細菌戦の実相を調査するために日本人が一九九一年夏、浙江省の崇山村に入った。その際、村人は「日本鬼子」の顔を見たいと集まり、日本人は鬼の顔をしていると思ったが、人間の顔をしている、五〇年もすれば、鬼も人間に変わるなどと話した。そのとき、一人の青年が「顔は変わるけど、心のなかまではどうかな？　心のなかは見えんからな」と語った（森正孝『いま伝えたい細菌戦のはなし』）。

日中の市民による細菌戦の共同調査をふまえ、中国人被害者一八〇人による細菌戦訴訟が一九九七年八月に始まった。その判決は二〇〇二年八月に東京地方裁判所で出された。判決では細菌戦の実行については認定したが、原告の個人請求権を認めず、訴えを棄却した。二〇〇五年東京高等裁判所は控訴を棄却し、二〇〇七年には最高裁が上告を棄却し、原告の敗訴となった。

七三一部隊の細菌戦の日本政府による事実の認知はなされず、その謝罪や賠償もおこなわれていない。この戦争犯罪は糺されないままであり、正義はいまも侵されている。排外主義や軍事の強化が強まる今日、崇山村の青年の問いかけにあった「心のなか」を問い、人間としての心を示す表現が求められている。

細菌戦の実行という戦争犯罪に時効はない。それを隠蔽し、その責任をとらずにきたという罪は重い。その罪の重さを自覚し、この細菌戦の真相を究明し、その事実を認め、問題を解決すべきである。

〔参考文献〕

中央檔案館・中国第二歴史檔案館・吉林省科学院編『東北歴次大惨案』中華書局一九八九年
中央檔案館・中国第二歴史檔案館・吉林省科学院編『細菌戦与毒気戦』中華書局一九八九年（細菌戦部分の日本語訳が、「証言生体解剖」、「証言人体実験」、「証言細菌作戦」同文館出版一九九二年）
韓暁・辛培林『日軍七三一部隊罪悪史』黒龍江省人民出版社一九九一年
韓暁『七三一部隊の犯罪』三一書房一九九三年
遠藤三郎『日中一五年戦争と私』日中書林一九七四年
常石敬一『消えた細菌戦部隊』海鳴社一九八一年
郡司陽子『「証言」七三一石井部隊』徳間書店一九八二年
越定男『日の丸は紅い泪に』教育史料出版会一九八三年
早乙女勝元『ハルビンからの手紙』草の根出版会一九九〇年
森村誠一『悪魔の飽食』光文社一九八一年
森村誠一『悪魔の飽食 第三部』角川書店一九八三年
三友一男『細菌戦の罪』泰流社一九八七年
森正孝編『中国の大地は忘れない』社会評論社一九九五年
中帰連・新読書社編『侵略』新読書社一九六七年
下里正樹『「悪魔」と「人」の間』日本機関紙出版センター一九八五年

朝日新聞山形支局『ある憲兵の記録』朝日新聞社一九八五年
戦争犠牲者を心に刻む会『七三一部隊』東方出版一九九四年
七三一部隊展全国実行委員会『七三一部隊展一九九三・七〜一九九四・一二』一九九五年
七三一研究会編『細菌戦部隊』晩聲社一九九六年
日中平和調査団『ハイラル 沈黙の大地』風媒社二〇〇〇年
廣田繁雄証言（二〇〇四年）『明日へ』六三 静岡平和資料館をつくる会二〇〇五年
飯坂太郎編著『昔日の満洲』図書刊行会一九八二年
越沢明『哈爾濱の都市計画』総和社一九八九年
玉魁喜他『満州近現代史』現代企画室一九八八年
金静美『中国東北部における抗日朝鮮・中国民衆史序説』現代企画室一九九二年
田中恒次郎「反満抗日運動」『日本帝国主義の満州支配』時潮社一九八七年
山田朗「軍事支配（二）」『日本帝国主義の満州支配』時潮社一九八七年
鈴木隆史『日本帝国主義と満州 下』塙書房一九九二年
崔菜他『抗日朝鮮義勇軍の真相』新人物往来社一九九〇年
軍医学校跡地で発見された人骨問題を究明する会編『夫を父を同胞をかえせ！』一九九一年
吉見義明・伊香俊哉「日本軍の細菌戦 明らかになった陸軍総がかりの実相」『戦争責任研究』二 一九九三年
高嶋伸欣「マレー・シンガポールの細菌戦部隊」『戦争責任研究』二 一九九三年
望月睦幸「雲南省・戦争の傷跡を追って」『戦争責任研究』七 一九九五年
竹花香逸『ノミと鼠とペスト菌を見てきた話』一九九一年
陸培春『観光コースでないマレーシア・シンガポール』高文研一九九七年
『菊の防給 第十一防疫給水部の歩み』汲粋会一九八〇年
冨原貞次『あゆみ』その一・二 一九八九年
常石敬一編訳『標的・イシイ 七三一 部隊と米軍諜報活動』大月書店一九八四年
七三一部隊国際シンポジウム実行委員会『日本軍の細菌戦と毒ガス戦』明石書店一九九六年
森正孝『いま伝えたい細菌戦のはなし』明石書店一九九八年

西里扶甬子『生物戦部隊七三一』草の根出版会二〇〇二年
日本軍による細菌戦の歴史事実を明らかにする会編『細菌戦が中国人民にもたらしたもの 一九四〇年の寧波』明石書店一九九九年
池ヶ谷真仁編『細菌戦証言集会の記録』一九九八年
「日本軍による細菌戦の歴史事実を明らかにする会通信」一～二二、一九九六～二〇〇五年
『裁かれる細菌戦』一～八 七三一・細菌戦裁判キャンペーン委員会二〇〇〇～二〇〇二年
松村高夫・解学詩・郭洪茂・李力・江田いづみ・江田憲治『戦争と疫病 七三一部隊のもたらしたもの』本の友社一九九七年
松村高夫・矢野久編『裁判と歴史学 七三一細菌戦部隊を法廷からみる』現代書館二〇〇七年
松村高夫『日本帝国主義下の植民地労働史』不二出版二〇〇七年
松村高夫「新京・農安ペスト流行」（一九四〇年）と七三一部隊」上『三田学会雑誌』九五—四 二〇〇三年一月、「同」下 九六—三 二〇〇三年一〇月
松村高夫「七三一部隊による細菌戦と戦時・戦後医学」『三田学会雑誌』一〇六—一 二〇一三年四月
聶莉莉『中国民衆の戦争記憶』明石書店二〇〇六年
上田信『ペストと村 七三一部隊の細菌戦と被害者のトラウマ』風響社二〇〇九年
冬季衛生研究班編『極秘 駐蒙軍冬季衛生研究成績』現代書館二〇一〇年
渡辺延志「七三一部隊 埋もれていた細菌戦の研究報告 石井機関の枢要金子軍医の論文集発見」『世界』二〇一二年五月
「金子順一論文集」国立国会図書館関西館蔵
近藤昭二編『ＣＤ‐ＲＯＭ版 七三一部隊・細菌戦資料集成 JAPANESE BIOLOGICAL WARFARE; Unit 731:Official Declassified Records』柏書房二〇〇三年

中国では細菌戦についての調査がすすんだ。近年の調査報告書をあげれば、『「七三一」部隊罪行鉄証 関東憲兵隊「特別輸送」檔案』黒竜江人民出版社二〇〇一年、『「七三一部隊」罪行鉄証 特移扱・防疫文書』吉林人民出版社二〇〇三年、楊玉林・辛培林・習乃莉『日本関東憲兵隊「特別輸送」追踪 日軍細菌戦人体実験罪証調査』社会科学文献出版社二〇〇四年、李暁方編『泣血控訴 侵華日軍細菌戦炭疽、鼻疽受害幸存者実録』中央文献出版社二〇〇五年、冉煒君『魔鬼的戦車 内蒙古侵華日軍細菌戦受害者調査』昆侖出版社二〇〇五年、金成民『日本軍細菌戦』黒竜江人民出版社二〇〇八年などがある。

二〇一五年は抗日戦争勝利七〇年にあたり、多くの書籍が出版された。楊彦君編『侵華日軍細菌戦受害者名録』中国和平出版社二〇一五年はこの間の被害者調査の集約である。以下の何冊かは取り寄せたが、多くが未見である。

陳致遠『日本侵華細菌戦』社会科学文献出版社二〇一四年、金成民編『侵華日軍七三一部隊罪行実録』全六〇冊・中国和平出版社二〇一五年、沙東迅『侵華日軍在粤細菌戦和毒気戦掲秘』広東高等教育出版社二〇一五年、中共浙江省委党史研究室・義烏市檔案館編『侵華日軍義烏細菌戦調査研究』浙江人民出版社二〇一五年、趙福蓮『義烏細菌戦受害者口述史』上海人民出版社二〇一五年、中国社会科学院近代史研究所編『侵華日軍七三一部隊細菌戦資料選編』社会科学文献出版社二〇一五年、浙江省委党史研究室編『日軍侵浙細菌戦檔案資料選匯編』浙江人民出版社二〇一五年、陳致遠『紀実　侵華日軍常徳細菌戦』社会科学文献出版社二〇一五年、朱清如編『控訴　侵華日軍常徳細菌戦受害調査』社会科学文献出版社二〇一五年、張華編『罪証　侵華日軍常徳細菌戦史料集成』社会科学文献出版社二〇一五年などがある。

（初出　第七次アジア太平洋地域の戦争犠牲者に思いを馳せ心に刻む南京集会報告書『厳冬の中国を訪ねて　戦後補償への道　北京・長春・ハルビン』一九九三年、「細菌戦部隊シンガポール岡第九四二〇部隊　静岡県出身軍属の体験から」『静岡県近代史研究会会報』一六六　一九九二年七月）

おわりに

日本陸軍は一九一一年に所沢に飛行場を設置し、操縦や偵察の訓練をはじめた。浜松には一九二六年に陸軍航空の爆撃部隊が置かれた。部隊設立のころから、爆弾の投下とともに「焼夷」弾や毒ガス・細菌の使用が想定されていた。一九三〇年代から陸軍航空部隊は、満洲をはじめ、中国各地を爆撃した。東南アジアへと戦争が拡大されると、マレー、シンガポール、フィリピン、ビルマ、インドネシア、インドなどを爆撃した。

この本では、満洲侵略戦争で浜松や平壌から派兵された航空部隊が抗日軍や都市・集落を爆撃したことを記した。また、陸軍の爆撃隊が中国での全面戦争から東南アジアへの戦争拡大のなかで、中国やシンガポール、ビルマなどでどのように爆撃を繰り返したのかについてまとめた。

さらに、日本陸軍部隊による毒ガス兵器の研究・演習を、浜松、下志津、ハイラルなどの事例から明らかにし、中国戦線での空からの毒ガス兵器の使用について記した。そして、細菌戦について、関東軍防疫給水部（七三一部隊）の概略を記し、空からのペストノミ撒布の実態や南方での防疫給水部隊によるペスト兵器の生産について明らかにした。

日本陸軍の航空部隊による爆撃や毒ガス・細菌兵器の使用によって殺傷された人びとは数多い。その加害と被害についての調査を日本政府はおこなっていない。毒ガスや細菌兵器の使用は隠蔽され、その責任の追及は不十分なまま、現在に至る。

大日本帝国憲法では、天皇は万世一系であり、神聖不可侵の存在とされた。帝国憲法は天皇主権であり、天皇は国家の元首であり、統治権と統帥権を持つものとされた。人びとは臣民とされ、兵役の義務を負った。帝国軍隊では、軍人勅諭を覚えさせられ、天皇のために死ぬことが名誉とされ、絶対服従を強制された。靖国神社は国家の宗教であり、戦没者は神とされた。

このような政教一体の天皇の帝国は、民主主義、人権、平和の思想を弾圧した。戦時下、人びとは個々の生命を大切にするという思いを表現することができなかった。社会や家族の愛情のなかで子は愛情を受けつぎ、自己を尊重し、他者を尊敬し、共同社会を形成する志向を持つ。その志向は人種や民族を超えるものとなる。死にたくはない、殺されたくはない、殺したくはないという感情は、消すことのできないものである。天皇の帝国はそのような感情を操作し、排外的思想で煽り、人びとを戦争に動員した。

そのような天皇の帝国による支配は、人びとから主権意識を奪い、奴隷精神と無責任・無関心を植えつけるものだった。戦後の天皇制の存続と戦争犯罪の隠蔽、戦争責任と植民地責任への追及への弱さは、奴隷精神と無責任・無関心が克服されなかったことを示している。

しかし、戦争と植民地支配の責任をとることができなければ、それらは形を変え、再び繰り返されることになる。過去の清算なくして、民主・人権・平和は実現しない。

過去の侵略戦争で日本は、中国をはじめアジア各地で大量の爆弾を投下した。さらに毒ガスや細菌兵器も使用した。日本の人びとは米軍の爆撃による悲惨を体験したが、日本がアジアでおこなった空襲加害の歴史についての知識を深めたうえで、みずからの空襲の被害を語るべきである。そのような加害と被害の認識をふまえ、戦後七〇年を経たいま、新たな形の戦争を止めるという関心と責任を持つときである。

あとがき

アジア太平洋地域での侵略戦争の拡大により、一九四二年二月、わたしの母の父は静岡の歩兵第三四連隊に補充兵として動員された。すぐにフィリピンに送られ、一九四五年五月にミンダナオ島のダバオ方面で戦死した。浜松の農家の長男であり、死亡当時、三六歳だった。三人の娘がいたが、母は三女にあたり、一九四五年で一〇歳だった。多感な時期に戦争で父を失った悲しみは語りつくせないものであり、戦争で働き手を失った農家の生活も苦労が多かった。一九二五年に浜松で生まれたわたしの父は、一九四五年に二〇歳であり、学徒動員により、旭川の陸軍の重機関銃部隊に配属された。しかし、すぐに敗戦を迎え、父は命を失うことなく帰還できた。

その一二年後の一九五七年にわたしは浜松で生まれた。戦争の動きによっては、わたしは生まれることができなかったと思う。戦争は多くの命を奪い、新しい命の可能性も奪うものである。戦争によって民衆は言いつくせない悲しみや苦しみを受けた。それが日本国憲法の平和的な生存と戦争放棄の表現を支持する基層となったのである。

浜松にはかつて陸軍の航空基地があり、航空関連の軍需産業も多かった。そのため米軍による空襲を受け、三〇〇〇人を超える市民が亡くなった。戦後、基地は縮小され、航空自衛隊の基地に変わった。浜松市の東部にある生家は航空自衛隊浜松基地の滑走路の東側にあたり、上空を軍用機が滑走路にむかうところにある。通学した小中学校の校舎は国からの補助金で防音工事がなされた。親族から浜松への米軍空襲や戦争体験の話を聞く機会もあった。しかし、浜松の陸軍航空基地の加害の問題について知る機会はなかった。

支配の側は、人びとを帝国憲法で臣民と規定し、戦争は東洋平和のためと宣伝した。戦争で死ぬことを名誉とし、戦死すれば靖国で神になると語った。それらは偽りであり、人間への冒瀆だった。偽りを糺すことで真理と正義が実現する。この戦争によってアジア・太平洋地域で多くの命が奪われた。そのような戦争の責任を問い、事実を明らかにすることから新しい歴史は始まる。しかし、戦後の支配体制は戦争責任も加害の真相追及も不十分なままであった。一九八〇年代末の天皇の代替りをめぐる動きはその不十分さを再認識させるものであり、代替りにともなう「自粛」と「奉祝」の宣伝は、この国の主権と歴史認識、人間の方向性を問うものだった。

そのような動きから数年後の一九九三年、わたしが三〇代半ばの頃であったが、航空自衛隊浜松基地への「空飛ぶ司令塔」といわれる空中警戒管制機（ＡＷＡＣＳ・エーワックス）の配備計画が報道された。空中警戒管制機は一機・五七〇億円ほどであり、アメリカから四機が導入されるというのである。この空中警戒管制機の導入は「日米防衛協力のための指針」（ガイドライン安保）による日米の共同作戦体制が構築されるなかでなされた。この導入に対して、地域では「ＡＷＡＣＳ浜松基地配備反対」の運動がはじまった。

この配備をめぐる動きのなかで、軍事基地そのものを問い直すことが大切であり、配備は浜松を再び戦争（派兵）の拠点とするものとみるべきと考えた。しかし、かつて浜松から派兵された陸軍航空部隊によるアジア各地での爆撃の具体的な経過についてては知識がなかった。そのため、過去の侵略戦争で浜松の陸軍航空基地から派兵された部隊がおこなった爆撃について調べるようになった。浜松の陸軍航空基地の加害の歴史を認識し、そのうえで米軍による浜松空襲をとらえ、現在の軍拡についても批判したいと思った。調べることでさまざまな史料と出会ったが、それらの史料は、表現への意欲を引き出すものだった。

調査をはじめてから二〇年が過ぎた。その間、航空自衛隊浜松基地関連では一九九〇年代後半に、空中警戒管制機の浜松基地への配備、航空自衛隊の浜松基地広報館の開館、浜松基地でのブルーインパルスの曲技飛行の再開があり、二一世紀に入ると、イラク戦争での浜松基地からの派兵、ミサイル防衛の名によるパトリオットミサイル（ＰＡＣ３）の配備、浜松基地でのいじめによる自殺を契機とした自衛官人権裁判などがあった。また、自衛隊の海外での武力行使を認める動きが強まり、安全保障関連法（戦争法）の制定や憲法改定にむかう動きがすすんだ。そのような動きに抗して人権と平和にむけて活動する人びとも存在し、共同の動きもある。

グローバルな戦争の時代となった。宇宙が軍事化され、平時の戦時化がすすみ、ロボット兵器を使っての空爆が日々、おこなわれている。空爆のかたちも様変わりしたが、空からの攻撃によって人間が殺されていることに変わりはない。また、二〇一一年の福島原発震災にともなう真実の隠蔽、帰還推進と安全宣伝の動きは、かつての侵略戦争での偽りと人間への冒瀆が繰り返されているようだ。偽りは糺しつづけなければならない。

この本では、日本の陸軍航空隊による満洲をはじめ中国各地、シンガポール、マレー、フィリピン、ビルマ、インドなどアジア各地での爆撃の状況と空からの毒ガスや細菌兵器を使っての攻撃について記した。日本陸軍によるアジアでの空襲・爆撃についての認識が深まるとともに人権と平和にむけての活動がすすむことを願う。不充分な点は数多いが、ご意見・ご感想などいただければ、幸いである。

写真・地図出典

1 『安藤三郎中将写真帳 其の1』 防衛省防衛研究所図書館蔵
2 飛行第十二大隊『満洲事変記念写真帖』
3 飛行第十二大隊『満洲事変出征記念写真帖』
4 「陸軍中国爆撃写真」アケミ写真館（浜松）
5 独立飛行第八中隊『満洲事変記念写真帳』1932年
6 高橋史料所収写真
7 『特別航空兵演習』1928年
8 飛行第六連隊第一中隊「東辺道兵匪討伐戦闘詳報」1932年
9 独立飛行第八中隊「昂昂渓附近戦闘詳報」1932年
10 飛行第十二戦隊『飛行第十二戦隊中国要地爆撃写真帳』防衛省防衛研究所図書館蔵
11 飛行第十二戦隊『飛行第十二戦隊中国要地爆撃写真集』防衛省防衛研究所図書館蔵
12 飛行第六十戦隊小史編集委員会編『飛行第六十戦隊小史』飛行第六十戦隊会 1980年
13 飛行九十八第戦隊誌編集委員会『あの雲のかなたに 飛行第九十八戦隊誌』1981年
14 角本正雄編『写真で綴る飛行第九八戦隊の戦歴』1985年
15 飛三十一戦友会『飛行第三十一戦隊誌』1989年
16 飛行第十二戦隊『飛行第十二戦隊写真帳 其の1』防衛省防衛研究所図書館蔵
17 飛行第十二戦隊『飛行第十二戦隊写真帳 其の2』防衛省防衛研究所図書館蔵
18 飛行第十二戦隊戦友会会報『無題の便り』
19 『南西進攻60F参考写真集』防衛省防衛研究所図書館蔵
20 『第五十七飛行場大隊写真史』第五十七飛行場大隊会 1983年
21 『支那事変写真帳（44FR 60FR 75FR）』防衛省防衛研究所図書館蔵
22 『米国戦略爆撃調査団資料』国立国会図書館蔵
23 『飛行第五連隊・飛行第七連隊関係写真帖』防衛省防衛研究所図書館蔵
24 「航空記事」陸軍航空本部内星空会 1942年2月
25 『飛行第七連隊飛行機工場増築其他工事設計書』1935年
26 『浜松陸軍飛行学校本部新築其他工事ノ内飛行機庫新築其他工事設計要領書』1936年
27 『訓練講堂新築工事ノ内浜松屯在部隊訓練講堂新築工事設計書』1935年
28 「特許タツノ式安全器」1935年
29 丹治高司「私の三方原教導飛行団」浜松市立中央図書館蔵
30 下志津陸軍飛行学校「毒瓦斯弾投下ニ対スル飛行場防護研究記事」1937年6月
31 「航空記事」陸軍航空本部内星空会 1941年9月
32 『裁かれる細菌戦』7 七三一・細菌戦裁判キャンペーン委員会 2002年
33 金子順一「雨下撒布ノ基礎的考察」「金子順一論文集」国立国会図書館関西館蔵
34 村井信方編『飛行第九十戦隊史』飛行第九十戦隊会 1981年

＊写真・地図説明に出典番号の記載がないものは、筆者撮影・所蔵・作成のもの。

［著者紹介］

竹内康人（たけうち・やすと）

1957年浜松市生まれ、歴史研究。静岡県近代史研究会会員。
著書に『浜松・磐田空襲の歴史と死亡者名簿』、『調査・朝鮮人強制労働①〜④』、『浜岡・反原発の民衆史』、『静岡県水平社の歴史』
共著に『静岡県の戦争遺跡を歩く』、『時代と格闘する人々』、『自衛隊員の人権は、いま』、『軍都としての帝都』など。

連絡先　paco.yat@poem.ocn.ne.jp

日本陸軍のアジア空襲　爆撃・毒ガス・ペスト

2016年12月8日　初版第1刷発行

著　者＊竹内康人
装　幀＊後藤トシノブ
発行人＊松田健二
発行所＊株式会社社会評論社
東京都文京区本郷2-3-10　tel.03-3814-3861/fax.03-3818-2808
http://www.shahyo.com/
印刷・製本＊倉敷印刷株式会社

Printed in Japan